国家出版基金项目
NATIONAL PUBLICATION FOUNDATION

主 编 周 钟
副主编 杨静熙 张 敬 蔡德文
蒋 红 廖成刚 游 湘

大国重器

中国超级水电工程·锦屏卷

窄河谷高拱坝枢纽泄洪消能关键技术

周钟 许唯临 游湘 张公平 等 编著

中国水利水电出版社
www.waterpub.com.cn
·北京·

内 容 提 要

本书系国家出版基金项目——《大国重器 中国超级水电工程·锦屏卷》之《窄河谷高拱坝枢纽泄洪消能关键技术》分册。本书结合坝址区地形地质条件与枢纽建筑物布置特点，采用理论分析、模型试验、原型观测和数值模拟分析相结合的研究方法，分析论述了高拱坝枢纽泄洪消能布置、坝身孔口泄洪消能方式、水垫塘水力特征及结构稳定性、高拱坝坝身泄洪雾化特征与防护的设计，研究总结了泄洪洞布置及基本水力特征、空化特性及掺气减蚀、出口燕尾挑坎水流归槽等关键技术，提出了高拱坝多层孔口无碰撞泄洪消能及泄洪洞出口燕尾式挑流消能等新技术，并对未来的应用前景进行了展望。本书是锦屏一级水电站枢纽泄洪消能设计成功经验和创新成果的系统总结。

本书主要供水利水电工程及相关领域技术人员参考，也可供相关专业的院校师生参阅。

图书在版编目（CIP）数据

窄河谷高拱坝枢纽泄洪消能关键技术 ／ 周钟等编著
. -- 北京：中国水利水电出版社，2022.3
（大国重器 中国超级水电工程. 锦屏卷）
ISBN 978-7-5226-0585-2

Ⅰ．①窄… Ⅱ．①周… Ⅲ．①水电水利工程－拱坝－泄洪消能－研究－凉山彝族自治州 Ⅳ．①TV135.2

中国版本图书馆CIP数据核字（2022）第052032号

	大国重器 中国超级水电工程·锦屏卷	
书　　名	**窄河谷高拱坝枢纽泄洪消能关键技术** ZHAI HEGU GAO GONGBA SHUNIU XIEHONG XIAONENG GUANJIAN JISHU	
作　　者	周钟 许唯临 游湘 张公平 等 编著	
出版发行	中国水利水电出版社	
	（北京市海淀区玉渊潭南路1号D座　100038）	
	网址：www.waterpub.com.cn	
	E - mail：sales@mwr.gov.cn	
	电话：（010）68545888（营销中心）	
经　　售	北京科水图书销售有限公司	
	电话：（010）68545874、63202643	
	全国各地新华书店和相关出版物销售网点	
排　　版	中国水利水电出版社微机排版中心	
印　　刷	北京印匠彩色印刷有限公司	
规　　格	184mm×260mm　16开本　16.5印张　402千字	
版　　次	2022年3月第1版　2022年3月第1次印刷	
定　　价	**150.00元**	

《大国重器 中国超级水电工程·锦屏卷》
编 撰 委 员 会

《窄河谷高拱坝枢纽泄洪消能关键技术》
编 撰 人 员

主　　编　周　钟

副 主 编　许唯临　游　湘　张公平

参编人员　邓　军　张　旻　唐忠敏　蒙富强

　　　　　刘善均　刘　跃　杨　敬　鲁　毅

  锦绣山河,层峦叠翠。雅砻江发源于巴颜喀拉山南麓,顺横断山脉,一路奔腾,水势跌宕,自北向南汇入金沙江。锦屏一级水电站位于四川省凉山彝族自治州境内,是雅砻江干流中下游水电开发规划的控制性水库梯级电站,工程规模巨大,是中国的超级水电工程。电站装机容量 3600MW,年发电量 166.2 亿 kW·h,大坝坝高 305.0m,为世界第一高拱坝,水库正常蓄水位 1880.00m,具有年调节功能。工程建设提出"绿色锦屏、生态锦屏、科学锦屏"理念,以发电为主,结合汛期蓄水兼有减轻长江中下游防洪负担的作用,并有改善下游通航、拦沙和保护生态环境等综合效益。锦屏一级、锦屏二级和官地水电站组成的"锦官直流"是西电东送的重点项目,可实现电力资源在全国范围内的优化配置。该电站的建成,改善了库区对外、场内交通条件,完成了移民及配套工程的开发建设,带动了地方能源、矿产和农业资源的开发与发展。

  拱坝以其结构合理、体形优美、安全储备高、工程量少而著称,在宽高比小于 3 的狭窄河谷上修建高坝,当地质条件允许时,拱坝往往是首选的坝型。从 20 世纪 50 年代梅山连拱坝建设开始,到 20 世纪末,我国已建成的坝高大于 100m 的混凝土拱坝有 11 座,拱坝数量已占世界拱坝总数的一半,居世界首位。1999 年建成的二滩双曲拱坝,坝高 240m,位居世界第四,标志着我国高拱坝建设已达到国际先进水平。进入 21 世纪,我国水电开发得到了快速发展,目前已建成了一批 300m 级的高拱坝,如小湾(坝高 294.5m)、锦屏一级(坝高 305.0m)、溪洛渡(坝高 285.5m)。这些工程不仅坝高、库大、坝身体积大,而且泄洪功率和装机规模都位列世界前茅,标志着我国高拱坝建设技术已处于国际领先水平。

  锦屏一级水电站是最具挑战性的水电工程之一,开发锦屏大河湾是中国几代水电人的梦想。工程具有高山峡谷、高拱坝、高水头、高边坡、高地应力、深部卸荷等"五高一深"的特点，是"地质条件最复杂，施工环境最恶劣，技术难度最大"的巨型水电工程，创建了世界最高拱坝、最复杂的特高拱坝基础处理、坝身多层孔口无碰撞消能、高地应力低强度比条件下大型地下洞室群变形控制、世界最高变幅的分层取水电站进水口、高山峡谷地区特高拱坝施工总布置等多项世界第一。工程位于雅砻江大河湾深切高山峡谷，地质条件极其复杂，面临场地构造稳定性、深部裂缝对建坝条件的影响、岩体工程地质特性及参数选取、特高拱坝坝基岩体稳定、地下洞室变形破坏等重大工程地质问题。坝基发育有煌斑岩脉及多条断层破碎带，左岸岩体受特定构造和岩性影响，卸载十分强烈，卸载深度较大，深部裂缝发育，给拱坝基础变形控制、加固处理及结构防裂设计等带来前所未有的挑战，对此研究提出了复杂地质拱坝体形优化方法，构建了拱端抗变形系数的坝基加固设计技术，分析评价了边坡长期变形对拱坝结构的影响。围绕极低强度应力比和不良地质体引起的围岩破裂、时效变形等现象，分析了三轴加卸载和流变的岩石特性，揭示了地下厂房围岩渐进破裂演化机制，提出了洞室群围岩变形稳定控制的成套技术。高拱坝泄洪碰撞消能方式，较好地解决了高拱坝泄洪消能的问题，但泄洪雾化危及机电设备与边坡稳定的正常运行，对此研究提出了多层孔口出流、无碰撞消能方式，大幅降低了泄洪雾化对边坡的影响。高水头、高渗压、左岸坝肩高边坡持续变形、复杂地质条件等诸多复杂环境下，安全监控和预警的难度超过了国内外现有工程，对此开展完成了工程施工期、蓄水期和运行期安全监控与平台系统的研究。水电站开发建设的水生生态保护，尤其是锦屏大河湾段水生生态保护意义重大，对此研究阐述了生态水文过程维护、大型水库水温影响与分层取水、鱼类增殖与放流、锦屏大河湾鱼类栖息地保护和梯级电站生态调度等生态环保问题。工程的主要技术研究成果指标达到国际领先水平。锦屏一级水电站设计与科研成果获 1 项国家技术发明奖、5 项国家科技进步奖、16 项省部级科技进步奖一等奖或特等奖和 12 项省部级优秀设计奖一等奖。2016 年获"最高的大坝"吉尼斯世界纪录称号，2017 年获中国土木工程詹天佑奖，2018 年获菲迪克（FIDIC）工程项目杰出奖，2019 年获国家优质工程金奖。锦屏一级水电站已安全运行 6 年，其创新技术成果在大岗山、乌东德、白鹤滩、叶巴滩等水电工程中得到推广应用。在高拱坝建设中，特别是在 300m 级高拱坝建设中，锦屏一级水电站是一个新的里程碑！

本人作为锦屏一级水电站工程建设特别咨询团专家组组长，经历了工程建设全过程，很高兴看到国家出版基金项目——《大国重器 中国超级水电工程·锦屏卷》编撰出版。本系列专著总结了锦屏一级水电站重大工程地质问题、复杂地质特高拱坝设计关键技术、地下厂房洞室群围岩破裂及变形控制、窄河谷高拱坝枢纽泄洪消能关键技术、特高拱坝安全监控分析、水生生态保护研究与实践等方面的设计技术与科研成果，研究深入、内容翔实，对于推动我国特高拱坝的建设发展具有重要的理论和实践意义。为此，推荐给广大水电工程设计、施工、管理人员阅读、借鉴和参考。

中国工程院院士

2020 年 12 月

千里雅江水，高坝展雄姿。雅砻江从青藏高原雪山流出，聚纳众川，切入横断山脉褶皱带的深谷巨壑，以磅礴浩荡之势奔腾而下，在攀西大地的锦屏山大河湾，遇世界第一高坝，形成高峡平湖，它就是锦屏一级水电站工程。在各种坝型中，拱坝充分利用混凝土高抗压强度，以压力拱的型式将水推力传至两岸山体，具有良好的承载与调整能力，能在一定程度上适应复杂地质条件、结构形态和荷载工况的变化；拱坝抗震性能好、工程量少、投资节省，具有较强的超载能力和较好的经济安全性。锦屏一级水电站工程地处深山峡谷，坝基岩体以大理岩为主，左岸高高程为砂板岩，河谷宽高比1.64，混凝土双曲拱坝是最好的坝型选择。

目前，高拱坝设计和建设技术得到快速发展，中国电建集团成都勘测设计研究院有限公司（以下简称"成都院"）在20世纪末设计并建成了二滩、沙牌高拱坝，二滩拱坝最大坝高240m，是我国首座突破200m的混凝土拱坝，沙牌水电站碾压混凝土拱坝坝高132m，是当年建成的世界最高碾压混凝土拱坝；在21世纪初设计建成了锦屏一级、溪洛渡、大岗山等高拱坝工程，并设计了叶巴滩、孟底沟等高拱坝，其中锦屏一级水电站工程地质条件极其复杂、基础处理难度最大，拱坝坝高世界第一，溪洛渡工程坝身泄洪孔口数量最多、泄洪功率最大、拱坝结构设计难度最大，大岗山工程抗震设防水平加速度达0.557g，为当今拱坝抗震设计难度最大。成都院在拱坝体形设计、拱坝坝肩抗滑稳定分析、拱坝抗震设计、复杂地质拱坝基础处理设计、枢纽泄洪消能设计、温控防裂设计及三维设计等方面具有成套核心技术，其高拱坝设计技术处于国际领先水平。

锦屏一级水电站拥有世界第一高拱坝，工程地质条件复杂，技术难度高。成都院勇于创新，不懈追求，针对工程关键技术问题，结合现场施工与地质条件，联合国内著名高校及科研机构，开展了大量的施工期科学研究，进行科技攻关，解决了制约工程建设的重大技术难题。国家出版基金项目——《大国重器 中国超级水电工程·锦屏卷》系列专著，系统总结了锦屏一级水电站重大工程地质问题、复杂地质特高拱坝设计关键技术、地下厂房洞室群围岩破裂及变形控制、窄河谷高拱坝枢纽泄洪消能关键技术、特高拱坝安全监控分析、水生生态保护研究与实践等专业技术难题，研究了左岸深部裂缝对建坝条件的影响，建立了深部卸载影响下的坝基岩体质量分类体系；构建了以拱端抗变形系数为控制的拱坝基础变形稳定分析方法，开展了抗力体基础加固措施设计，提出了拱坝结构的系统防裂设计理念和方法；创新采用围岩稳定耗散能分析方法、围岩破裂扩展分析方法和长期稳定分析方法，揭示了地下厂房围岩渐进破裂演化机制，评价了洞室围岩的长期稳定安全；针对高拱坝的泄洪消能，研究提出了坝身泄洪无碰撞消能减雾技术，研发了超高流速泄洪洞掺气减蚀及燕尾挑坎消能技术；开展完成了高拱坝工作性态安全监控反馈分析与运行期变形、应力性态的安全评价，建立了初期蓄水及运行期特高拱坝工作性态安全监控系统；锦屏一级工程树立"生态优先、确保底线"的环保意识，坚持"人与自然和谐共生"的全社会共识，协调水电开发和生态保护之间的关系，谋划生态优化调度、长期跟踪监测和动态化调整的对策措施，解决了大幅消落水库及大河湾河道水生生物保护的难题，积极推动了生态环保的持续发展。这些为锦屏一级工程的成功建设提供了技术保障。

锦屏一级水电站地处高山峡谷地区，地形陡峻、河谷深切、断层发育、地应力高，场地空间有限，社会资源匮乏。在可行性研究阶段，本人带领天津大学团队结合锦屏一级工程，开展了"水利水电工程地质建模与分析关键技术"的研发工作，项目围绕重大水利水电工程设计与建设，对复杂地质体、大信息量、实时分析及其快速反馈更新等工程技术问题，开展水利水电工程地质建模与理论分析方法的研究，提出了耦合多源数据的水利水电工程地质三维统一建模技术，该项成果获得国家科技进步奖二等奖；施工期又开展了"高拱坝混凝土施工质量与进度实时控制系统"研究，研发了大坝施工信息动态采集系统、高拱坝混凝土施工进度实时控制系统、高拱坝混凝土施工综合信息集成系统，建立了质量动态实时控制及预警机制，使大坝建设质量和进度始终处于受控状态，为工程高效、优质建设提供了技术支持。本人多次到过工程建设现场，回忆起来历历在目，今天看到锦屏一级水电站的成功建设，深感工程建设的艰辛，点赞工程取得的巨大成就。

本系列专著是成都院设计人员对锦屏一级水电站的设计研究与工程实践的系统总结，是一套系统的、多专业的工程技术专著。相信本系列专著的出版，将会为广大水电工程技术人员提供有益的帮助，共同为水电工程事业的发展作出新的贡献。

　　欣然作序，向广大读者推荐。

中国工程院院士　钟登华

2020 年 12 月

　　我国西部高山峡谷地区水电工程持续开发，工程规模巨大，大坝高度达到300m级，枢纽泄洪消能技术难度不断增大。高拱坝常采用挑、跌流的泄洪消能方式，表、深孔分层出流，上、下水舌空中碰撞，水垫塘消能，可有效削弱入水射流的集中强度，减轻水垫塘的消能负担，具有水流冲击小、消能效果好的显著特点，在二滩、小湾、溪洛渡、构皮滩等高拱坝工程被广泛应用。近年来二滩等高拱坝工程的运行实践表明，碰撞消能方式能较好地解决高拱坝泄洪消能的问题，但泄洪雾化危及电厂及机电设备的正常运行，影响大坝下游雾化区边坡的安全稳定。同时，由于枢纽泄洪流量大，泄洪隧洞工程增多，其规模与流速也在不断增加，超50m/s量级高速水流的泄洪控制、出口消能、空化空蚀问题越来越突出，制约工程成败，影响工程的安全运行。因此，需要对窄河谷、复杂地质条件水电站高拱坝枢纽工程开展高拱坝坝身泄洪消能方式的深入研究，处理好泄洪、消能和雾化的相关关系，降低表、深孔联合泄洪时的雾化影响，研究总结高水头大流量泄洪洞带来的高速水力学问题，这对水电工程开发建设是非常必要的，也具有重要意义。

　　锦屏一级水电站枢纽泄洪设施由坝身4个表孔、5个深孔、2个放空底孔、坝后水垫塘以及右岸1条有压接无压泄洪洞组成。工程地处深山峡谷，地质条件复杂，左岸雾化区断层带及深部裂缝发育，河谷水面宽度仅60m；大坝最大高度为305m，为世界第一高拱坝，校核洪水流量为15400m³/s；泄洪洞上下游水位差为240m、洞内最大流速约52m/s；坝身泄洪消能、雾化防护、泄洪洞的空化空蚀、水流归槽等问题相当突出。为此，结合工程需求，采用模型试验、数值分析、工程原观对比等多种方法，开展了特高拱坝枢纽泄洪消能与减雾关键技术的专题研究，取得了丰富的研究成果。2013年8月，工程首批机组运行发电，经历了多个洪水期和正常蓄水位泄洪的考验，并于2014年、2015年开展了原型观测，成果表明枢纽泄洪消能建筑物及两岸雾化区边坡运行情况良好，这充分验证了锦屏一级窄河谷高拱坝坝身表、深孔水舌无碰撞泄洪消能方式及高流速泄洪洞设计的创新理念、方法和措施的合理性。

本书依据工程设计、科研和原观成果，系统总结了窄河谷高拱坝枢纽泄洪消能设计的关键技术。全书分为9章，第1章简述国内外高拱坝枢纽工程泄洪消能的技术现状及主要问题；第2章结合工程条件，拟定泄洪消能建筑物的布置原则，分析论证布置方案，提出泄洪消能的关键技术问题；第3章采用理论分析、模型试验、数值模拟等方法，创新提出坝身多层孔口无碰撞泄洪消能技术；第4章论述水垫塘的消能机理及水力特征，通过水弹性模型试验及理论计算，研究水垫塘的稳定性；第5章重点分析泄洪雾化形成机理及特征，预测并提出泄洪雾化的范围与防护措施；第6章根据泄洪洞的布置条件，研究有压接无压泄洪洞的基本水力特性，提出进口、有压洞、无压洞各段合理的布置及体型设计；第7章对超高流速泄洪洞可能的空化风险，分析泄洪洞的空化特性，研究提出相应的掺气减蚀措施；第8章分析泄洪洞出口消能的难点，比较多种出口挑坎型式，首次提出燕尾式挑流消能设计新技术；第9章总结枢纽泄洪消能的主要成果，提出高坝泄洪消能技术需关注与思考的问题。

本书第1章由游湘、周钟编写，第2章由游湘、周钟、张公平编写，第3章由周钟、张公平、许唯临、唐忠敏编写，第4章由张公平、周钟、刘善均编写，第5章由张公平、许唯临、周钟编写，第6章由游湘、邓军、刘跃、张旻编写，第7章由许唯临、游湘、蒙富强、杨敬编写，第8章由游湘、邓军、张旻、鲁毅编写，第9章由周钟编写。全书由周钟负责组织策划与审定，由肖白云教授级高级工程师审稿，由游湘、张旻统稿，张旻、张公平负责图表绘制。

本书总结、凝练了锦屏一级水电站可行性研究、招标施工图设计阶段完成的各项设计和专题科研成果，参与的科研单位有四川大学、南京水利科学研究院、中国水利水电科学研究院、天津大学等国内著名高校及科研机构，锦屏一级水电站施工期科研项目由雅砻江流域水电开发有限公司资助，各项成果的形成得到各级主管部门、水电水利规划设计总院以及电站建设单位雅砻江流域水电开发有限公司的大力支持和帮助，在此谨对以上单位表示诚挚的感谢！

本书在编写过程中得到了中国电建集团成都勘测设计研究院有限公司各

级领导和同事的大力支持与帮助，中国水利水电出版社为本书的出版付出了诸多辛劳，在此一并表示衷心感谢！

限于作者水平，不足之处在所难免，恳请读者批评指正。

作者

2020 年 12 月

目　录

第 1 章

绪论

高拱坝泄洪消能建筑物的泄洪布置方式主要有坝身泄洪（包括坝身、坝肩、坝侧泄洪）、岸边泄洪（溢洪道和泄洪洞泄洪）、坝身泄洪与岸边泄洪组合。制约高拱坝泄洪消能方式的因素主要有泄洪水头、泄洪流量、地形地质条件、各建筑物之间的位置关系、运行要求、下游河道承受能力以及经济技术指标的合理性等。

国内外部分已（在）建高拱坝工程枢纽泄洪布置和泄量统计见表 1.0-1。国外早期建设的高拱坝工程局限于当时的设计和施工水平，对坝身开孔影响大坝的结构安全，以及坝身开孔泄流可能淘刷大坝基础研究不够，大多采用岸边泄洪的布置方式（如契尔盖、胡佛、格兰峡、卡比尔等拱坝）。对于泄量较大的高拱坝，该种布置方式经济性较差。随着拱坝计算分析技术的发展和高水头大尺寸闸门制作技术、施工水平的提高，拱坝坝身泄洪方式逐渐被采用。对于部分泄量较大的工程，采用"坝身孔口＋岸边泄洪建筑物组合"的泄洪布置方式（如德瑞勒、伯克等拱坝）。

20 世纪 80 年代以来，我国设计兴建了一批具有世界水平的高拱坝，如 1998 年我国建成了具有里程碑意义的二滩水电站。其坝高 240m，最大下泄流量 23900m³/s，其中坝身泄量为 16300m³/s，技术指标在当时国内外已建同类工程中位居前列，采用"坝身多层孔口、出流水舌空中碰撞、水垫塘消能＋岸边泄洪洞"联合泄洪方式，成功解决了二滩"窄河谷、高水头、大泄量"泄洪消能的突出问题，这种"二滩模式"在后续高拱坝工程中得到了推广应用和发展（如小湾、构皮滩、溪洛渡等拱坝）。随着科研与设计水平的不断进步，高拱坝枢纽及坝身泄洪规模大幅提高，溪洛渡坝高达到 300m 量级，枢纽泄量达到了 40000~50000m³/s，泄洪功率达 100GW，坝身最大泄量达 30000m³/s 的世界级水平。这些工程为高拱坝泄洪消能设计积累了丰富的经验。

表 1.0-1　　　国内外部分已（在）建高拱坝工程枢纽泄洪布置和泄量统计表

工程名称	坝高/m	泄量/(m³/s)	泄洪功率/MW	枢纽泄洪设施
英古里（苏联）	271.5	2500	5040	12 个表孔＋2 个深孔
萨扬·舒申斯克*（苏联）	245	13600	25000	11 个深孔
德里内尔（土耳其）	249	9250	18500	8 个深孔＋2 条岸边泄洪洞
契尔盖（苏联）	236	2900	5800	1 条岸边泄洪洞
埃尔卡洪（洪都拉斯）	231	8590	15500	5 个表孔＋3 个深孔＋2 条岸边泄洪洞
胡佛*（美国）	222	11300	22000	2 条岸边泄洪洞
姆拉丁其（南斯拉夫）	220	2200	3890	3 个表孔＋3 个深孔
格兰峡*（美国）	220	8400	16000	2 条岸边泄洪洞
伯克（土耳其）	201	7940	13400	4 个表孔＋2 条岸边泄洪洞
卡比尔（伊朗）	200	16200	约 30000	3 条岸边溢洪道
摩罗西克（美国）	185	7800	8100	4 个表孔
卡拉卡亚*（土耳其）	180	17000	25000	10 个表孔
卡博拉巴萨（莫桑比克）	163.5	13300	13400	1 个表孔＋8 个深孔

工程名称	坝高/m	泄量/(m³/s)	泄洪功率/MW	枢纽泄洪设施
卡里巴（赞比亚）	128	9500	8080	6个中孔
白山*	149.5	19100	19000	4个表孔+3个深孔
隔河岩*	151	27800	20700	7个表孔+4个深孔
东江	157	7910	10000	3个坝肩表孔溢洪道+2条岸边泄洪洞
东风	153	9510	11000	3个表孔+3个中孔+1条岸边泄洪洞+1条岸边溢洪道
李家峡	165	6300	7350	2个中孔+1个底孔
万家口子	167.50	4965	6681	3个表孔+2个中孔
龙羊峡*	178	6000	8500	2个表孔溢洪道+1个中孔+1个深孔+1个底孔
二滩	240	23900	39000	7个表孔+6个中孔+2条岸边泄洪洞
构皮滩	225	26950	42000	6个表孔+7个深孔+1条岸边泄洪洞
拉西瓦	250	6000	12500	3个表孔+2个深孔
小湾	294.5	20683	45600	5个表孔+6个深孔+1条岸边泄洪洞
溪洛渡	285.5	49605	100000	7个表孔+8个深孔+4条岸边泄洪洞
锦屏一级	305	13918	31172	4个表孔+5个深孔+1条岸边泄洪洞
大岗山	210	8814	15400	4个深孔+1条岸边泄洪洞

注　＊—重力拱坝。

高拱坝枢纽泄洪消能设计是一项复杂而又重要的技术，泄洪消能设施是一种易损建筑物，虽然设计和实践积累了丰富的经验，但随着工程长期运行，也出现了一些问题，造成相关泄洪消能设施破坏。

赞比亚卡里巴拱坝（Kariba）坝高 128m，采用"6个中孔＋坝后不防护"的泄洪消能方式，1962 年完建，1967 年坝后河床冲坑深度约 48m、冲坑体积约 38000m³，1981 年坝后冲坑深度已经达到了约 60m，冲坑上游边缘距坝趾仅 40m，严重威胁大坝的安全。萨扬·舒申斯克电站坝后底流消力池入口处最大流速 60m/s，平均流速 52m/s，1980—1988 年泄洪期间发生 3 次严重破坏，进行了 3 次大规模修复，最严重的一次破坏面达 80%，基岩冲坑深 8m，冲走混凝土 27000m³、基岩 3000m³，带来了巨大的损失，影响了大坝的运行安全。

高山峡谷河段修建的高坝工程，泄洪雾化形成的降雨强度较自然降雨强度大得多，会影响河岸高边坡的稳定，也会影响工程的运行安全。白山水电站 1986 年及 1995 年两次开闸泄洪均在坝下形成较严重的溅水雾化现象，水舌风、暴雨、飞石对水电站的正常运行造成了严重影响；1989 年龙羊峡水电站与 1997 年李家峡水电站泄洪时因雾化降雨的入渗作用曾诱发大规模的山体滑坡；1999 年二滩水电站坝身泄洪雾化在坝下游形成大范围降雨，两岸山坡马道已形成地面径流，在护坡最高一层马道（左岸高程 1115.00m，右岸高程 1110.40m）实测雨强大于 100mm/h，使两岸上部未支护的边坡风化岩土出现多处坍塌，大量滚落石块将已支护的边坡和建筑物毁坏，后期重新对两岸护坡进行了处理。

岸边泄水建筑物发生泄洪破坏的主要风险来自溢洪道或泄洪洞泄槽内的冲刷、空化空蚀和出口挑流鼻坎设计不当引起的河岸淘刷。2017 年美国 Oroville 工程溢洪道和非常溢洪道的破坏导致巨大经济损失，并导致约 16 万居民因大坝溃决风险加大而紧急撤离。国外麦登、黄尾、布拉茨克和国内刘家峡、盐锅峡、柘林、二滩等水电站的泄水建筑物都遭受过空蚀破坏。刘家峡工程泄洪洞由导流洞改建而成，泄洪洞最大泄量 2205m³/s。1972 年 5 月 6 日泄洪洞正式泄水，泄洪时流量 260～287m³/s，流速约 40m/s，泄水历时 315.4h，抽水检查发现泄洪洞反弧段以及紧接其下游的底板遭受严重破坏，其中最大深坑宽达整个底板，长约 23m，最大深度 3.5m，基岩亦遭破坏，可见空蚀破坏直接影响泄水建筑物的寿命，甚至危及整个建筑物的安全。

我国水电工程进一步开发建设，逐渐从西南地区主要河流的下游河段向中、上游河段推进，坝址区工程地质条件极其复杂，总体呈现出流量大、水头高、河谷狭窄的特点，枢纽泄洪布置、坝身孔口布置及泄洪消能方式，以及泄洪洞超高速水流掺气、冲击、脉动、空蚀、冲刷、雾化等问题尤为突出。本书结合雅砻江锦屏一级水电站 305m 高拱坝，开展了狭窄河谷高拱坝坝身多层多股水舌无碰撞消能方式的研究，在满足水垫塘消能的前提下，减少泄洪雾雨，并对泄洪雾化进行预测，分区防护，降低对岸坡稳定的不利影响；深入研究超高流速泄洪洞水流控制的合理布置方式、泄洪洞空蚀空化特性与相应的防蚀措施，选择狭窄河谷泄洪洞出口消能防冲型式，解决了复杂地质条件下高拱坝泄洪消能关键技术问题，为工程安全运行奠定了坚实的基础。这些研究对高拱坝泄洪建筑物的设计具有重要的理论指导意义和重大的工程推广价值。

第 2 章

泄洪消能建筑物布置及关键技术

2.1 泄洪消能建筑物布置条件

锦屏一级水电站位于雅砻江干流，为中下游河段的控制性工程，是典型的深山峡谷区的坝式开发水电站。水库正常蓄水位 1880.00m，死水位 1800.00m，正常蓄水位以下库容 77.6 亿 m^3，调节库容 49.1 亿 m^3，死库容 28.5 亿 m^3，为年调节水库。枢纽主要建筑物由大坝、泄洪消能及引水发电三大系统组成。泄洪消能建筑物的布置，不但要考虑自身的技术可行、安全可靠、经济合理及运行方便，还应兼顾与地形地质条件、枢纽总体格局及施工条件相适应。

1. 水文及泥沙

（1）径流及洪水特征。雅砻江流域洪水主要由暴雨形成，暴雨出现在 6—9 月，主要集中在 7 月和 8 月。较大洪水多为两次以上连续降雨形成。洪水具有洪峰相对不高、洪量大、历时长的特点。坝址处多年平均流量 1220m^3/s，年径流量 385 亿 m^3，大坝及泄洪设施按 5000 年一遇洪水校核（$Q_{0.02\%}=15400m^3/s$），按 1000 年一遇洪水设计（$Q_{0.1\%}=13600m^3/s$）。

（2）气象。锦屏一级坝址地处青藏高原东侧边缘地带，属川西高原气候，受高空西气环流和西南季风影响，干、湿季分明。每年 11 月至次年 4 月为干季，降雨少，日照多，湿度小，日温差大；5—10 月为雨季，气温高，湿度大，日照少，日温差小。

坝区多年平均气温为 17.2℃，极端最高气温为 39.7℃，极端最低气温为 -3.0℃；坝区多年平均水温为 12.2℃，多年平均地温为 19.6℃。坝址区最大风速多发生在 4 月和 8月、9 月。历年 4 月风向 S，最大风速为 13m/s；历年 8 月、9 月风向 N，最大风速为12m/s。坝址区降水主要集中在 6—9 月，占全年降水量的 84% 左右。在其他月份，蒸发量大于降雨量。坝址区河流走向为 N25°E，受峡谷地形条件的影响，峡谷内日照时间不长，日照沿高程和对两岸影响的差异较大。

（3）泥沙。雅砻江河流泥沙主要来自流域面蚀、沟蚀、泥石流和重力侵蚀。坝址多年平均悬移质年输沙量为 2120 万 t，多年平均含沙量为 555g/m^3。悬移质中实测最大粒径1.74mm，中数粒径 0.038mm，平均粒径 0.084mm。据推算，多年平均推移质年输沙量为 74.7 万 t。河床最大粒径 500mm，中数粒径 145mm，平均粒径 159mm。

2. 泄洪消能建筑物布置条件

（1）地形条件。枢纽主要建筑区位于普斯罗沟与道班沟间 1.5km 长的河段上，河道顺直、狭窄，两岸为近千米的高陡边坡，基岩裸露，岩壁耸立，自然岸坡坡度为 55°～75°，为典型的深切 V 形谷。枯期水面宽 60～80m，水深 6～8m；正常蓄水位 1880.00m处，谷宽约 410m。地形特点为河谷狭窄、岸坡陡峻。因此，泄洪建筑物的落水区（或消能区）宜沿河道纵向拉开，采取分散泄洪、分区消能的布置型式。

（2）地质条件。枢纽区河道具有良好的基础地质条件及河道水深。坝下出露地层主要为厚层状中上三叠统杂谷脑组二段大理岩。河床基岩顶板高程 1590.00～1600.00m。河床部位岩体风化轻微。

河岸两侧边坡为强卸荷、弱风化岩体，右岸为顺向坡，卸荷较浅，构造裂隙发育，左岸为反向坡，顺坡裂隙发育，岩体多松弛、破碎，为碎裂结构，且左岸边坡存在 f_5 断层、f_8 断层、煌斑岩脉、深部拉裂缝以及低波速拉裂松弛带等不良地质条件，是影响坝肩和边坡稳定的主要因素，需要对其进行系统的加固处理以及采取泄洪雾化防护措施。

（3）枢纽主要建筑布置。拦河大坝为混凝土双曲拱坝，最大坝高 305m，坝底宽 63m，厚高比 0.207，坝顶宽 16m，坝顶中心弧长 552.23m，采用坝身泄洪具有充分的布置条件，依托坝后良好的地质条件及水垫深度，在坝后顺河道布置水垫塘消能。

引水发电建筑物布置在右岸，电站进水口位于普斯罗沟下游沟壁，引水道为单机单管，不设上游调压室，地下厂房及尾水调压室低位布置，右岸泄洪隧洞选择有压接无压、龙落尾形式的高位布置，在洞线布置上可与地下厂房部分立体交叉，空间余度较大。

综上所述，泄洪消能建筑物布置适应坝区地形、地质条件，与枢纽各主体建筑物无大的干扰与冲突，泄洪消能建筑物布置具有较大空间及选择余地。

3. 泄洪消能设计面临的挑战

综合洪水特征和地形地质条件，枢纽泄洪消能布置具有"高水头、窄河谷、大流量、雾化区边坡地质条件复杂"的特点，泄洪消能、泄洪雾化以及高速水流的空蚀空化等问题成为工程枢纽布置的控制因素。

（1）水头高。锦屏一级拱坝的最大泄洪落差达到了 235～240m，随着泄洪水头的增加，泄洪流速也相应增大，由此带来了一系列的高速水流水力学问题，如空化、空蚀、掺气、振动、脉动、消能防冲等。

（2）坝区河谷狭窄。锦屏一级枢纽区两岸自然岸坡坡度为 55°～75°，枯水期江面宽度仅 60m，坝身孔口需要集中布置在溢流中心线附近，对孔口泄流归槽的要求较高。另外，河谷狭窄还导致泄水建筑物单宽泄量及单宽泄洪功率增加，增加下游河道消能防冲负担。

（3）泄量及泄洪功率巨大。枢纽调洪削峰后最大泄量 13918m³/s，枢纽泄洪功率达到了 31172MW，枢纽泄量及泄洪功率虽小于溪洛渡、小湾、二滩等工程，但河谷十分狭窄，在同类型高拱坝工程中仍处于较高水平。

（4）泄洪雾化区边坡地质条件复杂，整体稳定性较差。锦屏一级左岸雾化区边坡地形陡峻，不良地质构造发育，地质条件复杂，边坡整体稳定性主要受坝身泄洪雾化降雨控制。

2.2 泄洪消能建筑物布置原则

拱坝枢纽主要有三种泄洪布置方式：坝身泄洪、岸边溢洪道或泄洪洞泄洪、坝身泄洪与岸边泄洪组合。泄洪消能建筑物布置是拱坝枢纽布置的关键影响因素，有时甚至是控制性的。泄洪建筑物的布置，受到泄洪建筑物流量分配的影响，与泄洪消能总体方案的安全可靠程度密切相关。成功的泄洪消能方案应满足各级流量安全运行的要求，而且是经济合理的。

高拱坝坝身泄洪消能方式主要包括四种：底流消能、挑流消能、跌流消能及挑、跌流组合消能。其中底流消能由于存在严重的高速水流空化空蚀问题和消力池底板稳定问题，在高拱坝工程中应用较少，仅在萨扬·舒申斯克工程中采用，而且发生过消力池底板破坏事故；单一的挑流消能和跌流消能方式则大多应用在泄量较小（如摩罗西克拱坝），河谷宽阔便于泄流归槽（如卡拉卡亚、卡博拉巴萨拱坝），或者受地震影响较大的工程（如大岗山拱坝由于地震荷载较大而未设置表孔）中；对于高水头、窄河谷、大泄量的高拱坝工程（如二滩、构皮滩、小湾等），则普遍采用的是挑、跌流相结合的坝身泄洪消能方式，即坝身表、深（中）孔联合泄洪消能方式。为了充分消减坝身孔口下泄水流的动能，以避免对下游河道造成严重冲刷，高拱坝常设置坝后水垫塘（或消力池）进行消能。表 2.2-1 为国内部分高拱坝工程坝身表、深（中）孔联合泄洪消能的相关参数。

表 2.2-1　　国内部分高拱坝工程坝身表、深（中）孔联合泄洪消能的相关参数

| 工程名称 | 坝高 /m | 坝身总泄量 /(m³/s) | 坝身泄洪功率/MW | 水垫塘尺寸 | | | 单宽泄洪功率 /(MW/m) | 塘内单位水体消能率 /(kW/m³) | 表、深（中）孔水舌关系 |
				长度 /m	顶宽/底宽 /m	深度 /m			
小湾	294.5	17743	33900	400	270/180	48	151	12.3	碰撞
溪洛渡	285.5	30134	59725	400	225/102	75.1	365	12.9	
拉西瓦	250	6000	12500	217	104/60	36.30	152	20.52	
二滩	240	16300	26600	330	125/40	57	322	13.5	
构皮滩	225	26420	38400	304	174/70	70	315	13.5	
大岗山	210	5485	8947	220	111/45	36.44	115	16.6	只设中孔
锦屏一级	305	10607	22666	390	112/45	50	288	13.0	无碰撞

结合锦屏一级坝址区的地形地质条件、枢纽总体布置、拱坝结构特征、枢纽施工条件、水文特征、水库运行调度方式，拟定了锦屏一级枢纽泄洪消能建筑物布置原则。

（1）泄洪设施布置应有利于水库运行的合理调度，充分发挥水库调洪削峰能力，减小下泄流量及下游消能难度。

（2）高拱坝工程具有水头高、枢纽泄量和泄洪功率大、下游河道狭窄的特点，泄洪建筑物应遵循分散泄洪、分区消能、按需防护的布置原则。

（3）泄洪设施应考虑坝身泄洪孔口与岸边泄洪洞共同承担；各泄洪设施的泄量分配，应满足在中小洪水时增加削峰能力和提高泄洪设施的运行灵活性，多套泄洪设施互为备用，与机组联合均能宣泄常年洪水；大洪水（如设计、校核洪水）时，应有足够的超泄能力，确保枢纽建筑物及大坝的安全。

（4）坝身孔口布置应尽量减少对拱坝结构的不利影响，表、深（中）孔结构布置应相互协调；挑射水流宜沿河道纵向拉伸，控制水舌入水宽度，减小水流对岸坡的冲刷，减少对拱坝坝肩稳定及岸坡稳定的影响。

（5）坝后消能建筑物，结合坝下游河道地形地质条件，应优先采用设置水垫塘结构型式，采用坝身表、深（中）孔水流空中碰撞或交错无碰撞消能方式。

（6）布置一定数量的深式泄水孔（中孔、深孔与放空底孔），以满足库区拉沙和降低水库水位的需要。

（7）重视泄洪雾化的影响，研究采用减少坝身泄洪雾化的泄洪消能布置型式，对受雾化影响较严重的边坡及建筑物应采取工程保护措施，保证工程的安全运行。

（8）泄洪洞应尽可能减少高流速段泄洪洞的长度，在高流速段系统设置掺气设施，严格控制隧洞高流速区的不平整度；研究出口挑射水流的流态与归槽，降低对下游河岸的冲刷。

（9）泄洪建筑物的布置应与枢纽其他建筑物的布置相互协调，避免施工和运行期相互干扰。

2.3　泄洪消能建筑物布置方案

2.3.1　泄洪消能建筑物布置方案拟定及分析

2.3.1.1　泄洪设施布置方案拟定

对于泄洪流量较大的工程，一般优先考虑坝身泄洪。坝身泄洪可采用表孔（或浅孔）、中孔、深孔、底孔中的一种或几种。在单一岸边泄洪或坝身泄洪因受技术或经济方面的限制不能满足要求时，通常考虑坝身泄洪与岸边（溢洪道、泄洪洞）泄洪组合。近年来国内几座泄洪量较大的高拱坝多采用分散泄洪、分区消能、按需防护的布置原则，采取坝身孔口泄洪和岸边隧洞泄洪的组合方式，通过分区消能，以减轻冲刷并减小防护工程量。其中如二滩、溪洛渡等工程，表孔、深孔、泄洪洞的泄量大致各占1/3，其优点是每套泄洪设施都能满足下泄常年洪水的需要，形成互补，运用灵活；可通过合理调度，充分发挥各自的优势，获得最优的水力条件。我国近年来部分高拱坝工程泄水建筑物泄量分配见表2.3-1。

表2.3-1　　　　我国近年来部分高拱坝工程泄水建筑物泄量分配表

工程名称	总泄量 /(m³/s)	表　孔		中（深）孔		泄洪洞	
		泄量 /(m³/s)	占总泄量的比例 /%	泄量 /(m³/s)	占总泄量的比例 /%	泄量 /(m³/s)	占总泄量的比例 /%
二滩	23900	9600	40	6700	28	7600	32
溪洛渡	49605	17467	35	12667	26	19471	39
小湾	20687	8845	43	8898	43	2944	14
构皮滩	29520	16090	55	10330	35	3100	10
拉西瓦	6000	4500	75	1500	25	0	0
大岗山	8814	0	0	5485	62	3329	38
锦屏一级	13818	5201	38	5306	38	3311	24

根据高拱坝泄洪消能建筑物布置原则和泄量分配原则，以及国内外工程经验和技术水平，结合锦屏一级的水力条件，地形、地质条件及工程特点，包括坝体开孔在结构上的可行性、下游河床消能防冲的承受能力和运行调度灵活性等，拟定了以下4种枢纽泄洪消能建筑物布置方案：

方案一：坝身5个表孔＋2条无压泄洪洞（短水垫塘方案）。

方案二：坝身5个表孔＋6深孔（坝身全泄方案）。

方案三：坝身3个表孔＋4深孔＋1条有压接无压泄洪洞。

方案四：坝身4个表孔＋5深孔＋1条有压接无压泄洪洞。

各方案泄洪设施布置特征见表 2.3-2。

表 2.3-2　　　　　　　　　各方案泄洪设施布置特征表

方案	泄洪建筑物	坝身孔口		岸边泄洪洞	校核洪水位/m	枢纽总泄量/(m³/s)
		表孔	深孔			
方案一	孔（洞）数	5 个	—	2 条	1884.10	14098
	孔口尺寸/(m×m)	12.50×11.00	—	13.00×12.00		
	孔底高程/m	1869.00		1840.00		
	单孔（洞）泄流能力/(m³/s)	1429	—	3476		
方案二	孔（洞）数	5 个	6 个		1884.30	14033
	孔口尺寸/(m×m)	12.50×11.00	5.20×5.50			
	孔底高程/m	1869.00	1780.00			
	单孔（洞）泄流能力/(m³/s)	1458	1124	—		
方案三	孔（洞）数	3 个	4 个	1 条	1884.17	13758
	孔口尺寸/(m×m)	12.50×11.00	5.80×6.20	14.00×12.00		
	孔底高程/m	1869.00	1780.00	1825.00		
	单孔（洞）泄流能力/(m³/s)	1440	1409	3801		
方案四	孔（洞）数	4 个	5 个	1 条	1883.62	13854
	孔口尺寸/(m×m)	11.50×10.00	5.00×6.00	14.00×12.00		
	孔底高程/m	1870.00	1790.00	1825.00		
	单孔（洞）泄流能力/(m³/s)	1127	1113	3780		

2.3.1.2　泄洪消能技术分析

1. 各方案泄量分配及调洪演算成果

锦屏一级泄洪量较大，拟定的四个方案均考虑了分散泄洪，至少配置了两套泄洪设施。水库起调水位为正常蓄水位 1880.00m，在宣泄设计和校核洪水时，不考虑机组过流。按 1998 年洪水过程线（最不利年）进行调洪计算，计算成果表明，四个方案均满足枢纽泄洪要求，在宣泄 5000 年一遇洪水时，最高洪水位均低于 1884.50m（满足坝顶安全超高）。方案一、方案二两套泄洪设施泄量相当，表孔较多，宣泄大洪水时超泄能力强，方案二为全坝身泄洪。方案三、方案四为坝身表、深孔及泄洪洞联合泄洪，三套泄洪设施互为备用，任一套泄洪设施与厂房机组过流结合，均可宣泄常年洪水；在遇大洪水时水库削峰能力有所增加。

2. 坝身泄洪消能

坝身孔口泄洪是一种常用而经济的泄洪方式（二滩泄洪洞单位泄量投资约为坝身孔口泄洪的 1.5 倍），近年来利用高拱坝坝身泄洪成为一种发展趋势。研究坝身孔口合理可行的泄洪规模和布置是泄洪消能的关键。

（1）表孔特征及规模分析。表孔分为开敞式和胸墙式，又可分为有闸门控制和无闸门控制两类。表孔顶部可设交通用的桥面，也可设完整的拱圈。表孔与下游的衔接方式，薄拱坝多为坝顶跌流，因下游落水点距坝较近，多采用水垫塘消能。

表孔的优势在于：①超泄能力强，流量与堰上水头的 1.5 次方成正比；②流程较短，流速较低，高速水流问题特别是空蚀问题较小；③闸门运行灵活，检修条件比较好；④开敞式表孔可兼作排漂孔，胸墙式表孔也具有一定的排漂能力。表孔的弱点是：①水舌挑距较近，特别是采用跌流时；加长挑流坎可增加挑距，但悬臂过长会增加结构上的设计困难。由于水舌的挑距较近，冲刷对坝基的影响较大，需要进行妥善的防护或设置水垫塘消能。②表孔尺寸较大，不利于结构物抗震。

为了增加消能效果，减轻泄流水舌对水垫塘或河床的冲击，在多个高坝、窄河谷的水利水电枢纽建设中，采用了各具特色的表孔出口挑流坎，如差动挑坎、舌形挑坎、平切或斜切挑坎、扭曲挑坎、窄缝挑坎、表孔宽尾墩等，不同体型的异型挑坎具有不同的功能，目的是对挑流水舌产生一个导向作用，按着预定的方向抛射并在纵向和横向上拉开。如二滩、溪洛渡等工程表孔采用高低坎（大差动式挑坎）和出口分流齿体型，使水流产生三维扩散和撞击，即平面上左右扩散撞击，配合中孔上弯式等结构型式，使立面上下水股对冲碰撞。

锦屏一级水电站坝身表孔的水力设计控制参数和国内外工程基本是一个量级，国内外双曲拱坝坝身表孔参数见表 2.3-3。

表 2.3-3　　　　　　　　　国内外双曲拱坝坝身表孔参数表

工程名称/国别	坝高/m	孔数/个	宽/m	高/m	闸门形式
摩罗西克/美国	185	4	12.9	15.2	弧形
派克/美国	98	5	15.2	15.2	履带
皮科特/葡萄牙	100	4	20	8.6	弧形
真川名/日本	128	4	9.4	12	弧形
乌格朗/法国	130	4	8.5	8.5	弧形
姆拉丁其/南斯拉夫	220	3	13	5	弧形
一濑/日本	130	2	13	6.7	弧形
构皮滩/中国	225	6	16	15	弧形
二滩/中国	240	7	11	12	弧形
溪洛渡/中国	285.5	7	12.5	16	弧形
拉西瓦/中国	250	3	12	9	弧形
锦屏一级/中国	305	4	11	12	弧形

（2）中（深、底）孔特征及规模分析。中（深、底）孔的体型分为短有压泄水孔和长有压泄水孔两类。一般来讲，拱坝坝体断面较小，为减小坝身开孔对坝体产生不利影响，一般采用长有压泄水孔，也有部分重力拱坝采用短有压泄水孔的布置型式。

拱坝中（深、底）孔的平面布置可分为径向和非径向两类。径向布置比较适应拱坝的横缝布置，但可能导致水流的径向集中。泄量较大的工程水流径向集中导致冲刷坑过深或底板动水冲击压力过大，影响坝的安全，这就要求非径向布置孔口，而且结构方面的技术进步使非径向布置孔口成为可能。

拱坝中（深、底）孔的立面布置可分为上弯式、水平式和下弯式三类。不同的立面布置主要是为了调整水舌的挑距，上弯式或水平式加挑坎均使挑距增加，下弯式或水平式接跌坎均使挑距减小。上弯式深孔结构还可使立面上下水股充分对冲碰撞，如二滩、溪洛渡等工程中使用了上弯式深孔结构。

深孔除承担泄洪功能外，还具有降低水库水位及库区拉沙的功能，因此为满足枢纽泄洪要求，在闸门设计允许范围内，应尽量降低进口高程。表 2.3-4 为国内外部分高坝工程坝身中、深（底）孔口参数表，国内已建成发电的二滩水电站深孔作用水头为 80m，单孔泄洪能力为 1117m³/s；溪洛渡水电站深孔作用水头为 109.3m，单孔泄洪能力为 1602m³/s。

表 2.3-4　　　　　　　　国内外部分高坝工程坝身中、深（底）孔口参数

序号	工程名称	坝型	坝高 /m	中孔			深（底）孔		
				宽×高 /(m×m)	水头 /m	高宽比	宽×高 /(m×m)	水头 /m	高宽比
1	东风	双曲拱坝	153	—	—	—	5.0×6.0	80	1.20
							3.5×4.5	80	1.28
2	东江	双曲拱坝	157	—	—	—	10.0×7.5	91～95	0.75
3	隔河岩	重力拱坝	151	—	—	—	4.5×6.5	75	1.44
							4.5×7.0	70	1.56
4	龙羊峡	重力拱坝	178	8.0×9.0	60	1.13	5.0×7.0	95	1.40
							5.0×7.0	120	1.40
5	拉西瓦	双曲拱坝	250	—	—	—	5.5×6.0	97	1.09
							5.0×7.0	137	1.40
6	小湾	双曲拱坝	294.5	—	—	—	6.0×6.5	74～91	1.08
							5.0×7.0	157	1.40
7	溪洛渡	双曲拱坝	285.5	—	—	—	6.0×6.7	109.3	1.12
8	大岗山	双曲拱坝	210	—	—	—	6.0×6.6	76	1.10
9	李家峡	双曲拱坝	165	8.0×10.0	60	1.25	5.0×7.0	81	1.40
10	二滩	双曲拱坝	240	—	—	—	6.0×5.0	80	0.83
							3.0×5.0	100	1.67
11	乌江渡	重力拱坝	165	9.0×10.0		1.11	—	—	—
12	紧水滩	双曲拱坝	102	7.0×7.5	60	1.07	—	—	—
13	石门	双曲拱坝	88	7.0×8.0	22	1.14	—	—	—
14	德基	双曲拱坝	181	4.3×5.8	61	1.35	—	—	—
15	萨扬·舒申斯克	重力拱坝	245	—	—	—	5×5	107.0	1.0
16	卡博拉巴萨	双曲拱坝	163.5	—	—	—	6×7.8	85.0	1.3
17	埃尔卡洪	双曲拱坝	231	—	—	—	3×4.8	118.0	1.6
18	锦屏一级	双曲拱坝	305	—	—	—	5×6	90	1.2

孔口尺寸可采用"窄深型"或"宽胖型"，需分析其对坝体应力的影响。"窄深型"有利于拱坝分缝，且出口水流纵向拉伸较好，但该种体型出口弧门半径大、闸墩悬臂较长，

出口水流易冲击弧门支铰，孔身侧壁受拱向应力的影响较大，结构配筋难度增加。根据近年来我国在建或设计的拱坝坝身泄洪孔口尺寸统计，中孔、深孔断面的建议形状和孔口高宽比的建议值为：中孔可采用高宽比 0.83～1.43，深孔可采用高宽比 1.4～1.67 的矩形孔口。

综合国内外已建工程的成功经验，考虑锦屏一级电站枢纽布置特点，结合下游河床地形、地质条件，水垫塘布置、闸门水平、拱坝分缝及孔口对坝体应力的影响，拟定方案在坝身布置 4～6 个深孔，设置在拱坝中心的坝段，作用水头约 90m。孔口采用对深孔进出口结构及弧门支铰均有利、同时又兼顾拱坝分缝的型式，宽度 5m 左右，高度 6m 左右，高宽比 1.2 以内。各方案均设置 2 个放空底孔，用于水库放空。

（3）坝身孔口布置方案分析。拱坝水平截面为拱形结构，坝身孔口泄流具有向心作用，根据锦屏一级下游河道特点，坝身可布置孔口溢流前缘宽度约 120m。四个方案充分利用溢流前缘宽度，四个方案孔口规模均在可控的技术水平之内。充分利用表、深孔特征，方案二、方案三、方案四均为两层孔口布置方案，并采取挑跌流水舌分层出流形式，使水舌在跌入水垫塘时尽可能沿河道纵向及横向（在水舌不砸岸坡的前提下）扩散、削弱下泄水流的集中程度，减少水舌对水垫塘底板的冲击力，降低下游消能防冲的难度。

在拱坝坝身设置一定数量的泄洪孔口后，坝体上部刚度被削弱，将对坝体结构产生一定影响。但锦屏一级坝身泄洪孔口对大坝整体变形与应力影响不大，分析表明孔口周围产生的局部拉应力可通过配筋解决。

3. 下游消能防冲

坝址处河流流向约 N25°E，河道顺直而狭窄。枯水期水面高程为 1635.00m 时江面宽60～80m。河床基岩顶板高程为 1592.00～1589.00m。强卸荷、弱风化岩体厚度一般为0～15m，局部可达 20m，河床深槽部位一般无强卸荷、弱风化岩体，强卸荷、弱风化岩体底板高程为 1595.00～1620.00m。弱卸荷、微新岩体厚度一般为 15～33m，最大为50m，弱卸荷岩体底板高程为 1575.00～1558.00m，微新、无卸荷岩体顶板高程为1575.00～1558.00m。

河床两侧边坡出露岩性为杂谷脑组 $T_{2-3}^{2(3)(4)}z$ 层厚层状大理岩、杂色角砾状大理岩夹少量绿片岩透镜体，约 65% 为弱卸荷的 III_2 级岩体，约 35% 为强卸荷的 IV_1 级岩体，受浅表风化、卸荷影响，NE 向节理裂隙及顺层裂隙普遍张开，岩体较破碎—破碎，结构松弛—较松弛，完整性较差。

经冲坑深度估算，坝身下游可能导致严重的冲刷，影响坝肩抗力体的稳定性，威胁拱坝安全。故四个方案均需对河床采取保护措施，修建人工水垫塘，增强河床的抗冲击能力。

结合地形地质条件，为保证拱坝坝肩抗力体稳定，水垫塘布置以开挖边坡不影响陡岩为宜，并考虑入水水舌在近岸处要有足够水深，形成淹没水跃，避免砸击岸坡。水垫塘采用复式梯形断面，拟定水垫塘底板顶面高程为 1595.00m，底板宽 40m，水垫塘顶宽113m。根据水垫塘宽度，坝身孔口泄洪挑射水舌入水最大宽度控制在 80.0m 内。

水垫塘长度各方案不同，方案一表孔入水最大横向宽度约 80m，纵向距离坝轴线

106～165m。拟定二道坝中心线桩号为 0+260.00。方案二表孔的入水横向宽度约 80m，纵向距离坝轴线约 106～165m；深孔入水宽度约 47m，深孔最远水舌外缘距坝轴线约 252m。拟定二道坝中心线桩号为 0+410.00。方案三表孔的入水横向宽度为 48.50m，距离坝轴线约 106～165m；深孔入水宽度约 44m，深孔最远水舌外缘距坝轴线约 230m。拟定二道坝中心线桩号为 0+390.00。方案四表孔的入水横向宽度约 62m，距离坝轴线约 106～165m；深孔入水宽度约 50m，深孔最远水舌外缘距坝轴线约 225.82m。拟定二道坝中心线桩号为 0+386.50。从四个方案的水舌入水范围可见，表、中孔泄流水舌在纵向、横向扩散，入水水舌不重叠，水垫塘布置可以满足泄流水舌消能要求。各方案下游水垫塘基本能够承受坝身宣泄洪水的冲刷，水流归槽较好。

4. 泄洪洞布置方案

（1）岸边泄洪洞特征及规模分析。高拱坝工程大多布置于深山峡谷之中，设岸边泄洪建筑物时为避免高边坡问题通常采用岸边泄洪洞。岸边泄洪洞的最大优点是可把水流导向距坝较远的地方，实现分区消能，不影响坝的安全；与厂房尾水的关系也比较容易处理；比较容易避开地质条件差、抗冲能力低的区域；但往往造价较高。泄洪洞的规模取决于孔口布置、闸门设计、制作水平、成洞地质条件及出口消能等因素。结合国内外已建工程的设计、运行经验，以及考虑与厂房机组过流结合，基本能宣泄常年洪水，拟定锦屏一级泄洪洞单洞泄量规模为 3300～3800m³/s，其弧门推力约 75000kN。国内外已建工程泄洪洞工程技术指标见表 2.3-5，深水弧形闸门推力比较见表 2.3-6。

表 2.3-5　　　　　国内外已建工程泄洪洞工程技术指标表

序号	工程名称	国别	坝型	泄洪洞最大泄量/(m³/s)	库水位至出口洞底最大高差/m	工作闸孔尺寸（宽×高）/(m×m)	隧洞断面形式及尺寸/m	最大流速/(m/s)	建成年份	运行情况
1	胡佛	美国	拱坝	左 5650	150	30.5×4.9	φ15.2	53.4	1936	1941 年小流量反弧末端破坏
2	饿马	美国	拱坝	1530	149	R=19.5	马蹄形 9.5	50	1946	—
3	英菲尔尼罗	墨西哥	堆石坝	3-3500	112.4	7.42×15.5	φ13	—	1964	有破坏
4	格兰峡	美国	拱坝	左 3875	164.7	12.2×16	φ12.5	50	1966	1983 年反弧末端破坏
				右 3875	174.8	12.2×16	φ12.5	50	1966	
5	黄尾	美国	拱坝	2605	148	7.63×19.6	φ9.75	48.8	1966	1967 年破坏，修复时增建掺气槽
6	刘家峡	中国	重力坝	2200	119.4	8×9.5	圆拱直墙形 13×13.45	45	1974	1972 年破坏，已修复
7	碧口	中国	土坝	2250	88.5	8×10		32.6	1975	—
8	奇科森	墨西哥	土石坝	3-5790	180	8×19	φ15	—	1980	
9	乌江渡	中国	重力拱坝	2160	104	9×10	—	43.1	1983	

续表

序号	工程名称	国别	坝型	泄洪洞最大泄量 /(m³/s)	库水位至出口洞底最大高差/m	工作闸孔尺寸（宽×高）/(m×m)	隧洞断面形式及尺寸/m	最大流速/(m/s)	建成年份	运行情况
10	鲁布革	中国	堆石坝	右1658	—	7.5×7	无压段 8.5×10.9	30.8	1988	工作闸门底坎局部破坏
11	二滩	中国	拱坝	1号3860	163.5	13×15	圆拱直墙形 13×13.5	45	1998	2001年反弧末端下游破坏，已修复
				2号3860	163.5	13×15	圆拱直墙形 13×13.5	42	1998	运行正常
12	东风	中国	拱坝	3590	72.53		圆拱直墙形 12×17.5	32	1995	
13	小浪底	中国	土坝	1号2608	—	8×10	圆拱直墙形 10.5×13	34	2001	
14	洪家渡	中国	堆石坝	4591		10×18	圆拱直墙型 14×21.5	37.5	2004	
15	锦屏一级	中国	拱坝	3311	200	13.0×10.5	13×17	51.55	2014	运行正常

表 2.3-6   深水弧形闸门推力比较表

工程名称	孔口尺寸 /(m×m)	孔口面积 /m²	总水头 /m	静水总压力 /kN	建成年份
二滩	13×15	195	37	57525	1998
碧口	9×8	72	74	50400	1976
买加	12.2×12.8	156.2	61	85285	1976
曼格拉	10.97×7.3	142.5	48.5	5989	1965
锦屏一级	13.0×10.5	136.5	55	75000	

（2）拟定方案泄洪洞分析。方案一采用左岸2条"龙抬头"无压泄洪洞。泄洪洞长度为1750～2100m，孔口底高程为1840.00m，孔口尺寸为13m×12m（宽×高），泄洪洞单洞泄量为3476m³/s，泄洪洞穿越f_5、f_8断层，围岩发育有不同程度的深部裂缝，地质条件较差。方案三、方案四采用右岸1条有压接无压泄洪洞，进口底高程为1830.00m，事故闸门尺寸为12m×15m（宽×高），工作闸门孔口底高程为1825.00m，尺寸为14m×12m（宽×高），泄洪洞泄量分别为3801m³/s、3780m³/s，总长约1407m。泄洪洞洞身围岩大部分为杂谷脑组$T_{2-3}^{2(5)}z$和$T_{2-3}^{2(4)}z$层大理岩，局部为$T_{2-3}^{2(3)}z$层大理岩，岩石坚硬，岩体嵌合紧密，完整性好，为Ⅲ类围岩。

泄洪洞布置应充分利用地形地质条件，确保泄流顺畅，减少对下游河床的冲淤。普斯罗沟坝址区左岸存在f_5断层、f_8断层、煌斑岩脉、深部拉裂缝以及低波速拉裂隙松弛带等不良地质条件。其中，影响大坝整体稳定的主要因素有两个：①左岸岸坡发育有北东向陡倾南东，平面延伸较长的 f_5、f_8 断层；②左岸岸坡岩体中发育有不同程度的深部裂缝。左岸需要进行系统的基础加固处理，处理的范围、工程量都具有相当规模。从减少对左岸岩体扰动、为左岸拱坝基础处理提供便利以及避免施工干扰看，引水发电系统及泄洪洞均宜布置在右岸。因此，方案三、方案四中的泄洪洞布置更优。

5. 方案比选

（1）调洪演算表明，四种方案的泄洪设施均满足枢纽泄洪的要求。

（2）各方案坝身泄洪孔口对坝体结构的影响均较小。方案一采用5表孔泄洪，水垫塘长度最短；方案二全由坝身泄洪，坝身泄量最大，水舌入水范围可控制在水垫塘以内，但泄洪雾化突出；方案三（3表孔+4深孔）和方案四（4表孔+5深孔）水舌入水宽度较窄，水舌较分散，更适合锦屏一级河道狭窄、谷坡陡峻的地形条件。

（3）方案一在左岸布置2条泄洪洞，泄洪洞穿越 f_5、f_8 断层，地质条件较差，且泄洪洞较长，工程量大；方案三和方案四在右岸普斯罗沟与道班沟之间布置一条泄洪洞，泄洪洞洞身以大理岩为主，地质条件好，泄洪洞长度最短，工程量小。因此，右岸泄洪洞方案（方案三和方案四）更合理。

（4）泄洪设施配置上，方案三（3表孔+4深孔+1条泄洪洞）和方案四（4表孔+5深孔+1条泄洪洞）具有表孔、深孔及泄洪洞3套设施，常年洪水时可互为备用，增加了泄洪设施的安全性，泄洪调度灵活方便。

（5）各方案后期导流调洪演算结果表明，度汛期间坝体悬臂挡水高度均能够满足坝体度汛安全。

（6）方案一工程量最大，方案二工程量最小，方案三、方案四土建工程量相当，仅坝身孔口数量、尺寸不同。

（7）与方案三相比较，方案四坝身孔口规模更小，对拱坝结构影响更小，运行也更为灵活。

综上所述，方案四采用4表孔+5深孔+1条泄洪洞的布置，削峰能力强，枢纽泄洪设施配置灵活，泄洪洞布置合理，可靠性更好。由此，选取方案四为锦屏一级枢纽泄洪消能建筑物推荐方案。

2.3.2 泄洪消能建筑物布置格局

锦屏一级枢纽泄洪消能建筑物的布置格局为坝身4个表孔+5个深孔+2个放空底孔+5个导流底孔+右岸1条泄洪洞。经不断研究优化调整，适当减少泄洪洞泄量，增加表孔泄量。泄洪消能建筑物具体布置和尺寸如下：

坝身表孔4个，孔口尺寸为 11.00m×12.00m（宽×高），弧门挡水，堰顶高程为1868.00m；坝身深孔5个，孔口尺寸为 5.00m×6.00m（宽×高），孔底高程为1789.00～1792.00m，出口弧门挡水，进口设置事故平板钢闸门；坝身放空底孔2个，孔口尺寸为 5.00m×6.00m（宽×高），孔底高程为1750.00m，出口弧门挡水，进口设置事故平板钢闸门，水库放空率达81.3%；为了施工期中期导流需要，在坝身1700.00m高程设置了5个临时导流底孔，孔口尺寸为 5.00m×9.00m（宽×高），孔底高程为1700.00m，出口弧门挡水，进口设置封堵平板钢闸门。坝后设置水垫塘、二道坝消能。

泄洪洞采用有压接无压、洞内"龙落尾"的布置型式，总长约1400m。进口为岸塔式结构，底高程1830.00m，进口事故闸门孔口尺寸为12.00m×15.00m（宽×高）；有压隧洞上游接进口段，下游接工作闸门室，为14.50m洞径的圆形洞；工作闸门室分为上、下两室，高程1863.00m以上为上室，以下为下室，工作闸门室内安装一道弧形工作闸门，孔口尺寸为13.00m×10.50m（宽×高）。工作闸门室后至出口挑流鼻坎之间为无压洞段，无压隧洞段由上直坡段、渥奇曲线段、斜坡连接段、反弧曲线段以及下直坡段等组成，断面尺寸为13.00m×17.00m（宽×高），断面形式为圆拱直墙形。泄洪洞出口采用燕尾挑坎挑流消能。

锦屏一级枢纽泄水设施特性见表2.3-7，泄量分配见表2.3-8，枢纽布置透视如图2.3-1所示。

表2.3-7　　　　　　　　　　锦屏一级枢纽泄水设施特性表

泄洪建筑物	坝身孔口				岸边泄洪洞	备注
	表孔	深孔	放空底孔	导流底孔		
孔（洞）数	4个	5个	2个	5个	1条	
孔口尺寸/(m×m)	11.00×12.00	5.00×6.00	5.00×6.00	5.00×9.00	13.00×10.50	
孔底高程/m	1868.00	1789.00~1792.00	1750.00	1700.00	1825.00	闸门底坎高程
单孔（洞）泄流能力/(m³/s)	921/1277	1081/1097	—	—	3229/3311	设计/校核洪水

表2.3-8　　　　　　　　　　锦屏一级枢纽泄量分配表

工况	起调水位/m	入库流量/(m³/s)	枢纽总泄量/(m³/s)	上游最高水位/m	坝身泄量/(m³/s)			泄洪洞泄量/(m³/s)	削峰流量/(m³/s)
					表孔	深孔	坝身总泄量		
P=0.02%（校核）	1880.00	15400	13918	1882.60	5201	5406	10607	3311	1484
P=0.1%（设计）	1880.00	13600	12682	1880.54	4121	5333	9453	3229	905
P=0.2%	1880.00	12800	12429	1880.11	3901	5312	9213	3216	371

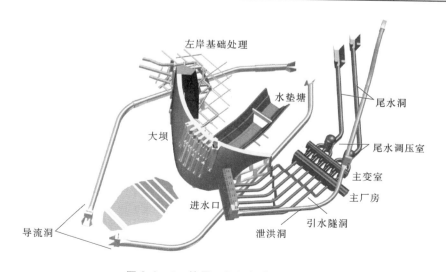

图2.3-1　锦屏一级枢纽布置透视图

2.4 泄洪消能关键技术问题

锦屏一级枢纽泄洪消能工程具有"高水头、大流量、窄河谷、雾化区边坡地质条件复杂"的特点。如何选取安全可靠的泄洪方式，合理布置泄洪建筑物，解决高速水流空化空蚀、泄洪雾化和消能防冲问题，是锦屏一级水电站工程设计面临的挑战。

1. 狭窄河谷高拱坝坝身泄洪消能方式

锦屏一级坝高 305m，为世界第一高拱坝，坝址两岸为近千米的高陡边坡，枯水期水面宽仅 60~80m，河谷狭窄、岸坡陡峻，为坝身泄水建筑物提供的横向空间极为有限；左岸断层、煌斑岩脉、深部拉裂缝发育，地质条件极为复杂，边坡稳定性对泄洪雨雾入渗较为敏感。鉴于高拱坝坝身表、深孔联合泄洪碰撞消能时雾化产生的危害性较大，开展锦屏一级工程高拱坝坝身泄洪消能方式研究，协调处理泄洪、消能和雾化的相关关系，在表、深孔联合泄洪消能的基础上，采用水工整体模型试验和数值分析方法，研究减少雾化影响的消能方式，提出能够满足泄洪消能要求的无碰撞方式及表、深孔体型。

2. 水垫塘布置及底板稳定性

下游水垫塘通过塘内淹没射流的紊动扩散和淹没水跃作用消减下泄水流的巨大能量，伴随消能过程产生的较大荷载，需采用水力及水弹模型试验方法，开展水垫塘消能机理、布置型式、底板稳定性研究，以确保水垫塘消能安全。

3. 高拱坝泄洪雾化特征及防护

左岸边坡存在 f_5 断层、f_8 断层、煌斑岩脉、深部拉裂缝以及低波速拉裂隙松弛带等不良地质条件，边坡稳定性差，泄洪雨雾是影响边坡稳定的重要因素，需对坝身泄洪雾化影响、机理和雾化特征进行深入研究，对表、深孔挑射水舌空中有碰撞、无碰撞两种泄洪消能方式的泄洪雾化强度进行预测和对比分析，提出泄洪雾化控制措施和边坡防护方案。

4. 窄河谷、超高水头泄洪洞布置及体型

枢纽区河道顺直、狭窄，泄洪洞进、出口部位岸坡陡峻、沟谷切割，地质条件复杂，上下游水位差达 240m，最大泄量达 $3311 m^3/s$。进口布置、洞身体型及洞内水流控制、出口消能与水流归槽是泄洪洞工程的技术难点，通过多种手段开展研究，分析泄洪洞基本水力特性，优化选择布置型式。

5. 超高流速泄洪洞空化特性及掺气减蚀

泄洪洞洞内最大流速约 52m/s，最大单宽流量为 $254 m^3/(s \cdot m)$，洞身段空化空蚀问题尤为突出。采用多种研究方法，分析泄洪洞体型、洞内水流控制、水流空化特性，系统设置掺气设施，并开展掺气设施体型研究。

6. 泄洪洞出口体型及下游消能防冲

泄洪洞泄洪功率为 7750MW，能量集中，下游河道狭窄，泄洪洞轴线与下游河道主流交角约 23°，不利于水流归槽，消能防冲问题突出，可能危及岸坡稳定。需研究挑流鼻坎体型、水流归槽控制和河岸防冲等问题。

第 3 章

狭窄河谷高拱坝坝身泄洪消能方式

3.1 坝身泄洪消能面临的主要难题

锦屏一级水电站所处的深山峡谷地区，为典型的深切 V 形河谷，枯水期水面宽仅 60～80m，两岸坝顶以上为近千米的高陡边坡，坝身泄水建筑物横向空间极为有限；坝后雾化区左岸边坡为反向坡，地形陡峻，断层、煌斑岩脉、深部拉裂缝发育，地质条件极其复杂，在泄洪雾化降雨影响下边坡稳定性差。

锦屏一级水电站泄洪具有"窄河谷、高水头、大流量"的特点，校核泄量达到了 13918m³/s，坝身最大泄量 10607m³/s，最大泄洪落差 240m，枢纽泄洪功率达到 31172MW。坝身共设置了 4 个表孔，孔口尺寸为 11.0m×12.0m，5 个深孔，孔口尺寸为 5.0m×6.0m，2 个放空底孔，孔口尺寸为 5.0m×6.0m。坝后设置了水垫塘，水垫塘中心线与拱坝中心线平行并右移 13m，水垫塘底板顶面高程为 1595.00m，底板水平宽 45.0m，边墙坡度为 1：0.5，在高程 1625.00m 处设一条 4.0m 宽的马道，高程 1625.00m 以下边墙厚 3.0m，以上边墙厚 2.0m。二道坝坝顶高程 1645.00m，二道坝中心线至拱坝轴线的距离为 386.5m。

坝身泄洪消能面临的主要难题有以下几个方面：

（1）坝身泄洪消能方式的选择。锦屏一级水电站坝址河谷狭窄，坝后左岸雾化区边坡地形高陡、地质条件复杂，边坡整体稳定性受泄洪雾化降雨的控制。坝身表、深孔水舌空中碰撞泄洪消能方式，因泄洪雾化问题严重难以满足该工程边坡稳定要求，迫切需要研发能够满足泄洪消能要求且能有效减少泄洪雾化的坝身泄洪消能新方式。

（2）坝身孔口布置。锦屏一级水电站坝身校核泄量达到了 10607m³/s，坝身设置"4 个表孔＋5 个深孔"，为避免表、深孔水舌搭接集中入塘冲击底板，表孔水舌需要充分利用纵向空间与坝后静水区，形成横向收缩、纵向拉伸的水舌形态，由于表孔水头小、流道短、出流流速低，表孔体型布置、水流控制难度极大；深孔水头高，出口流速大，影响结构布置，需要研究深孔的布置及体型。

（3）坝后消能防冲。在坝后设置水垫塘，形成深水垫充分消能，避免对下游天然河道造成严重冲刷，水垫塘布置与体型选择是锦屏一级水电站坝身泄洪消能面临的又一难题。

3.2 坝身泄洪消能研究方法

坝身泄洪采用表、深孔两层的多股挑跌流水舌，经空中扩散、穿插、碰撞进入水垫塘，在塘内发生剧烈的混掺，部分水体冲撞池壁或池底，使其机械能被大幅度损耗达到消能的效果。为此，将理论分析计算、水力学模型试验和数值模拟等多种研究方法充分融合，研究解决坝身泄洪消能的难题。

3.2.1 理论分析计算方法

采用水力学经典理论公式，计算各股水舌的轨迹、入水位置、入水角，判断是否冲刷边壁、水垫塘尺寸是否合适，摸清二道坝上游面的水力要素及与下游河道的水力衔接等。

3.2.2　水力学模型试验方法

水力学模型试验，通过相似原理推导出各物理量的相似比尺，试验各工况时按照相似比尺控制相关物理量，进行各水力要素的测试，并换算成原型值。优点是非常直观，能够演示各种流态，能反映复杂的水力学现象，且精度相对较高。模型试验成本较高、耗时较长，模型设计时应关注"缩尺效应"，尽量将其控制在容许范围内。

按模型的范围划分，水力学模型有整体模型、单项整体模型和断面模型；按模型水平比尺和垂直比尺是否相同可分为正态模型（水平和垂直比尺相同）和变态模型（水平和垂直比尺不同）；按模型水流是否含沙可分为清水模型试验和泥沙模型试验；按水面所受气压的大小可分为常压模型试验和减压模型试验；按河床水流边界是否固定可分为定床模型试验和动床模型试验。

3.2.2.1　相似比尺

水力学模型试验方法是按比尺缩小的模型中复演与原型相似的水流，进行水工建筑物各种水力学问题的研究实验技术。其核心是建立满足几何相似、运动学相似、动力学相似的实体模型，在该模型上演示各种工况的水流运动，测试相关的重要水力学参数以及预测原型可能发生的现象，用以论证设计中水工建筑物的安全性和合理性，并对设计所依据的理论进行验证甚至修正，以获得理论上的进步。在制作天然河道和各种水工建筑物的水力学模型时，要按水力相似准则进行模拟，这些相似准则均基于水流运动所满足的各种基本方程经过严格推导得出，一般有重力相似、黏滞力相似、弹性力相似、表面张力相似、压力相似等，很多情形下最为关键的是以表述重力相似准则的弗劳德（W. Froude）定律被满足作为必备条件，其他相似条件则尽量被满足作为重要支撑的一套相似体系。弗劳德定律要求原型和模型的弗劳德数相等，即

$$Fr = \frac{v_p}{\sqrt{g_p l_p}} = \frac{v_m}{\sqrt{g_m l_m}} \qquad (3.2-1)$$

由此即可进一步推求模型各物理量的比尺和长度比尺的关系式（3.2-2）～式(3.2-7)。

流速比尺：
$$\lambda_v = \frac{v_p}{v_m} = \sqrt{\frac{l_p}{l_m}} = \lambda_l^{0.5} \qquad (3.2-2)$$

流量比尺：
$$\lambda_Q = \frac{Q_p}{Q_m} = \frac{v_p A_p}{v_m A_m} = \lambda_v \lambda_A = \lambda_l^{2.5} \qquad (3.2-3)$$

时间比尺：
$$\lambda_t = \frac{\lambda_l}{\lambda_v} = \frac{\lambda_l}{\lambda_l^{0.5}} = \lambda_l^{0.5} \qquad (3.2-4)$$

力的比尺：
$$\lambda_F = \frac{F_p}{F_m} = \frac{m_p a_p}{m_m a_m} = \frac{\rho_p l_p^2 v_p^2}{\rho_m l_m^2 v_m^2} = \lambda_\rho \lambda_l^2 \lambda_v^2 = \lambda_\rho \lambda_l^3 \qquad (3.2-5)$$

压强比尺：
$$\lambda_p = \frac{\lambda_F}{\lambda_A} = \frac{\lambda_\rho \lambda_l^3}{\lambda_l^2} = \lambda_\rho \lambda_l \qquad (3.2-6)$$

糙率比尺：
$$\lambda_n = \lambda_l^{1/6} \qquad (3.2-7)$$

以上各式中 λ 表示原型与模型间的比尺，下标 l、v、Q、t、F、p、n 分别表示长

度、流速、流量、时间、力、压强和糙率。

3.2.2.2 锦屏一级坝身水力学模型概况

图 3.2-1 锦屏一级 1:50 坝身泄洪消能
试验模型

鉴于锦屏一级坝身泄洪消能水头高、泄量大、水流运动十分复杂，且涉及首次采用的坝身多股水舌无碰撞宣泄方式，分别建立了 1:50 和 1:60 的大比尺水力学整体模型开展研究，锦屏一级 1:50 坝身泄洪消能试验模型如图 3.2-1 所示。该模型的模拟范围为拱坝上游 1000m 至拱坝下游 2000m 范围内的河道两岸地形、混凝土拱坝及相关水工建筑物。

整个模型主要由供水系统、上游水库、拱坝、泄洪消能建筑物、下游河道及高陡岸坡、量水系统及回水系统组成；模型尺寸约 $60m \times 24m \times 7m$（长×宽×高），模型流量近 1000L/s。模型上游和下游河道地形采用水泥砂浆制作；表孔、深孔以及水垫塘等泄洪消能建筑物采用有机玻璃加工制作。

采用正态模型，按重力相似准则设计，相关的模型比尺如下：

（1）流速比尺：$\lambda_v = \lambda_l^{0.5} = 50^{0.5} = 7.07$。

（2）流量比尺：$\lambda_Q = \lambda_l^{2.5} = 50^{2.5} = 17678$。

（3）时间比尺：$\lambda_t = \lambda_l^{0.5} = 50^{0.5} = 7.07$。

（4）压强比尺：$\lambda_p = \lambda_l^{0.5} = 50^{0.5} = 7.07$。

（5）糙率比尺：$\lambda_n = \lambda_l^{\frac{1}{6}} = 50^{\frac{1}{6}} = 1.92$。

如前所述，水工模型试验存在固有且难以克服的缺点，一般情况下，模型设计除了按相似准则设计各物理量的相似比尺，还需进行模型基本要求的检验：①流态要求，原型为紊流或层流时，模型必须相应地为紊流或层流，即对计算原型和模型的雷诺数进行检验；②表面张力的影响，一般要求模型流速大于 0.23m/s，模型水深大于 3cm；③模型韦伯数验证，若要进行泄洪雾化试验，则要求模型的韦伯数大于 500^2（即 250000）。针对锦屏一级工程实例，验证如下。

1. 流态要求

运动黏滞系数均取 $\gamma = 1.3 \times 10^{-6} N^2/m^2$。

原型各位置的水力学参数估算及相应的雷诺数（用水力半径作为特征长度，以下标 R 表示）。

表孔缓、急流转折点 $h = 9.9m$，$v \approx 9.9m/s$，$R = 3.6m$，$Re_R \approx 2.7 \times 10^7$。

表孔堰顶，从库区进入表孔的水面跌落，水深高于表孔缓、急流转折点处水深，但低于堰上水头，应根据水面线读取，暂近似取两者平均值，其结果与前者相差不多，就不必进行核算。

表孔出口处，$v \approx 20\text{m/s}$，$b = 11.5\text{m}$，$h \approx 2.5 \sim 5\text{m}$（半开—全开），$R = 1.74 \sim 2.67$，$Re_R \approx (2.7 \sim 4.1) \times 10^7$。

深孔出口处，$v \approx 35 \sim 37\text{m/s}$，$b \times h \approx 5 \times 6\text{m}$，$R = 1.36$，$Re_R \approx 3.8 \times 10^7$。

深孔水舌入水处，$v \approx 50\text{m/s}$，$R \approx 1\text{m}$，$Re_R \approx 3.8 \times 10^7$。

模型雷诺数 $Re_{Rm} = Re_{Rp}/(\lambda_v \lambda_l) = Re_{Rp}/\lambda_l^{1.5}$。

表孔缓、急流转折点模型雷诺数：$Re_{Rm} = 7.6 \times 10^4$。

表孔出口处模型雷诺数：$Re_{Rm} = (7.4 \sim 11.6) \times 10^4$。

深孔出口及水舌入水处模型雷诺数：$Re_{Rm} = 1.1 \times 10^5$。

原型雷诺数（Re_{Rp}）及模型雷诺数（Re_{Rm}）均大于下临界雷诺数，均为紊流流态。

2. 表面张力影响

模型最低流速为表孔堰顶，模型值超过 1.4m/s，大于 0.23m/s 之要求。

模型水深最小为表孔出口，半开度时模型值为 4cm，大于 3cm/s 之要求。

3. 模型韦伯数

模型入水流速 $v = 7\text{m/s}$，表面张力系数 $\sigma = 0.073\text{N/m}$，水体密度 $\rho = 1000\text{kg/m}^3$，水舌尺度 l 取表孔水舌入水宽度 0.4m，则模型韦伯数 $We = \dfrac{\rho v^2 l}{\sigma}$ 计算值约为 268493，满足大于 250000 的要求。

3.2.3 数值模拟方法

数值模拟基于水流运动所遵循的基本方程（连续方程、运动方程、动力学方程、能量方程等），将计算域剖分成足够精细的网格，将各基本方程离散成（隐式或显示）差分方程，并对边界条件和初始条件进行给定，通过递推或迭代对整个区域进行计算，时间步长受限于网格大小以满足计算的稳定性。优点是网格剖分灵活，对重要范围可加密，计算结果能精细反映流场各要素。由于湍流的瞬时运动要素用时均和脉动的运动要素来代替，使运动微分方程的未知量增加了，只有当找出相应个数的新方程，才能获得封闭的方程组。通过引入新的方程，使方程封闭，进而配以适当的计算方法，便构成了所谓的湍流数学模型。由于这些附加应力的新的方程并非严格的本构关系，目前尚属经验或半经验半理论关系，因此数学模型并非严格的理论方法。随着研究的深入以及计算能力的提高，数值模拟基本能满足工程设计的精度要求。

作为水力学研究的手段之一，计算机数值模拟具有费用低廉、省时高效的显著特点，且与物理模型试验只能针对点进行量测相比，计算机数值模拟所提供的信息量大而丰富，更有利于解决复杂的水力学技术问题。

随着计算机技术的迅速发展，计算流体动力学（computational fluid dynamic，CFD）作为一门独立的学科发展日趋成熟，在这一学科的带动下，将理论研究成果与实际工程相结合的 CFD 商业软件应运而生，Fluent 便是其中的杰出代表。

Fluent 软件基于有限体积法（FVM）研发，为非结构化网格求解器，求解的控制方程包括连续方程、动能守恒方程（以下简称动量方程）、能量守恒方程（以下简称能量方

程)、组分传输方程（以下简称组分方程）、湍流方程及其他必需的输送方程等。部分控制
方程见式（3.2-8）～式（3.2-12）。

（1）连续方程：

$$\frac{\partial \rho}{\partial t} + \frac{\partial}{\partial x_i}(\rho u_i) = S_m \tag{3.2-8}$$

（2）动量方程：

$$\frac{\partial}{\partial t}(\rho u_i) + \frac{\partial}{\partial x_j}(\rho u_i u_j) = -\frac{\partial p}{\partial x_i} + \frac{\partial \tau_{ij}}{\partial x_j} + \rho g_i + F_i \tag{3.2-9}$$

$$\tau_{ij} = \mu \left(\frac{\partial u_i}{\partial x_j} + \frac{\partial u_j}{\partial x_i} \right) - \frac{2}{3} \mu \frac{\partial u_l}{\partial x_l} \delta_{ij} \tag{3.2-10}$$

（3）能量方程：

$$\frac{\partial}{\partial t}(\rho E) + \frac{\partial}{\partial x_i}[u_i(\rho E + p)] = \frac{\partial}{\partial x_i}\left(k_{eff} \frac{\partial T}{\partial x_i} \right) - \sum_{j'} h_{j'} J_{j'} + u_j(\tau_{ij})_{eff} + S_h \tag{3.2-11}$$

$$E = h + \frac{p}{\rho g} + \frac{u_i^2}{2g} \tag{3.2-12}$$

式中：ρ 为流体密度；$u_{(i,j,k)}$ 为速度分量，i、j、k 代表坐标方向；g 为重力加速度；F 为
外力。

考虑到锦屏一级水电站坝身深孔运行水头高、工作性态较为复杂，为确保深孔孔口结
构安全，除传统的水力学模型试验外，还采用 Fluent 软件开展了不同运行工况深孔孔口
压力特性的研究。

3.3 坝身孔口泄洪消能方式

在前期设计中，为充分消减下泄水流能量，提高水流空中消能率，减轻水垫塘及下游
河道的消能负担，锦屏一级水电站坝身采用了"分层出流，水舌空中碰撞，水垫塘消能"
的泄洪消能方式（即"碰撞方式"），即坝身 4 个表孔出口采用差动式齿坎，5 个深孔采
用出口扩散体型，表、深孔水舌在空中碰撞后落入水垫塘的泄洪消能方式。可行性研究阶
段坝身泄洪雾化模型试验成果表明，由于坝身泄洪流量大、泄洪落差大，坝址区河谷狭
窄，泄洪雾化不易消散，坝身表、深孔水舌在空中碰撞后，泄洪雾化问题十分突出，坝身
泄洪雾化的影响范围及强度均较大。

为了减小坝身泄洪雾化降雨的影响范围及强度，减轻泄洪雾化降雨对雾化区边坡稳定
性的不利影响，施工图设计阶段，锦屏一级水电站开始研究通过局部调整坝身表、深孔的
平面布置和出口结构型式，获得横向束窄、纵向拉伸的表孔水流，表、深孔水流空中交
错，不发生碰撞落入水垫塘的泄洪消能方式（即"无碰撞方式"）。

3.3.1 坝身泄洪水舌碰撞方式

锦屏一级水电站在前期设计阶段沿用了二滩拱坝碰撞方式，即 4 个表孔采用相邻孔口

大差动式连续坎，5 个深孔采用出口扩散体型，表、深孔水舌空中碰撞的泄洪消能方式。

3.3.1.1 表、深孔体型

表孔采用开敞式溢流堰型式，4 个表孔平面上呈圆弧形布置，对称于溢流中心线两侧，堰顶高程 1868.00m，4 个表孔的堰顶宽度均为 11.00m。表孔溢流堰面曲线采用 WES 曲线，堰顶上游采用三段圆弧曲线。为克服溢流前缘采用圆弧形布置引起的水流向心集中现象，溢流表孔沿纵向采用平面扩散布置，中间 2 号、3 号表孔两侧扩散角各 3°，出口宽度为 13.73m；两侧 1 号、4 号表孔靠内侧扩散角为 3°，外侧不扩散，出口宽度为 12.36m。表孔出流采用挑、跌流结合的方式，出口采用相邻孔口大差动连续式坎型式，为分散水舌，1~4 号表孔出口俯角交错布置。1~4 号表孔体型参数见表 3.3-1。

表 3.3-1　　　　　　　　　　　1~4 号表孔体型参数表

表孔编号	进口堰顶高程/m	出口底高程/m	出口挑（俯角)/(°)	堰顶宽度/m	出坎宽度/m
1	1868.00	1850.34	−30	11.0	12.36
2	1868.00	1857.00	0	11.0	13.72
3	1868.00	1852.50	15	11.0	13.72
4	1868.00	1850.34	−30	11.0	12.36

1~5 号深孔均采用有压短管型式，在平面上呈圆弧形布置，对称布置于溢流中心线两侧，为避免向心集中影响，避免深孔落水点过于集中，2 号、4 号表孔采用平面压力转弯布置方式。为充分利用二道坝与表孔水舌间的水体进行紊动消能，实现分层出流、纵向拉开、横向扩散的下游消能衔接形式，5 个深孔出口型式各不相同，分为上翘式有压孔和下弯式有压孔两类。其中 1 号、2 号、4 号、5 号孔采用下弯式、3 号孔采用上翘式；1 号、5 号出口段鼻坎高程为 1789.00m，出口俯角为 12°；2 号、4 号出口鼻坎高程为 1789.00m，出口俯角为 5°；3 号鼻坎出口高程为 1790.00m，出口挑角为 5°。为避免出口水舌冲击弧形闸门边墩，同时为使入塘水流尽量平面扩散，出口采用向两边各突扩 0.5m，并以 4°扩散角向外扩散。1~5 号深孔体型参数见表 3.3-2。

表 3.3-2　　　　　　　　　　　1~5 号深孔体型参数表

深孔编号	进口堰顶高程/m	出口底高程/m	平面转角/(°)	出口挑角/(°)	进口断面尺寸/(m×m)	出口断面尺寸/(m×m)
1	1792.00	1789.00	0	−12	5.0×12.3	5.0×6.0
2	1790.50	1789.00	1	−5	5.0×12.3	5.0×6.0
3	1789.00	1790.00	0	5	5.0×12.3	5.0×6.0
4	1790.50	1789.00	−1	−5	5.0×12.3	5.0×6.0
5	1792.00	1789.00	0	−12	5.0×12.3	5.0×6.0

3.3.1.2 表、深孔联合泄洪水力特征

1. 表、深孔水舌形态

根据 1∶50 枢纽整体水工模型试验成果，4 个表孔和 5 个深孔联合泄洪流态如图 3.3-1 所示，表孔与深孔水舌之间空中碰撞特征见表 3.3-3。由此可知：

（1）表孔水舌与深孔水舌空中碰撞后，表孔水舌几乎全部裂散，深孔水舌主体仍然比

较完整，表孔水舌散裂后的水体中，大部分随深孔水舌一起下泄，总体上呈现出"表孔水舌与深孔水舌碰撞，并与深孔水舌合并下降"的现象。

（2）表孔与深孔水舌碰撞点高程在 1750.00～1775.00m，经碰撞后的水流掺气强烈，水舌呈乳白色，没有明显水舌分层现象；与表孔或深孔单独开启泄洪时相比较，表孔和深孔联合泄洪时，水流裂散掺气更充分，入水区范围更大一些。

（a）下游视 （b）侧视

图 3.3-1 4 个表孔和 5 个深孔联合泄洪流态

表 3.3-3 表孔与深孔水舌之间空中碰撞特征

表孔水舌编号	表孔水舌与深孔水舌之间碰撞程度	表、深孔水舌碰撞角度/(°)
1	1 号表孔水舌主体与 2 号深孔水舌碰撞，少量与 1 号深孔水舌碰撞	40～50
2	2 号表孔水舌主体与 2 号、3 号深孔水舌碰撞，少量与 1 号深孔水舌碰撞	30～50
3	3 号表孔水舌主体与 3 号、4 号深孔水舌碰撞，少量与 5 号深孔水舌碰撞	30～55
4	4 号表孔水舌主体与 4 号深孔水舌碰撞，少量与 5 号深孔水舌碰撞	30～50

2. 水垫塘冲击特性

4 个表孔和 5 个深孔联合泄洪水舌入水范围如图 3.3-2 所示，4 个表孔和 5 个深孔联合泄洪水垫塘水流流态如图 3.3-3 所示，水垫塘底板动水压力特性见表 3.3-4。

表 3.3-4 水垫塘底板动水压力特性

运行工况	上游水位/m	下游水位/m	水垫塘底板最大动水冲击压力/(×9.81kPa)	最大脉动压力均方根值/(×9.81kPa)	出现位置		备注
					纵向桩号	横距	
4 表孔+5 深孔	1882.60	1660.92	12.1	6.4	0+209.00	10.0	校核洪水
4 表孔+5 深孔	1880.00	1656.89	10.0	5.6	0+214.00	10.0	$P=1\%$洪水
4 表孔	1880.00	1651.00	3.0	2.3	0+144.00	0	常遇洪水
5 深孔	1880.00	1651.00	5.2	2.7	0+269.00	0	常遇洪水

注 横距是与溢流中心线的距离，偏向左岸为正，偏向右岸为负。

由此可知：

（1）表、深孔联合泄洪时，4 个表孔和 5 个深孔的入水区基本搭接成一片，但水流密集区仍位于水垫塘中心线附近，没有出现水舌直接冲击水垫塘边墙的情况。

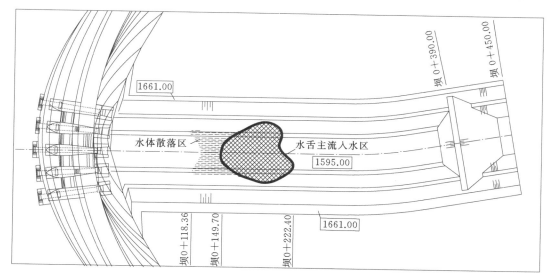

图 3.3-2 4个表孔和5个深孔联合泄洪水舌入水范围图

（a）下游视 （b）侧视

图 3.3-3 4个表孔和5个深孔联合泄洪水垫塘水流流态

（2）因表、深孔水舌空中碰撞，表、深孔水舌无明显分层，水舌入水形成冲击射流明显冲击水垫塘底板；水舌外缘入水点下游存在强烈的水跃旋滚，旋滚区内水面壅高，波动较大，二道坝处水流表层明显掺气，水流表面波动较明显。

（3）各种泄洪工况下，水垫塘底板动水冲击压力均小于设计允许值 15.0×9.81kPa；水垫塘底板最大动水冲击压力出现在校核洪水表、深孔联合泄洪工况，最大动水冲击压力为 12.1×9.81kPa；水垫塘脉动压力分布特征与动水冲击压力基本一致，水垫塘底板最大脉动压力均方根同样出现在校核洪水表、深孔联合泄洪工况，最大脉动压力均方根值为 6.4×9.81kPa。

3. 二道坝顶部流速

4个表孔和5个深孔联合泄洪，二道坝坝后最大流速约为 8.57m/s（校核洪水工况）和 7.34m/s（设计洪水工况）。

3.3.1.3 表、深孔联合泄洪雾化特性

根据 1:50 坝身泄洪雾化模型试验成果，$P=1\%$ 洪水设计工况（坝身表、深孔联合泄洪）下，表孔水舌与深孔水舌空中碰撞后叠加入水，泄洪雾化 10mm/h 雨强线纵向最大影响至桩号 0+900.00，左、右岸最大影响高程分别为 1820.00m 和 1815.00m。

3.3.2 坝身泄洪水舌无碰撞方式

3.3.2.1 表、深孔体型

表孔采用开敞式溢流堰型式，堰顶高程 1868.00m，进口宽度 11.0m，4 个表孔均采用出口 35.0°俯角和"I"形收缩宽尾墩，出口宽度为 4.4m，出口段底板采用透空体型布置，形成"I形宽尾墩+出口底板透空"体型。1～4 号表孔体型参数见表 3.3-5，表孔体型示意图如图 3.3-4 所示。

表 3.3-5 1～4 号表孔体型参数表

表孔编号	堰顶高程/m	出口挑（俯角）/(°)	堰顶宽度/m	出坎宽度/m	透空段长/m
1～4	1868.00	35.0	11.0	4.4	5.0

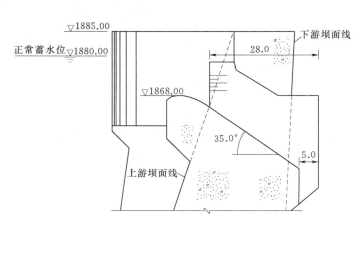

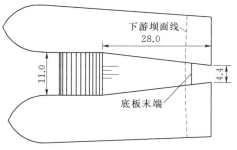

图 3.3-4 表孔体型示意图（单位：m）

1～5号深孔布置和结构体型与碰撞方式基本一致，深孔体型参数同表3.3-2，深孔体型布置示意图如图3.3-5所示。

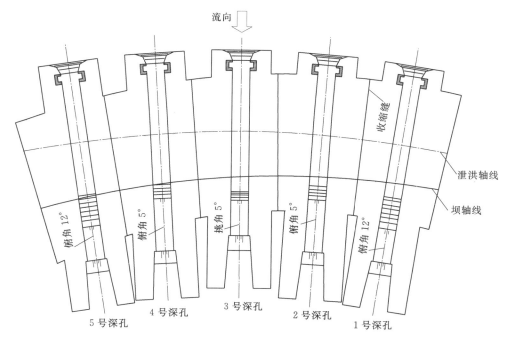

图3.3-5 深孔体型布置示意图

3.3.2.2 表、深孔联合泄洪水力特征

1. 表、深孔水舌形态

根据1:50枢纽整体水工模型试验成果，4个表孔和5个深孔联合泄洪水舌特征如图3.3-6所示。

由图3.3-6可知：

（1）表孔出口水舌空中形态较稳定，水舌上缘没有出现明显横向卷曲和左右摆动现象。

（2）1～4号表孔水舌与1～5号深孔水舌之间空中穿插清晰，相邻水舌之间的间隙明显，表孔水舌与深孔水舌未出现空中碰撞，4个表孔和5个深孔水舌入水区相对独

图3.3-6 4个表孔和5个深孔
联合泄洪水舌特征

立，表孔入水区位于桩号0+097.20～0+134.00，深孔水舌入水区位于桩号0+176.30～0+233.00。

2. 水垫塘冲击特性

4个表孔+5个深孔联合泄洪无碰撞消能入水范围示意图如图3.3-7所示，水垫塘底板动水压力特性见表3.3-6。

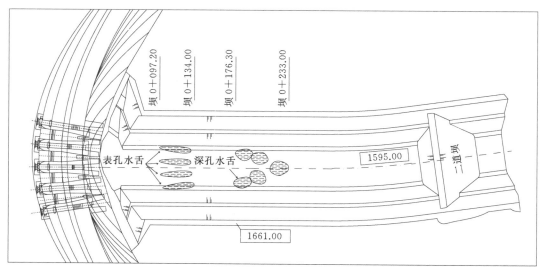

图 3.3-7 4 个表孔＋5 个深孔联合泄洪无碰撞消能入水范围示意图

表 3.3-6 水垫塘底板动水压力特性

运行工况	上游水位/m	下游水位/m	水垫塘底板最大动水冲击压力/(×9.81kPa)	最大脉动压力均方根值/(×9.81kPa)	出现位置		备注
					纵向桩号	横距	
4 表孔＋5 深孔	1882.60	1661.00	8.45	3.43	0＋259.00	7.5	校核洪水
4 表孔＋5 深孔	1880.00	1656.89	5.78	2.71	0＋239.00	7.5	$P=1\%$洪水
4 表孔	1880.00	1650.01	7.10	3.32	0＋269.00	12.5	常遇洪水
5 深孔	1880.00	1650.01	5.45	2.61	0＋159.00	2.5	常遇洪水

由此可知：

（1）表、深孔联合泄洪时，4 个表孔和 5 个深孔水舌入水区相互独立，表孔与深孔水舌均未出现明显冲击水垫塘底板的现象。

（2）各种泄洪工况下，水垫塘底板动水冲击压力均小于设计允许值 15.0×9.81kPa；水垫塘底板最大动水冲击压力出现在校核洪水表、深孔联合泄洪工况，最大动水冲击压力为 8.45×9.81kPa；水垫塘脉动压力分布特征与动水冲击压力基本一致，水垫塘底板最大脉动压力均方根值同样出现在校核洪水表、深孔联合泄洪工况，最大脉动压力均方根值为 3.43×9.81kPa。

3. 二道坝顶部流速

4 个表孔＋5 个深孔联合泄洪，二道坝坝后最大流速约为 9.0m/s（校核洪水工况）和 9.4m/s（水垫塘设计洪水工况）。

3.3.2.3 表、深孔联合泄洪雾化特性

根据 1：50 坝身泄洪雾化模型试验成果，设计工况（坝身表、深孔联合泄洪）下，表孔水舌与深孔水舌空中未发生碰撞，表孔和深孔水舌入水区相对独立。表、深孔联合泄洪工况下，泄洪雾化 10mm/h 雨强线纵向最大影响至桩号 0＋660.00，左、右岸最大影响高程分别为 1770.00m 和 1773.00m。

3.3.3　坝身泄洪消能方式选择

对高水头、大泄量的锦屏一级水电站而言，4 个表孔＋5 个深孔联合泄洪工况下，碰撞方式水垫塘底板最大动水冲击压力为 12.1×9.81kPa，二道坝后最大流速为 8.57m/s，无碰撞方式水垫塘底板最大动水冲击压力为 8.45×9.81kPa，二道坝后最大流速为 9.4m/s，两种方式水垫塘底板冲击压力和二道坝后流速相当，均能满足坝身泄洪和水垫塘消能的要求；但相对于碰撞方式，无碰撞方式 10mm/h 雾化降雨范围在纵向上减少了约 240m，高程上左岸减小了约 50.0m、右岸减少了约 42.0m，无碰撞方式减少了泄洪雾化雨强，有利于雾化边坡稳定，更能适应锦屏一级水电站狭窄河谷、复杂地质条件的特点。

故推荐锦屏一级水电站坝身泄洪消能采用表、深孔水舌无碰撞泄洪消能方式。

3.4　无碰撞方式表孔体型研究

高拱坝坝身表孔多为开敞式溢流堰结构，作用水头低、出流流速低，锦屏一级水电站坝身表孔，最大水头（校核洪水位－堰顶高程）仅 14.6m，最大出口流速仅 18～20m/s；流道短，表孔溢流堰顶后流道长度仅约 33m，由于水流由水库进入流道时稳定性较差，常常会出现左右摇摆的情况，流道长度不足不利于水流的稳定性控制，进而影响下泄水舌的空中稳定性，需要重点研究表孔出口收缩型式。

3.4.1　收缩式坝身孔口泄洪水舌理论分析

3.4.1.1　收缩式坝身孔口水舌特征

表孔出口设置宽尾墩、窄缝挑坎等收缩式消能工，能够获得窄长的下泄水舌流态，深孔出口则是依托闸墩边墙对水舌适当约束，避免横向扩散，使表、深孔各股水舌相互穿插下落，获得表、深孔水舌的空中无碰撞效果，大幅减轻泄洪雾化强度，且窄长水舌入水迅速衰减其冲击强度，对水垫塘底板不会造成严重冲击，实现强消能、轻雾化、弱冲刷的"三赢"效果。

窄缝挑坎体型参数如何选择、如何布置，边墙压力分布如何，是否会出现空化空蚀，泄洪时其水舌流态和下游水垫塘底板压力分布等问题，成为窄缝挑坎消能工应用于高拱坝坝身孔口必须解决的关键性技术问题。

1. 收缩式表孔水舌特征

表孔由 WES 实用堰后接较陡的斜坡段，临出口设置宽尾墩，形成窄缝式出口，由于流道宽度明显缩窄，水深必然壅高，水面形成有一定挑角的形状，通过调整收缩比、挑坎挑角、收缩段相对长度等可以获得挑距最远所对应的水面出流角，还可以通过调整底板挑（俯）角和透空来获得水舌下缘的轨迹及落点，此时需考虑最近落点不冲击坝脚、水舌与下层启闭机房有足够的安全间距等，最远落点与最近落点的距离即为水舌的拉伸长度。

在收缩段，泄洪水流受到边壁变化，必然产生急流冲击波形成水翅，可能会有一些摆动，但可通过体型优化予以解决。

2. 收缩式深孔水舌特征

有压孔口出射水流受边墙约束避免横向扩散，两侧边墙间的净距沿流向布置型式分为：①扩散型；②等宽型；③收缩型。即使是扩散型，只要扩散角不是足够大到超过水舌自然扩散角，仍然对水舌起到约束，以上 3 种型式广义地被认为是收缩式孔口出口型式。

有压孔口出射水流在惯性作用下进入收缩段形成急流冲击波，水流因边墙横向约束的作用竖向沿边墙扩散，受结构设计及深孔弧形闸门运行的制约，边墙段一般较短，因此冲击波交汇点一般在边墙出口以外。在整个边墙段上部，存在边墙和中线两条特征水面线，边墙水面线高于中线水面线，形成"∪"形水面流态，两侧边墙的水流在出口外交汇，在水舌上部产生了不连续水体而形成"水冠"（图 3.4-1），仅占整个水流主体的很小部分。从结构设计的角度考虑，有压孔大多采用大坡度的出口底板以避免对水流形成约束作用。由此，在整个边墙段下部，也同样存在沿边墙扩散的边墙和中线两条特征水面线，边墙水面线低于中线水面线，形成"∩"形水面流态，两侧的边墙水流同样在出口外交汇，在水舌下部产生不连续水体而形成"水翅"（图 3.4-1）。整个水舌主体则因流道的横向缩窄形成窄而高的水流流态（图 3.4-2），水舌竖向扩散明显，水流质点以不同的角度出射。

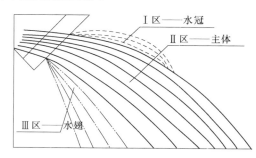

图 3.4-1 有压孔口水舌分区示意图

图 3.4-2 有压孔口水舌试验流态

受高速射流冲击的影响，边墙压力随收缩程度的增加而显著增加，等宽型也存在较大动水冲击压力，轻微扩散型仍有一点动水冲击压力，显著扩散型则因水舌不碰触边墙而相对压力为零，因射流时形成的边墙侧空腔与底空腔贯通的缘故，所有情况都不会出现负压区。边墙压力最大值点出现在挑坎始折点附近，并向上游及下游减小。显然，高水压采用收缩式挑坎后其边墙压力因受高速射流的冲击而大大增加，这对挑坎边墙的结构设计是不利的。工程上常采用预应力混凝土梁作为闸门支撑结构，因此挑坎的设置应适应此结构特点：一方面，要控制窄缝挑坎出射水舌外缘不能冲击弧形闸门支承大梁；另一方面，要将弧形闸门支座与两边墙构成整体结构，以抵抗挑坎内较高的动水压力。

收缩式挑坎和常规挑坎相比，收缩式挑坎充分利用了射流水舌在空中的竖向和纵向扩散性，而常规挑坎则是利用水舌在空中的横向自然扩散特性。从水舌扩散程度而言，常规挑坎受有压射流水舌自然扩散角的限制横向扩散是有限的，而收缩式挑坎具有纵向拉长水流的特性，水舌纵向入水长度大大增加，远大于常规挑坎时的水舌横向扩散长度。并且纵向拉长的水舌在下游水垫塘内的流态也不同于常规横向扩散水舌，其入水后不仅存在横向旋涡，而且存在纵向旋涡，二者再相互掺混，大大增加了水流紊动的强剪切掺混区，提高了水垫塘水体的平均消能率，因而水垫塘底板动水冲击压力明显坦化，水垫塘底板动压差也大大减小。

3.4.1.2 收缩式表孔水舌理论分析

鉴于锦屏一级工程区岸坡地质条件十分复杂，稳定性较差，尽量减轻泄洪雾化是非常重要的目标之一，合理的消能方式既要满足泄水及消能建筑物的水力学控制指标，又要能显著降低雾流强度。在对二滩、溪洛渡以及锦屏一级等水电站的研究中观察到，水舌空中碰撞产生强烈的雾化及水舌集中入水的激溅均是形成雾流的主要因素。为解决这个问题，提出无碰撞方式的研究思路。而拱坝平面上的向心收缩除了要求水舌交叉有足够空隙外，还要求水舌形成"薄刀"形状。为减轻入水的集中程度，要求将水舌尽可能在纵向拉伸，采用"外扩内收"方式，以实现水舌纵向充分拉伸、降低单位入水强度的目的。

1. 水舌挑距的计算及出流角的影响

无论是表孔还是深孔，其水舌的空中形态均满足抛物线运动轨迹，一些工程验证其计算挑距存在误差，相关文献进行了深入分析，结论是应该采用准确的出口流速和出流角。对于常见的挑流鼻坎（$R/h=6\sim10$），按渐变流通过能量方程计算得出的流速误差约 $8\%\sim12\%$，流线越弯曲误差越大，故应采用急变流通过能量方程进行计算：

$$E=h\cos\theta_0+\frac{(\kappa+\alpha)v^2}{2g} \tag{3.4-1}$$

$$\kappa=2\left(\frac{R}{h}\ln\frac{R/h}{R/h-1}-1\right)\approx1/(R/h-0.5) \tag{3.4-2}$$

式中：h 为挑坎出口水深；R 为挑坎底板的反弧半径；θ_0 为挑坎出口的挑角；α 为动能修正系数，可取 1.05；κ 为反映急变流条件下附加动水压力影响的系数。

在较小弗劳德数 Fr 时出流角与反弧结束的切线（所谓的挑角）存在明显向下偏离，水流实际的出流角 $\theta=\theta_0-\Delta\theta$。

以平底板为例（反弧底板具有相同原理），如图 3.4-3 所示，水舌各流束并非均从挑坎出口铅垂断面 $O—B$ 处开始跌落，而是以 $O—A$ 为起始断面开始跌落，上一层（$i-1$）跌落起点比本层（i）的起点提前 ds，在流程 ds 中已产生的跌落对本层产生下压作用，导致抛射出的水舌向下偏转，极端情况下，会导致水舌垂直跌落。水舌越厚，这种作用越

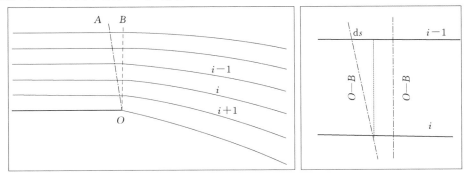

图 3.4-3 平底板挑流水舌跌落位置示意图

明显。水流惯性越大时,水舌向下的偏转越小,当水流惯性很大时,出流角与挑角相差无几。因此,以出流角与挑角的差值作为反映水流惯性和重力影响的综合指标(弗劳德数)是合适的。

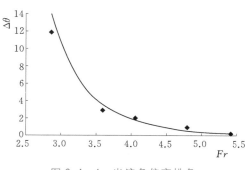

图 3.4-4 出流角偏离挑角与弗劳德数的拟合关系

挑射水流出流角的准确计算,直接影响挑距的计算成果。挑射水流出流角与挑角之间的差异,相关研究拟合公式如式(3.4-3)和图 3.4-4 所示。式(3.4-3)是在连续底板且边墙无侧收缩条件下根据实测值获得的。事实上,当水流惯性很小时,水流会几乎垂直跌落,上式能够反映这一情况。

锦屏一级水电站表孔全开时出口的弗劳德数 Fr 约为 3,由式(3.4-3)和图 3.4-4 计算可知,$\Delta\theta \approx 11°$,对挑距的影响不可忽视。

$$\Delta\theta = \left(\frac{9}{40}Fr\right)^{-6} \tag{3.4-3}$$

2. 水舌纵向拉伸的计算分析

水舌纵向拉伸的方法为"外扩"与"内缩"。所谓"外扩",需将水舌外缘尽量挑远,需对水舌的空中轨迹进行分析,为统一表达水流轨迹的抛物线方程,引入无量纲的水平位置、纵向位置参数 $x/(v^2/2g)$ 和 $y/(v^2/2g)$,x 和 y 分别为水平方向和竖直方向坐标。

水舌的挑距计算公式如下:

$$L = \begin{cases} \dfrac{v^2\sin\theta\cos\theta}{g}\left(1+\sqrt{1+\dfrac{2g\Delta}{v^2\sin^2\theta}}\right) & \text{当}\ \theta>0° \\[3mm] v\sqrt{\dfrac{2\Delta}{g}} & \text{当}\ \theta=0° \\[3mm] \dfrac{v^2\sin\theta\cos\theta}{g}\left(-1+\sqrt{1+\dfrac{2g\Delta}{v^2\sin^2\theta}}\right) & \text{当}\ \theta<0° \end{cases} \tag{3.4-4}$$

统一形式为

$$L = H\sin2\theta + \sqrt{H^2\sin^2 2\theta + 4H\Delta\cos^2\theta} \tag{3.4-5}$$

式中:v 为挑坎处的流速;Δ 为挑坎与下游河道水面的高差;θ 为挑射水流的出流角;L 为挑距;H 为挑坎处的流速水头,$H = \left(\dfrac{v^2}{2g}\right)$。

由式(3.4-4)和式(3.4-5)可计算获得水流不同出流角(挑角或俯角)的空中轨迹(图 3.4-5)。

在水平面上,以 45°出流角的挑距最远,而泄水建筑物挑坎均高于水面,存在明显的相对高差 Δ/H,对应具体的 Δ/H 存在挑距的极值。

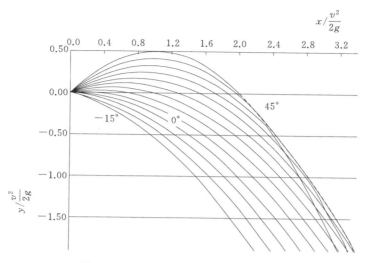

图 3.4-5　水流不同出流角的空中轨迹

将挑距公式对出流角求一阶导数，并令其为 0，$\dfrac{\partial L}{\partial \theta}=0$，得

$$\theta_m = \sin^{-1}\sqrt{\frac{1}{2+\Delta/H}} \qquad (3.4-6)$$

此处 θ_m 为最远挑距的出流角，其与相对高差的关系如图 3.4-6 所示。

对于高拱坝表孔，相对高差为 7～8，获得最远挑距的出流角约 20°。最远挑距计算公式如下：

$$L_m = 2H\sqrt{1+\Delta/H} \qquad (3.4-7)$$

图 3.4-5 中的实线即为此式的计算结果，表明对于空中水舌，无论采取何种措施，最远只能达到式 (3.4-7) 计算的位置。

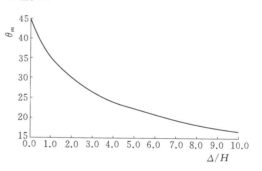

图 3.4-6　最远挑距的出流角与相对高差的关系

以锦屏一级水电站为例，表孔出口高程 1845.00m，流速 20m/s，出口水面高程 1855.00m，水垫塘水位 1665.00m，$\Delta=190$m，$H=20$m，计算得 $L_m=130$m。若将出口高程降低 10m，考虑流道内有一定水头损失，$\Delta=180$m，$H=29$m，计算得 $L_m=156$m。在水舌内缘落点相同的情况下，水舌将增加 26m 的纵向长度。

为实现将水舌外缘尽量挑远，将表孔出口进行必要的收缩，采用宽尾墩或窄缝使流道束窄，势必引起水面壅高形成所要求的出流角，采用一系列的收缩角和收缩比进行试验，观察出流角度是否与 θ_m 相符，特别是观察入水处水量分布，若存在明显集中（图 3.4-5 之外缘），则表明出流中存在大于 θ_m 的部分，通过调整收缩角和收缩比使这一现象刚好消除。

"内缩"就是使水舌内缘尽量向上游方向退缩，使水舌纵向拉伸更伸展，降低入水单宽流量，减轻对水垫塘底板的冲击，且充分利用水垫塘中靠近坝后更多的水体参与消能，鉴于坝脚、塘底和边坡均为坚固的混凝土结构，加上单薄水舌的冲击不是很大，不存在安全方面的顾虑。限制条件是水舌与底孔闸室的房顶有足够的安全距离。

研究表明，出口俯角陡于一40°时具有较好效果，从堰顶 WES 曲线过渡到陡于一40°需要较长距离，而表孔流道较短，于是采用"表孔陡一些，出口边墙帮一点"来实现"内缩"，即表孔出口段底坡采用一35°，出口段采用透空底板，或边墙向下游悬空一段长度，形成事实上的透空底板。

底板透空时，超出底板的边墙仍约束水流，且对水舌作用有侧压力，而透空部分正是一个出流的缺口，水体自然而然移向该缺口从而被"挤出"，但高速水流的惯性很大，不会轻易跌落，而是形成一些偏转。由于透空部分水流偏转对水体产生向下的扯拽，克服了水舌离开边墙后的扩散作用，使水舌空中形态一直保持"薄刀"形状。

以出流角一30°和一40°代入式（3.4-7）计算得到的挑距分别为 91m 和 77m，纵向拉伸长度分别为 39m 和 53m，后者比前者增加 36%，意味着后者的单宽流量是前者的 0.74 倍，水舌厚度明显变薄。

用水流冲坑深度公式对底板冲击进行分析：

$$T = Kq^{0.5}H^{0.25} \tag{3.4-8}$$

此处将 T 不理解为冲坑深度，而认为是冲刷能力的指标，K 则不反映地质的抗冲能力而是某个系数，则冲刷能力与入水单宽流量的 0.5 次方成正比，上例中出流角一40°对底板的冲击能力为出流角一30°的 0.86 倍。

3.4.2 无碰撞方式表孔体型

3.4.2.1 表孔基本体型

在锦屏一级 1:50 枢纽整体水工模型试验表孔体型研究中，先后开展了"I"形宽尾墩和"Y"形宽尾墩两种基本表孔体型的研究。

1. "I"形宽尾墩出口体型

"I"形宽尾墩出口体型在表孔底板渥奇曲线之后，出口闸墩沿流道中心线对称收缩，出口段宽度小于非收缩段宽度。"I"形宽尾墩基本体型及表孔水舌形态如图 3.4-7 所示。

由图 3.4-7 可知，"I"形宽尾墩已经能够形成横向束窄、稳定性较好的表孔水舌，但表孔水舌沿纵向拉伸不充分，存在明显冲击水垫塘底板的情况。分析其原因，是由于出口断面处表层水体流速较低、出流角度较大，而出口断面处下层水体流速较高、出流角度较小，表层水体和下层水体的挑距相对集中，纵向拉开不充分，给水垫塘底板带来较大的动水冲击压力。

2. "Y"形宽尾墩出口体型

"Y"形宽尾墩是在表孔出口边墙处贴三角楔形体（图 3.4-8），该体型左、右边墙采用贴脚对称收缩，收缩段长度约 10.5m，出口宽度为 7.0m。

"Y"形宽尾墩表孔流态如图 3.4-9 所示。从图中可知，"Y"形宽尾墩表孔水舌空中形态较为稳定，无明显水翅，水舌表面有轻微横向卷曲、摆动现象，各股水舌之间的间隙

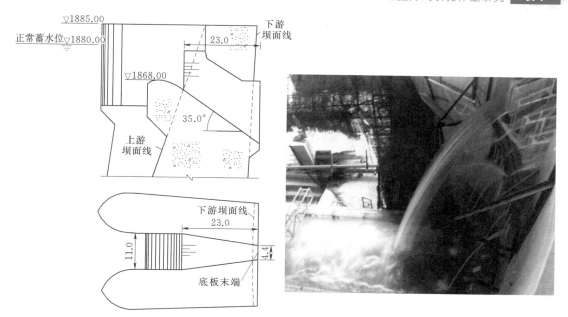

（a）"Ⅰ"形宽尾墩基本体型　　　　　（b）表孔水舌形态

图 3.4 - 7　"Ⅰ"形宽尾墩基本体型及表孔水舌形态（单位：m）

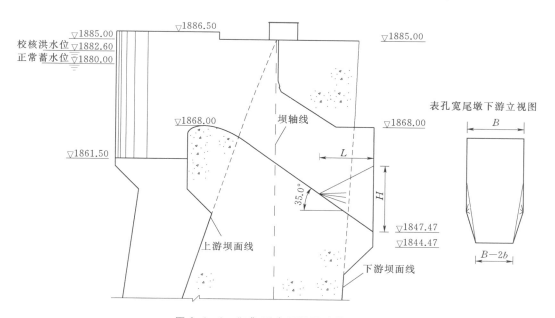

图 3.4 - 8　"Y"形宽尾墩最终体型示意图

较大，能够为深孔水舌提供横向穿插空间；表孔水舌纵向存在一定拉伸，但拉伸效果并不明显，水舌入水相对集中。

3. 表孔基本体型的选择

无碰撞方式表孔基本体型研究成果表明："Ⅰ"形宽尾墩表孔水舌纵向拉开充分、分布

图 3.4-9 "Y"形宽尾墩表孔流态

均匀，水舌空中形态稳定，水舌上缘没有明显出现横向卷曲和左右摆动现象，近似平行下落，各股水舌间的间距较大，表孔水舌没有明显冲击水垫塘底板及边墙的情况。"Y"形宽尾墩表孔水舌能够沿纵向拉开、分布均匀，水舌主体稳定，但水舌上缘存在横向弯曲现象，导致各表孔水舌主流间虽互不搭接、存在较大间隙，但表孔水舌边缘与深孔水舌略有碰擦，"Y"形宽尾墩表孔水舌同样未存在明显冲击水垫塘底板及边墙的情况。"I"形宽尾墩和"Y"形宽尾墩均能形成横向束窄的表孔水舌，但相比而言，"I"形宽尾墩表孔水舌的束窄程度更高，纵向拉伸、横向穿插更为充分，水舌的空中稳定性也更高。

考虑到"I"形宽尾墩形成的表孔水舌横向束窄的程度更高，为深孔水舌提供的横向穿插空间更为充分，因此，选择"I"形宽尾墩作为无碰撞方式表孔基本体型，后续的表孔体型将以此为基础开展优化研究。

3.4.2.2 表孔体型优化

1. 表孔基本体型

（1）底板俯角。表孔"I"形宽尾墩水力学模型试验研究表明：

1）当表孔出口底板俯角小于 30°时，由于进、出口之间高差较小，表孔出口断面流速较低，表孔水舌沿纵向拉伸不明显，水舌入水较为集中，造成了较大的水垫塘底板动水冲击压力。

2）当表孔出口俯角过大（大于 40°）时，表孔出口悬臂结构将会与下部深孔结构相冲突，表孔水舌也将直接冲击深孔出口弧门启闭机房房顶。

3）经过多方案对比试验，表孔出口底板直坡俯角为 33°～35°时，表孔流态、表孔水舌内缘与深孔启闭机房距离、水垫塘底板动水冲击压力等综合指标最优。

（2）侧墙收缩段参数。"I"形宽尾墩出口体型，表孔侧墙收缩的起点位于底板溢流堰堰面曲线的末端，收缩段的长度约 23m。水力学模型试验成果表明：

1）出口侧墙收缩角较大（即出口宽度较小）时，由于表孔出口水深增加，表部水体流速较小，向下游运动的惯性较弱，出流后很快就向两侧跌落，客观上造成了表孔水舌流态的不稳定。

2）出口侧墙收缩角较小（即出口宽度较大）时，表孔水舌横向束窄和纵向拉伸效果不明显，与深孔水舌偶有碰擦。

3）经过多方案的比较试验，当"I"形宽尾墩出口体型收缩角为 6.72°，出口宽度为 4.4m 时，表孔水舌稳定性、沿纵向拉伸程度最优。

4）出口侧墙长度相对较短，将造成表孔水舌流态不稳定，纵向拉伸不充分。

2. 表孔出口底板优化体型

在锦屏一级表孔底板出口体型的优化过程中，表孔流道短，水舌纵向拉伸不够充分，为此，延长了表孔闸墩长度，先后研究了出口底板透空和出口底板折坡两种底板出口体型。

其中，出口底板透空体型是指在表孔原出口体型的基础上，保持流道底板末端位置不变，将边墙末端向下游延伸，位于底板末端之后，使得水流在脱离底板约束后仍受到边墙的约束，水流的稳定性将得以提升。

出口底板折坡体型是在出口底板透空体型的基础上，在底板出口末端与边墙出口末端之间，设置倾角大于表孔出口底板倾角的托板，形成折线型的出口底板，从而在不对水舌主流拉伸造成较大影响的前提下，还能将小流量、低流速情况下的表孔水流导向下游，避免表孔下泄水流影响下部深孔出口启闭机房的安全。

（1）出口底板透空体型研究。

1）结构体型。对于无碰撞方式而言，稳定的流态及沿纵向充分拉伸是对表孔水舌最重要的要求，根据对"I"形宽尾墩体型的试验研究可以发现：对于表孔水舌稳定性问题而言，通过选用合适的表孔收缩段长度、收缩角度及出口宽度，可以有效改善表孔出口收缩段内的水流流态，减小表孔出口收缩段水流表面的急流冲击波，进而获得空中形态稳定的表孔水舌，"I"形宽尾墩已经能够达到这一要求；对于水舌沿纵向充分拉伸的问题，"I"形宽尾墩则未能实现这一目的。

在对"I"形宽尾墩做进一步的试验研究中发现：在流道底板出口之前，表孔水舌受边墙的作用横向束窄，但在表孔水舌与底板脱离接触后，水舌在横向上也不再受到约束，因此容易产生不稳定水翅；由于底板的约束作用，水舌沿纵向拉伸也不充分，水舌入水较集中，造成了较大的水垫塘底板动水冲击压力。

由此，为了使表孔水舌尽量横向收缩、纵向拉伸，在表孔体型（图 3.4-7）的基础上，延长 5m 闸墩，采用了一种"I 形宽尾墩+出口底板透空"方案（图 3.3-4），即在"I"形宽尾墩布置方案的基础上，将表孔边墙外延、底板不变，通过表孔边墙外延，使得表孔水舌在脱离流道底板约束后，仍受到流道边墙的约束，水舌横向约束得到加强，不稳定水翅得以减少，表孔水舌流态将更加稳定。另外，由于底板约束的减弱，水舌沿纵向拉伸也将更为充分，水舌入水垫塘将更为分散，水垫塘底板动水冲击压力也将显著减小。

相对于原"I"形宽尾墩，"I 形宽尾墩+出口底板透空"表孔体型主要作出了如下调整：

a. 出口底板俯角为 35°。

b. 在原"I"形宽尾墩的基础上，将表孔边墙向下游延伸了 5.0m，使得边墙收缩段长度达到约 28.0m。

c. 在表孔出口底板采用透空体型，根据拱坝下游悬臂结构稳定要求，经过透空长度

4.0m、5.0m 和 6.0m 三方案的比选（三种方案表孔水舌形态示意图如图 3.4－10 所示），最终选取水舌空中形态更稳定、纵向充分拉开、入水分布均匀、动水冲击压力值满足要求的底板透空长度 5.0m 方案。

透空段长 6.0m　　透空段长 5.0m　　透空段长 4.0m

图 3.4－10　三种方案表孔水舌形态示意图

2）水力特征。

a. 表孔水舌形态。"I 形宽尾墩＋出口底板透空"表孔体型水舌形态如图 3.4－11 和图 3.4－12 所示。由图可知，"I 形宽尾墩＋出口底板透空"表孔体型水舌空中形态较稳定，水舌上缘没有出现明显横向卷曲和左右摆动现象；表孔水舌纵向拉伸效果较好，水舌纵向入水长度达到了 33.0m；各表孔水舌间的横向间距较大，为深孔水舌预留了足够穿插空间。

图 3.4－11　"I 形宽尾墩＋出口底板透空"
表孔体型水舌形态（一）

图 3.4－12　"I 形宽尾墩＋出口底板透空"
表孔体型水舌形态（二）

b. 表孔水舌入水范围。"I 形宽尾墩＋出口底板透空"表孔体型水舌纵向入水范围为坝 0＋097.20～坝 0＋134.00，如图 3.4－13 所示。由图可知，"I 形宽尾墩＋出口底板透空"表孔体型 4 个表孔水舌入水区对称分布在溢流中心线左右两侧，彼此独立，各孔入水区横向宽度约 6.6m，没有出现水舌入水直接冲击水垫塘两侧边墙现象。

c. 表孔单泄工况水垫塘底板压力特征。试验成果表明，正常蓄水位"I 形宽尾墩＋出口底板透空"表孔体型 4 个表孔单独泄洪工况下，水垫塘底板最大动水冲击压力为 5.45m

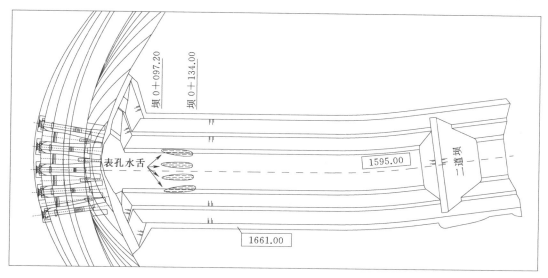

图 3.4 - 13 "I形宽尾墩＋出口底板透空"表孔体型水舌入水范围图

水头，最大脉动压力均方根为 2.61m 水头，均处于较低的水平。

对于锦屏一级拱坝而言，由于坝址地形、地质条件不对称，拱坝中心线与溢流中心线相差 13m，使得右侧深孔流道长度较相应位置的左岸深孔长，右岸深孔启闭机房顶外缘线更靠下游。采用"I形宽尾墩＋出口底板透空"表孔体型时，靠近右岸的 3 号、4 号表孔水舌内缘距离下部深孔启闭机房过近，在小流量工况下甚至出现了表孔水舌直接冲击深孔启闭机房的情况，给启闭机房安全运行带来了较大风险。

（2）不同透空比的水力特性研究。无碰撞方式表孔体型的试验研究成果表明，底板透空体型对于表孔水舌纵向拉伸效果至关重要。由此，研究又以锦屏一级表孔体型为基础，建立起了表孔单体试验模型，采用高速摄像机等设备对不同透空段长度表孔水舌空中形态、入水范围及水垫塘底板动水冲击压力等进行了深入研究。

1）表孔试验体型。试验沿用了"I形宽尾墩＋出口底板透空"表孔体型，表孔出口底板为 35°俯角，收缩段总长度 L_2 为 28.0m，收缩起始端孔口宽 11.0m，出口端孔口宽度为 4.4m。试验中采用了保持边墙末端位置不变，同时试验不同底板透空段长度（水平透空长度）L_1 的方案，并采用底板透空比 $\eta=L_1/L_2$ 来反映底板透空程度。表孔试验体型参数见表 3.4 - 1。

表 3.4 - 1　　　　　　　　表孔试验体型参数表

体型编号	水平透空长度 L_1/m	收缩段总长度 L_2/m	透空比
1	0.0		0.00
2	3.0		0.11
3	4.0		0.14
4	5.0	28.0	0.18
5	6.0		0.21
6	8.0		0.29

2）不同透空比表孔水舌空中形态及空中轮廓。不同透空比表孔水舌空中形态如图 3.4-14 所示，不同透空比表孔水舌空中轮廓如图 3.4-15 所示。由图可知：①随着透空比的增加，表孔底板长度变短，贴底板水流提前下泄，使得表孔水舌内缘边界向上游移动，而由于边墙末端位置未发生变化，表孔水舌外缘位置基本保持不变；②随着透空比的增加，白色的主流水舌区明显增大，说明底板透空对于水舌主流纵向拉伸效果明显，但水舌外缘掺气散裂区变化不大，说明在固定出口底板俯角和边墙位置的情况下，底板透空对水舌外缘影响不大。

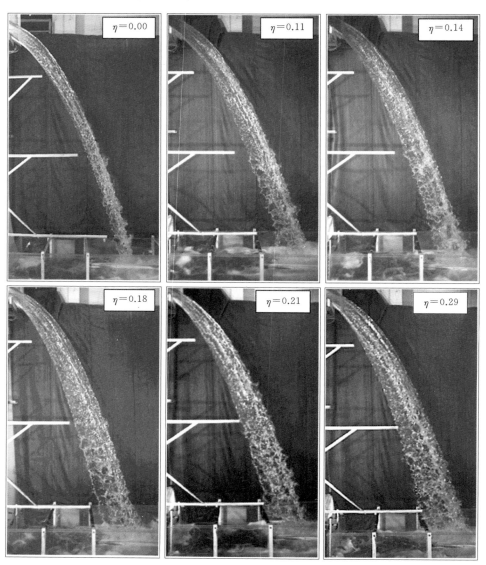

图 3.4-14　不同透空比表孔水舌空中形态

3）不同透空比表孔水舌挑距。当泄量一定时，不同透空比表孔水舌挑距试验成果见表 3.4-2。由表可知：①随着底板透空比的增大，水舌内缘的入水点逐渐向上游移动，

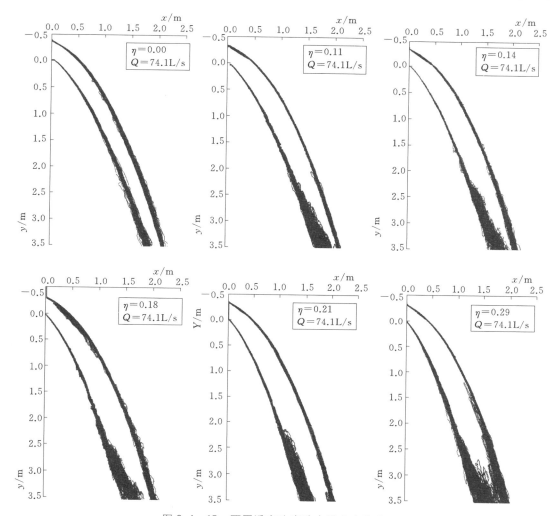

图 3.4-15　不同透空比表孔水舌空中轮廓

表 3.4-2　　　　　　　　不同透空比表孔水舌挑距试验成果表

体型编号	水平透空长度 L_1/m	透空比 η	内缘挑距/m	外缘挑距/m	纵向入水长度/m
1	0.0	0.00	130.05	150.10	20.05
2	3.0	0.11	128.40	148.90	20.50
3	4.0	0.14	122.65	147.40	24.75
4	5.0	0.18	121.40	149.65	28.25
5	6.0	0.21	114.40	147.40	33.00
6	8.0	0.29	106.90	144.90	38.00

水舌外缘的落点也有向上游移动的趋势，但幅度不大；②水舌内缘落点向上游移动的幅度远远大于外缘落点，内外缘落点间距逐渐变大，水舌被纵向拉开。

4）不同透空比水垫塘底板动水冲击压力。水垫塘底板动水冲击压力沿程分布如图 3.4-16 所示。由图可知：①随着底板透空比的增大，水垫塘底板动水冲击区范围逐渐增大，冲击区有向上游延伸的趋势，这与表孔水舌内缘逐渐往上游移动的规律是一致的；②随着底板透空比的增大，水垫塘底板动水冲击压力的最大值逐渐向上游移动，但动水冲击压力的最大值随透空比的增大而逐渐减小。

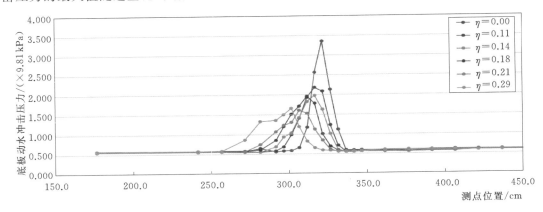

图 3.4－16 水垫塘底板动水冲击压力沿程分布图

5）小结。表孔收缩透空体型水力学特性研究成果表明：底板透空体型是解决表孔水舌纵向拉伸问题的关键因素，能够有效增加表孔动水水舌的纵向拉伸长度，增大表孔入水长度和水垫塘冲击区范围，减小水垫塘底板的最大动水冲击压力。

（3）出口底板折坡体型研究。针对锦屏一级工程实际情况，为解决表孔水舌冲击深孔启闭机房的问题，在"I 形宽尾墩＋出口底板透空"表孔体型的基础上，研究又提出了"I 形宽尾墩＋出口底板折坡"表孔体型。

1）结构体型。相对于"I 形宽尾墩＋出口底板透空"表孔体型，"I 形宽尾墩＋出口底板折坡"表孔体型主要作出了两处调整：①为确保深孔启闭机房安全，将表孔出口底板俯角由 35.0°适当减小，经过 33.0°、33.5°、34.0°三方案比选，最终将表孔底板出口俯角选定为 33.0°；②为避免小流量情况下，或者闸门开启及关闭时，表孔水流冲击深孔启闭机房，在原出口 5.0m 底板透空段设置折坡的底板，即出口 5.0m 底板采用大于表孔底板俯角的折线体型，经过多方案的试验研究，最终选定折线段俯角为 41.67°。

"I 形宽尾墩＋出口底板折坡"表孔体型典型剖面如图 3.4－17 所示。

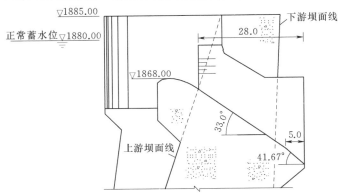

图 3.4－17 "I 形宽尾墩＋出口底板折坡"表孔体型典型剖面图（单位：m）

2）水力特征。

a. 表孔水舌形态。"I 形宽尾墩＋出口底板折坡"体型表、深孔泄洪时水舌形态如图 3.4-18 和图 3.4-19 所示。由图可知："I 形宽尾墩＋出口底板折坡"体型 4 个表孔水舌沿纵向拉开呈片状，水舌空中形态较稳定，没有出现横向卷曲和左右摆动现象；表孔水舌沿纵向有一定拉伸，表孔水舌纵向入水长度约 26.0m；各表孔水舌间的横向间距较大，为深孔水舌预留了足够的穿插空间。

图 3.4-18 "I 形宽尾墩＋出口底板折坡"
体型表、深孔泄洪时水舌形态（一）

图 3.4-19 "I 形宽尾墩＋出口底板折坡"
体型表、深孔泄洪时水舌形态（二）

b. 表孔水舌内缘与启闭机房的关系。"I 形宽尾墩＋出口底板折坡"体型表孔水舌内缘与深孔启闭机房关系如图 3.4-20 所示。试验成果表明：设计及校核洪水位时，表孔水舌内缘与深孔启闭机房最小距离分别为 3.40m 和 3.45m；在闸门开启关闭及小流量运行时，也未出现表孔水舌直接冲击深孔启闭机房的情况。

c. 表孔水舌入水范围。"I 形宽尾墩＋出口底板折坡"体型表孔水舌入水范围如图 3.4-21 所示。由图可知："I 形宽尾墩＋出口底板折坡"体型 4 个表孔水舌入水区对称分布在溢流中心线左右两侧，彼此独

图 3.4-20 "I 形宽尾墩＋出口底板折坡"
体型表孔水舌内缘与深孔启闭机房关系

立；各孔水舌入水长度从"I 形宽尾墩＋出口底板透空"体型的约 33.0m 减少至约 26.0m；各孔水舌入水宽度从"I 形宽尾墩＋出口底板透空"体型的约 6.6m 减少至约 5.3m；各种工况下，均未出现水舌入水直接冲击水垫塘两侧边坡现象。

d. 表孔单泄工况水垫塘底板压力特征。由于出口底板折线段的限制，与"I 形宽尾墩＋出口底板透空"体型相比，表孔水舌沿纵向拉伸效果受到影响，水舌入水较为集中，对水垫塘造成了较大冲击。试验成果表明，正常蓄水位 4 个表孔单独泄洪工况下，水垫塘

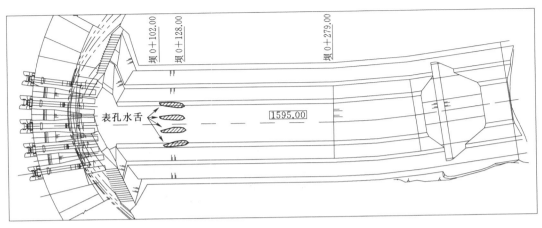

图 3.4 - 21 "I 形宽尾墩＋出口底板折坡"体型表孔水舌入水范围图

底板最大动水冲击压力为 14.2m 水头，小于 15m 水头的控制标准，最大脉动压力均方根为 4.86m 水柱。

（4）表孔体型。为了适应锦屏一级水电站工程地形、地质及拱坝结构不对称的实际条件，避免表孔水舌冲击深孔启闭机房，表孔体型采用了"I 形宽尾墩＋出口底板折坡"的结构型式（图 3.4 - 17），在一定程度上抑制了表孔水舌的纵向拉伸，虽然表孔水舌入水相对集中，最大动水冲击压力为 14.2m 水头，但仍能满足水垫塘底板动水冲击压力要求，解决了表孔水舌冲击启闭机房的问题。

3.5 无碰撞方式深孔体型研究

3.5.1 深孔布置

1. 无碰撞方式深孔布置要求

（1）顺利归槽、不砸岸坡。

（2）各股深孔水舌横向适当拉开，以利于表孔水舌穿插，满足表、深孔水舌空中无碰撞要求。

（3）各股深孔水舌应分散入水，在水垫塘底板上形成一层水垫，避免较大的动水冲击压力冲击底板。

（4）深孔水流不得对大坝及孔口结构造成损坏。

2. 深孔平面布置

1～5 号深孔均为有压短管型式，在平面上控制点呈（与同高程拱坝下游拱圈相近的）圆弧形，对称布置于溢流中心线两侧；2 号和 4 号深孔取消了平面转弯的布置方式，以避免泄流向心作用造成的深孔落水点过于集中，同时适当增大各深孔水舌之间的间距，以利于表孔水舌的穿插，在不砸岸坡的情况下，将 1 号深孔轴线向左岸偏转了 1°、5 号深孔轴线向右岸偏转了 1°。

3. 深孔纵向挑角

根据国内外水电工程实践经验，高拱坝坝身深孔出口可采用挑角，也可采用俯角。1~5号深孔若均采用俯角，各深孔水舌相互叠加入水，将造成较大的水垫塘底板动水冲击压力；1~5号深孔若均采用挑角，深孔水舌入水角度小、水舌下潜深度小，需要设置较长的水垫塘才能满足消能的要求。

根据试验及计算分析，将5个深孔出流水舌分成三层，即1号、5号深孔采用俯角12°，2号和4号深孔采用俯角5°，3号深孔采用挑角5°，充分利用水垫塘的水体，实现分层出流、纵向拉开、横向扩散的下游消能衔接形式。

3.5.2 深孔出口体型

3.5.2.1 方案拟定

无碰撞方式对深孔水舌的要求是流态稳定，同时满足表、深孔水流空中交错，不发生碰撞，这就要求深孔水舌在横向上不能产生较大扩散。相关研究成果表明，要限制深孔水舌的横向扩散，最有效的手段就是调整深孔的出口体型，由此，开展了深孔闸墩出口扩散出流、闸墩出口收缩出流、有压段出口收缩出流和闸墩出口平直出流等4种深孔体型的水力学试验及比选工作，4种方案深孔出口体型如图3.5-1所示。

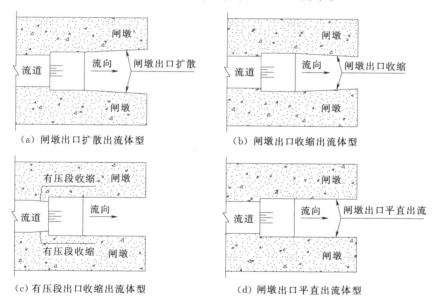

(a) 闸墩出口扩散出流体型　　　　(b) 闸墩出口收缩出流体型

(c) 有压段出口收缩出流体型　　　　(d) 闸墩出口平直出流体型

图 3.5-1　4种方案深孔出口体型图

3.5.2.2 闸墩出口扩散出流体型

1. 基本体型

闸墩出口扩散出流体型深孔出口采用向两边各突扩0.50m，并以4°扩散角向外扩散，如图3.5-1 (a) 所示。

2. 水力特征

(1) 水舌流态。正常蓄水位闸墩出口扩散出流体型5深孔全开泄洪工况水舌形态如图

3.5-2 所示。由图可知，闸墩出口扩散出流体型各孔泄洪时水舌纵向拉开，分层清晰，单孔水舌呈横向扩散，但各股水舌间的间距较小，留给表孔水舌穿插的空间过小，且各深孔水舌在平面上存在相互重叠区。

图 3.5-2 正常蓄水位闸墩出口扩散出流体型 5 深孔全开泄洪工况水舌形态

（2）入水范围。正常蓄水位闸墩出口扩散出流体型 5 深孔全开泄洪工况水舌纵向入流范围为坝 0+176.30～坝 0+233.00，如图 3.5-3 所示。由图可知，闸墩出口扩散出流体型各深孔入水范围重叠。

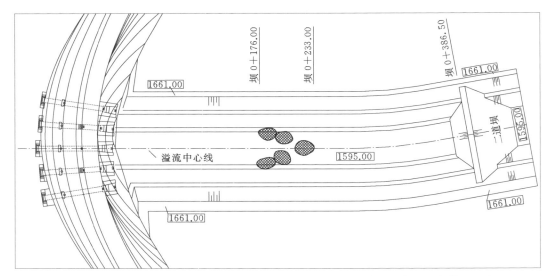

图 3.5-3 正常蓄水位闸墩出口扩散出流体型 5 深孔全开泄洪工况水舌入水范围示意图

（3）出口边墙冲刷情况。试验成果表明，闸墩出口扩散出流体型深孔出口边墙不存在冲刷情况。

（4）深孔单泄工况水垫塘水力特性。根据模型试验成果，对于闸墩出口扩散出流体型，正常蓄水位 5 深孔全开泄洪工况下，水垫塘底板最大动水冲击压力约 $2.25 \times 9.81\text{kPa}$，不会对水垫塘底板造成较大危害。

3. 存在的问题

采用闸墩出口扩散出流体型时，深孔水舌两端水翅较多，两孔之间的横向间距较小，无法为表孔水舌提供足够的穿插空间。

3.5.2.3　闸墩出口收缩出流体型

1. 基本体型

为增大各深孔水舌间的横向间距，采用了闸墩出口收缩出流体型，如图 3.5-1 (b) 所示。

(1) 1 号孔采用非对称收缩的方式，左侧闸墩不收缩，右侧闸墩收缩段长 8.0m，闸墩出口宽度由 6.0m 缩窄为 4.2m（均为右侧闸墩收缩所致）。

(2) 2~4 号孔采用对称收缩方式，两侧闸墩收缩段长度均为 6.0m，闸墩出口宽度由 6.0m 缩窄至 5.5m。

(3) 5 号孔采用非对称收缩的方式，右侧闸墩不收缩，左侧闸墩收缩段长 8.0m，闸墩出口宽度由 6.0m 缩窄为 4.2m（均为左侧闸墩收缩所致）。

2. 水力特征

(1) 水舌形态。正常蓄水位闸墩出口收缩出流体型 5 深孔全开泄洪工况水舌形态如图 3.5-4 所示。由图可知，采用闸墩出口收缩出流体型后，各深孔水舌之间的间距较闸墩出口扩散出流体型方案有所增大，能够满足表孔水舌穿插要求。

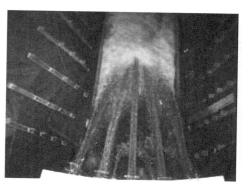

图 3.5-4　正常蓄水位闸墩出口收缩出流体型 5 深孔全开泄洪工况水舌形态

(2) 入水范围。正常蓄水位闸墩出口收缩出流体型 5 深孔全开泄洪工况水舌纵向入水范围为坝 0+110.12~坝 0+228.02，如图 3.5-5 所示。由图可知，采用闸墩出口收缩出流体型后，较闸墩出口扩散出流体型，在纵向上，深孔水舌入水长度明显增加，水舌内缘挑距减小、外缘挑距增大，纵向扩散明显；在横向上，深孔各股水舌拉开明显，落水点位置也相对独立。

(3) 出口边墙冲刷情况。试验表明，采用闸墩出口收缩出流体型后，深孔出口边墙均存在比较严重的冲刷，边墙最大的动水冲击压力达到了 20×9.81 kPa，可能会给结构设计带来较大影响。

(4) 深孔单泄工况水垫塘水力特性。模型试验成果表明，对于闸墩出口收缩出流体型，正常蓄水位 5 深孔全开泄洪工况下，深孔水舌无明显冲击水垫塘底板的现象，不会对水垫塘底板造成较大不利影响。

3. 存在的问题

采用闸墩出口收缩出流体型时，各深孔水舌之间的横向间距较大，为表孔水舌穿插提

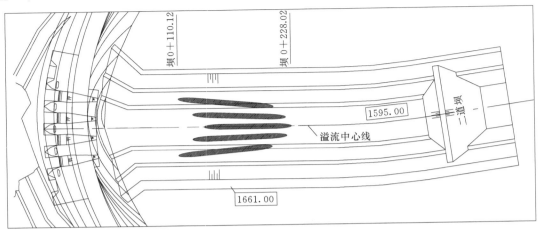

图 3.5-5 正常蓄水位闸墩出口收缩出流体型 5 深孔全开泄洪工况水舌入水范围示意图

供了较大空间。但由于深孔水舌出口流速较高，深孔出口边墙冲刷严重；另外，由于深孔水舌纵向拉伸过长，水舌挑距较远，水舌进入水垫塘后下潜深度也较小，致使二道坝表面流速较高，水垫塘消能不充分，下游河道冲刷问题较为突出。

3.5.2.4 有压段出口收缩出流体型

1. 基本体型

为了给表孔水舌提供穿插空间，闸墩出口收缩出流体型采用了深孔出口闸墩收缩体型

图 3.5-6 正常蓄水位有压段出口收缩出流
体型 5 深孔全开泄洪工况水舌形态

的方式，虽然增大了各深孔水舌之间的横向间距，但也对深孔出口闸墩造成了严重的冲刷。为减少出流水舌对于深孔出口闸墩的冲刷，研究过程中又采用了有压段出口收缩出流体型。

该体型是在闸墩出口扩散出流体型的基础上，在深孔出口的有压段设置对称收缩段，收缩后深孔出口宽度由 5.0m 收缩为 4.7m，侧收缩角为 3.43°，收缩段之后两侧闸墩再突扩，如图 3.5-1 (c) 所示。

2. 水力特征

(1) 水舌形态。正常蓄水位有压段出口收缩出流体型 5 深孔全开泄洪工况水舌形态如图

3.5-6 所示。由图可知，采用有压段出口收缩出流体型后，深孔水舌流态稳定，各深孔水舌之间的横向间距较闸墩出口扩散出流体型有所增大，能够为表孔水舌穿插提供空间。

(2) 入水范围。正常蓄水位有压段出口收缩出流体型 5 深孔全开泄洪工况水舌纵向入水范围为坝 0+169.30～坝 0+239.00，如图 3.5-7 所示。由图可知，有压段出口收缩出流体型，在横向上，各深孔水舌之间彼此独立；在纵向上，水舌入水长度较大，纵向扩散明显。

(3) 出口边墙冲刷情况。对于有压段出口收缩出流体型，由于出口闸墩采用的是扩散体型，在试验中未发现深孔水舌冲击出口闸墩边墙的情况。

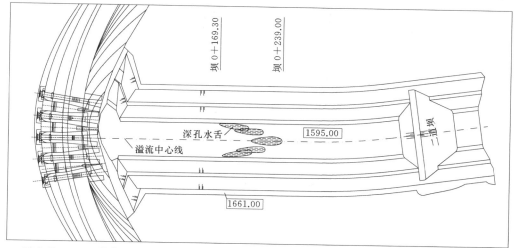

图 3.5-7　正常蓄水位有压段出口收缩出流体型 5 深孔全开泄洪工况水舌入水范围示意图

（4）深孔单泄工况水垫塘水力特性。模型试验成果表明，对于有压段出口收缩出流体型，正常蓄水位 5 深孔全开泄洪工况下，深孔水舌无明显冲击水垫塘底板的现象，不会对水垫塘底板造成较大不利影响。

　　3. 存在的问题

　　对有压段出口收缩出流体型而言，出口宽度减小，泄流能力不足是其主要问题。另外，由于水舌挑距较远，有压段出口收缩出流体型同样存在水舌下潜深度小、二道坝表面流速较高、水垫塘消能不充分的问题。

3.5.2.5　闸墩出口平直出流体型

　　1. 基本体型

　　由于闸墩出口扩散出流体型不能满足无碰撞的要求，闸墩出口收缩出流体型存在严重的边墙冲刷问题，有压段出口收缩出流体型泄流能力又不足，故在深孔出口采用了不扩散也不收缩的闸墩出口平直出流体型，如图 3.5-1（d）所示。

　　2. 水力特征

　　（1）水舌形态。正常蓄水位闸墩出口平直出流体型 5 深孔全开泄洪工况水舌形态如图 3.5-8 所示。由图可知，出口闸墩平直出流体型，深孔出口处水翅较收缩方案小，水舌从出口到入水流态稳定，各水舌间横向间距适中，能够满足表孔水舌穿插的要求。

　　（2）入水范围。正常蓄水位闸墩出口平直出流体型 5 深孔全开泄洪工况水舌纵向入水范围为坝 0+184.90～坝 0+242.60，如图 3.5-9 所示。由图可知，深孔水舌沿纵向基本拉开，各层水舌分层清晰，各深孔水舌主流入水区域相对独立。

　　（3）出口边墙冲刷情况。试验成果表明，闸墩出口平直出流体型出口边墙冲刷较闸墩出口收缩出流体型轻微，仅存在部分水翅冲击深孔边墙的情况，边墙采用钢衬保护后能够满足结构设计要求。

　　（4）深孔单泄工况水垫塘水力特性。根据模型试验成果，对于闸墩出口平直出流体型，正常蓄水位 5 深孔全开泄洪工况下，水垫塘底板最大动水冲击压力为 $6.8 \times 9.81 \text{kPa}$，不会对水垫塘底板结构造成严重影响。

（a）下游视　　　　　　　　　　　　（b）俯视

（c）左岸视

图 3.5－8　正常蓄水位闸墩出口平直出流体型 5 深孔全开泄洪工况水舌形态

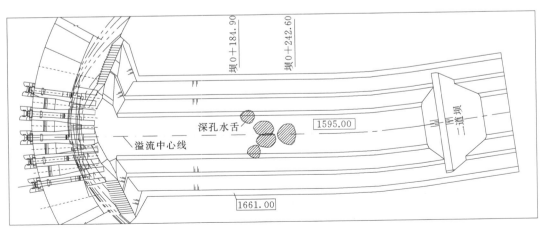

图 3.5－9　正常蓄水位闸墩出口平直出流体型 5 深孔全开泄洪工况水舌入水范围示意图

采用闸墩出口平直出流体型时，深孔水舌主流形态与采用扩散出口时基本一致，但深孔水舌两侧的水翅明显减轻；各深孔之间的横向间距适中，能够满足表孔水舌穿插的要求；深孔出口边墙存在轻微冲刷，采取钢衬等结构措施能够满足结构受力要求。

3.5.2.6　深孔推荐体型及数值分析

1. 深孔推荐体型

深孔 4 种出口体型对比研究表明：闸墩出口扩散出流体型，各深孔之间横向间距过小，无法为表孔水舌穿插提供空间；闸墩出口收缩出流体型，深孔水舌两端水翅较多，由于出口流速较高，深孔出口闸墩内侧冲刷严重，且深孔水舌纵向拉伸长度过长，下潜深度也较小，水垫塘消能不充分，下游河道冲刷较为突出；有压段出口收缩出流体型，因出口有压段截面面积缩小，影响深孔的泄流能力；闸墩出口平直出流体型，深孔水舌主流形态与闸墩出口扩散出流体型基本一致，各深孔水舌之间横向间距能够满足表孔水舌穿插要求，深孔水舌两侧水翅较少，出口闸墩内侧冲刷轻微，采用钢衬等结构措施能够满足结构受力要求。

推荐闸墩出口平直出流体型作为无碰撞方式的深孔出口体型，如图 3.5-1（d）所示。

2. 深孔水力特性数值模拟

为揭示闸墩出口平直出流体型流道内水力特性，采用 Fluent 软件，开展了深孔水力学数值计算，对深孔流道进行了网格加密划分，在正常蓄水位 1880.00m 运行时，对 3 号深孔流道内的压力及流速分布进行了数值分析。

3. 深孔压力特性成果分析

深孔闸门槽上游段，受进口行进流速影响，压力水头略低于库水位。受闸门槽体型突变影响，其水流流态和压力分布相对复杂，进口顶部椭圆曲面上的压力梯度最大，顶部椭圆曲面的最小压强为 35×9.81kPa（图 3.5-10）。该处压强低于静水压强，主要是因为该

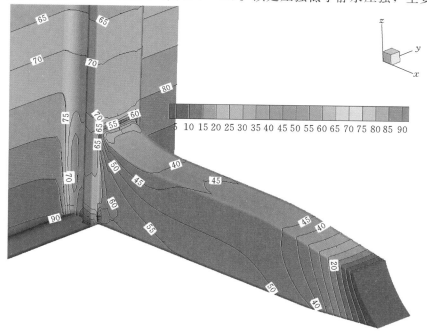

图 3.5-10　3 号深孔壁面压力分布（单位：9.81kPa）

处水流流速较大，流速水头在总水头中的占比较大所致。闸门槽下游侧压强没有突然变化现象，门槽下边墙没有受到水流冲击，门槽下游深孔两侧边墙 1:10 的变坡对改善水流流态效果明显。深孔底板中心压力沿程呈降低趋势，闸门槽下游连接区域和出口区域压力梯度相对较大（图 3.5-11）。闸门槽为开敞式，与库水直接接触，槽内的压力由低向高逐渐降低，高程 1790.00m 平面上压力大于 75×9.81 kPa（图 3.5-12）。除出口附近区域外，深孔壁面压强无明显低压区，出口段收缩增压的效果明显。

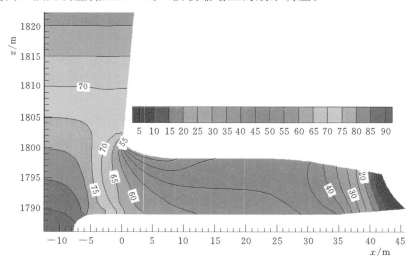

图 3.5-11　3 号深孔中部纵剖面压力分布（单位：9.81kPa）

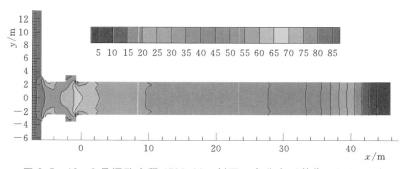

图 3.5-12　3 号深孔高程 1790.00m 剖面压力分布（单位：9.81kPa）

4. 深孔流速分布成果分析

图 3.5-13 为库水位 1880.00m 时，3 号深孔中部纵剖面上的流速大小云图和流速矢量分布图。深孔进口水流平顺，闸门槽下游水流流速沿程增大，介于 18~40m/s（最大断面平均流速为 35m/s）。出口水流流速较为平顺，出口顶部压坡和底部上扬段的长度合适。闸门槽内未形成明显旋涡流动，门槽内水流主要是流向下游和高高程（图 3.5-14）。分析其原因：一是因为闸门槽为开敞式，上游有一定长度的过渡段；二是因为闸门槽由低向高倾向下游，与铅垂的夹角为 4.76°。由于没有旋涡，所以闸门槽内没有低压中心，防空化性能好。门槽下游水流很快调整顺畅，平面分布顺畅。

深孔水力学数值分析表明，深孔流态平顺，流速和压力分布无剧烈突变，闸门槽内无

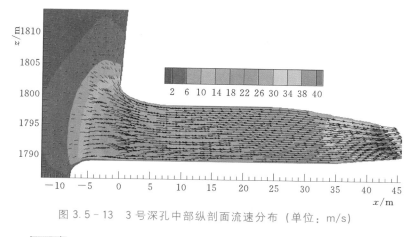

图 3.5 - 13　3 号深孔中部纵剖面流速分布（单位：m/s）

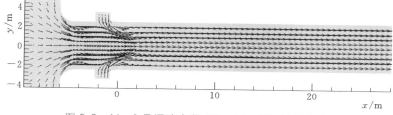

图 3.5 - 14　3 号深孔高程 1790.00m 剖面流速分布

明显旋涡，没有不可接受的低压，发生空化的可能性很低，深孔的体型设计是合理的。

3.6　无碰撞方式表、深孔联合泄洪消能试验

根据表、深孔体型及对水力学特征的分析，采用表孔"I形宽尾墩＋底板折坡出口"体型＋深孔"闸墩出口平直出流"体型、空中无碰撞的泄洪消能方式，开展了表、深孔泄洪消能整体模型试验研究。

3.6.1　试验工况

锦屏一级大坝及泄洪消能建筑物模型比尺为 1：50，模型对拱坝上游 1000m 至下游 2000m 范围内河岸两侧地形和建筑物进行了模拟。锦屏一级表、深孔无碰撞方式泄洪消能试验工况见表 3.6 - 1。

表 3.6 - 1　　　　　　　锦屏一级表、深孔无碰撞方式泄洪消能试验工况

工况	坝身泄洪方式	库水位/m	下游水位/m	坝身流量/(m³/s)
1	校核 $P＝0.02\%$，4 表＋5 深	1882.60	1660.92	10607
2	设计 $P＝0.1\%$，4 表＋5 深	1880.54	1660.13	9068
3	水垫塘设计 $P＝1\%$，4 表＋5 深	1880.00	1656.89	7363
4	水垫塘设计 $P＝1\%$，2 表＋5 深	1880.00	1656.89	6661
5	常遇洪水工况，4 表孔泄洪	1880.00	1650.01	3646
6	常遇洪水工况，5 深孔开启泄洪	1880.00	1650.01	5392

3.6.2 泄洪水舌特征及水垫塘水力特性

1. 水舌形态

6 种泄洪工况，表、深孔总体水舌形态如下：

（1）表孔泄洪时，水舌沿纵向拉开呈片状，空中形态较稳定，入水纵向分布比较均匀。

图 3.6-1　表、深孔联合泄洪流态

（2）深孔泄洪时，水舌分层清晰，不发生碰撞，3 号深孔挑距最远，2 号、4 号深孔次之，1 号、5 号深孔挑距最小，水舌从出口到入水过程流态稳定，空中裂散程度轻。

（3）表孔和深孔联合泄洪时，各表孔水舌能够顺利从相邻两个深孔水舌之间穿插通过，达到了表、深孔水流空中交错、不发生碰撞的效果（图 3.6-1）。

2. 入水范围

工况 1（校核洪水位）表、深孔联合泄洪水舌入水范围见表 3.6-2 和图 3.6-2。由此看出：

（1）表孔水舌入水区在平面上分布合理，水舌入水没有出现重叠、相互搭接的情况。

（2）深孔水舌空中沿纵向基本拉开，在上、下游方向可以分为 3 层，各层水舌分层清晰，虽然 2 号、4 号深孔入水区存在少量重叠，但各深孔水舌主流入水区域相对独立。

（3）表、深孔水流入水区彼此独立，表、深孔均顺利归槽，未出现水舌直接冲击水垫塘边墙的情况。

表 3.6-2　　　　表、深孔联合泄洪水舌入水范围（工况 1）

孔口类型	孔口编号	纵向入水长度/m	横向入水宽度/m	入水角度/(°)
表孔	1	24.9	5.3	73.0
	2	25.2	5.2	73.0
	3	25.1	5.2	73.0
	4	25.0	5.5	73.0
深孔	1	13.3	13.8	51.0
	2	20.0	14.6	54.2
	3	19.3	21.6	52.7
	4	20.2	14.5	54.5
	5	13.3	13.8	51.0

3. 水垫塘水力特性

（1）6 种泄洪工况，水垫塘底板的动水冲击压力峰值均出现在水垫塘中心线附近区域内，最大动水冲击压力为 $14.2 \times 9.81 \mathrm{kPa}$，出现在工况 5（即 4 个表孔全开泄洪工况）。

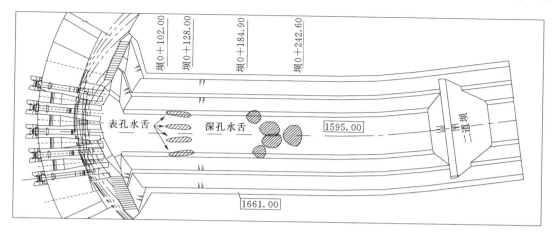

图 3.6-2 工况 1 表、深孔联合泄洪水舌入水范围

（2）6 种泄洪工况，水垫塘脉动压力及动水冲击压力分布特征基本一致，最大脉动压力均方根为 5.63×9.81kPa，出现在工况 1（即校核洪水位，4 个表孔和 5 个深孔联合泄洪工况）。

3.6.3 综合评价

综上，水力学模型试验研究认为，表、深孔布置及体型能够实现坝身泄洪无碰撞的消能方式。

推荐表孔采用"I 形宽尾墩＋底板折坡出口"体型＋深孔"闸墩出口平直出流"体型，表孔水舌形态稳定、沿纵向拉伸效果较好、入水分布均匀，各表孔下泄水流近似平行下落，并能够顺利从相邻两个深孔水舌之间穿插通过，达到了表、深孔水舌空中无碰撞的效果。4 个表孔全开泄洪工况（工况 5），水垫塘底板最大动水冲击压力为 14.2×9.81kPa，小于水垫塘底板动水冲击压力控制值 15×9.81kPa，满足水垫塘动水冲击压力的要求，表孔、深孔的布置及体型设计是合理的。

第 4 章

水垫塘水力特征及稳定性研究

4.1　水垫塘的主要技术难题

锦屏一级水电站位于深山峡谷地区，坝址河谷狭窄，且两岸天然边坡高陡，水垫塘的横向布置空间非常有限；大坝高达 305m，泄洪最大落差约 240m，较现有工程的关键技术指标有明显突破。水垫塘左岸边坡表部岩体松弛破碎，结构面及深部裂隙发育，边坡稳定性差，泄洪雾化对其影响尤其突出。

针对坝身泄洪消能，先后开展了表、深孔多股水舌空中碰撞方式和无碰撞方式的水力学模型试验方案研究。碰撞方式，坝身表、深孔联合泄洪时，表、深孔水舌空中碰撞，表孔水舌几乎全部散裂，深孔水舌主体仍较完整，表、深孔水舌没有明显分层，入水区基本搭接成一片，大坝与表、深孔水舌入水区之间存在范围较大的"静水区"；由于表、深孔水舌搭接入水，形成的冲击射流明显冲击水垫塘底板，水舌外缘入水点下游存在强烈的水跃旋滚，二道坝处水流表层明显掺气，水流表面波动明显。无碰撞方式，坝身表、深孔联合泄洪时，表、深孔水舌空中相互穿插，未发生碰撞，表孔和深孔入水区相对分散独立，大坝与表孔水舌内缘入水点之间的"静水区"范围较小；表、深孔水舌入水形成的冲击射流均未明显冲击水垫塘底板，水舌外缘入水点下游存在强烈的水跃旋滚，二道坝处水流表层明显掺气，水流表面波动明显。

两种消能方式水力学模型试验研究成果表明：无碰撞方式，由于表、深孔水舌在空中不发生碰撞，泄洪水舌空中消能率随之降低，水垫塘的消能负担将显著增加，水垫塘结构安全问题也将更加突出。由此，无碰撞方式水垫塘面临的主要技术难题包括以下几个方面：

（1）在深入研究水垫塘的消能机理基础上，如何增大表、深孔水舌的入水面积，分散消能强度，减小对底板的动水冲击压力，使水垫塘内的水体产生剧烈的混掺和旋涡，提高消能率；进一步研究有效利用坝后静水区水体参与消能。

（2）依据工程区基本地形、地质条件，综合考虑消能效果、检修便利性、与下游河道水面衔接等因素，如何选取二道坝的位置、坝顶高程和结构型式，以减小二次跌流的高度，减轻对下游河道的冲刷。

（3）锦屏一级水电站枢纽泄洪设施具有"窄河谷、高水头、大流量"的特点，表孔流道短，水舌纵向拉伸受限、入水相对集中、水垫塘底板动水冲击压力较大，研究确保水垫塘的底板稳定及结构安全至关重要。

4.2　水垫塘消能机理与水力特征

4.2.1　水垫塘消能机理

表、深孔两层的多股水舌在空间或穿插、或碰撞、或擦挂，以不同的入水点，或相同或不同的入水角进入水垫塘，各水股彼此发生剧烈的混掺，以及部分水体冲撞池壁或池底，使其机械能被大幅度损耗，因此，可通过对进入水垫塘的水股运动特性、水股相互作用和沿程衰减规律进行研究，更合理地设计水垫塘体型及尺寸。

高拱坝挑流消能水垫塘的消能机理，目前比较成熟的理论基本上都是基于紊动射流理论提出的。该理论认为，紊流运动的总机械能是由时均动能和紊动能两部分组成的，当水流进入水垫塘后，形成了斜向淹没冲击射流（为射流主流区和旋涡区的混合结构），在射流主流区和旋涡区之间的交界区域是一层强紊动剪切层区，在该区域内主流在强紊动剪切和扩散作用下，水流的一部分时均动能不断被消减；另外，由于射流水股与两侧旋滚区之间的交界面处存在很大的流速梯度，在该交界面处又生成了大量的紊动涡体（即旋涡），水流时均动能的另一部分能量被这些旋涡带走。其中，被旋涡带走的一部分能量用于维持旋涡区的转动，另外一部分能量则随着这些旋涡不断被拉伸、压缩、扭曲、破碎，大尺度旋涡不断分裂成小尺度的旋涡，能量逐渐地由大尺度的旋涡传给小尺度的旋涡，直至某一级小尺度旋涡把传来的能量通过黏性而耗散。一般来说，在上述主流机械能的传递、再分配和消散过程中，由紊流脉动所提取的能量较大，而由时均剪切作用所吸收的能量较小。

水垫塘消能过程中，要促使时均动能尽可能地转换成紊动动能，强剪切紊动是必须的。这就要求主流两侧的流速梯度必须足够大，也就要求入塘水流必须是高流速的。在高拱坝泄洪过程中，水垫塘内已形成高流速、强紊动、流态复杂的紊动水流，为高效消能提供了必要条件。水垫塘作为下泄水流的消能主体，要有足够的抵御射流的冲击和紊流的脉动的能力，在体型设计中，必须充分考虑淹没冲击射流的扩散规律和水跃特征，通过合理的结构体型，提供足够的消能水体体积和水垫深度，在水垫塘内形成淹没射流的混合流态，通过塘内强烈的紊动和剪切消减下泄水流的巨大能量，但不危及水垫塘结构的安全。

因此，水垫塘消能要做到"缓冲底、不擦边、足够远"。

（1）"缓冲底"：多股水舌集中入水，是无法做到均化的，但尽量减轻每股水舌的强度是有可能的，如把水舌拉伸成很长的"薄刀"，入水总强度虽然相同但单位面积的强度则大幅降低，对底板不形成强烈冲击。

（2）"不擦边"：水舌抛离坝脚并最终流向下游，即便存在回流但流速不大，不至于影响坝脚的安全。两岸边坡为高陡的混凝土护坡，即使采用锚筋束进行锚固，也难以抵抗高速水流的直接冲击，因此，要避免水舌砸边。

（3）"足够远"：水舌入水后需要一定的恢复距离，使水流逐渐达到平顺，过二道坝后的余能小，对下游河道不造成严重冲刷。同时，对二道坝迎水面无明显的动水冲击。

4.2.2 水垫塘水力特征

4.2.2.1 水垫塘水流流态

4表孔、5深孔及表、深孔联合泄洪时水垫塘水流流态如图4.2-1所示。试验成果表明：

（1）表孔水舌入水区在略偏离坝脚的水垫塘前部，形成的冲击射流尾部到达水垫塘的底板，由于池深足够，且泄洪水舌单薄，入水后衰减很快，对水垫塘冲击现象不明显；水舌外缘入水点下游存在较强烈的水跃旋滚，至二道坝顶部水流呈现透明状。

（2）大坝与表孔水舌内缘入水点之间的"静水区"范围较小，受表孔水舌冲击相对较小，主要受水舌入水区两侧回流影响，水面有一定波动。

（3）深孔水舌入水区在水垫塘中部，形成一定深度的冲击射流，但基本没有冲击水垫

（a）4 表孔泄洪时水垫塘水流流态

（b）5 深孔泄洪时水垫塘水流流态

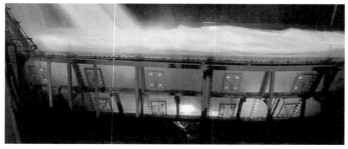

（c）表、深孔联合泄洪时水垫塘水流流态

图 4.2 - 1　4 表孔、5 深孔及表、深孔联合泄洪时水垫塘水流流态

塘底板，有点类似"打水漂"或"面射流"；水舌外缘入水点下游存在较强烈的水跃旋滚，二道坝处水流表层仍含有大量气泡，表面波动明显。

（4）由于各股水舌基本上无碰撞，表、深孔联合泄洪则为前两种情形的叠加，水舌入水形成的冲击射流未明显冲击水垫塘底板；水舌外缘入水点下游存在强烈的水跃旋滚，二道坝处水流表层明显掺气，表面波动明显。

4.2.2.2　水垫塘压力特性

1. 水垫塘压力分布

表孔水舌入水区在底板上产生明显的压力峰值，入水的惯性作用使水舌下游侧一定范围水面凹陷，相应地因水深减小，底板的压力出现谷值。

深孔水舌基本未对底板产生明显的动水冲击压力，仅入水后的波动致使底板压力略有变化，深孔泄洪时将水垫塘后半部水体"推掀"出去，致使入水位置上游的水垫塘水位明显降低，因此水舌入水点下游的压力大于上游。

表、深孔联合泄洪时，总水体形成台阶的顶面高程，表孔水体将台阶的底面高程（静水区水位）略抬高，而表孔水舌对底板的冲击明显，形成压力峰值。

表、深孔及其联合泄洪时，水垫塘底板中心线（A 为中心线，B、C、D、F、H 为与中心线平行的左侧测线）压力分布如图 4.2-2 所示，脉动压力均方根分布如图 4.2-3 所

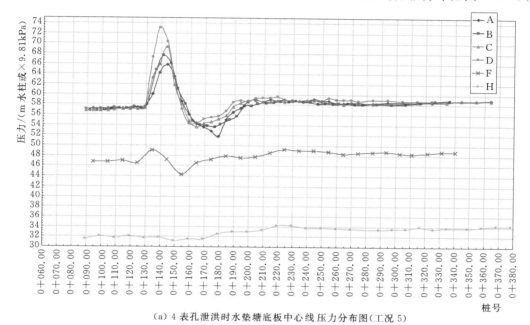

（a）4 表孔泄洪时水垫塘底板中心线压力分布图（工况 5）

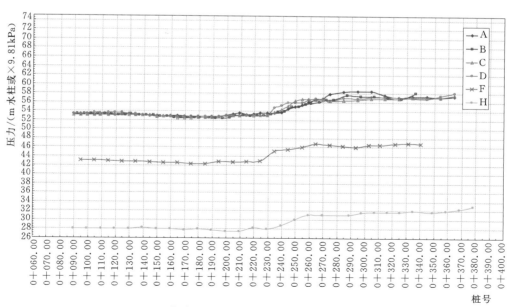

（b）5 深孔泄洪时水垫塘底板中心线压力分布图（工况 6）

图 4.2-2 （一） 水垫塘底板中心线压力分布图

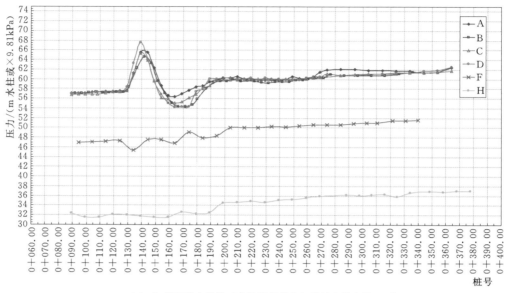

(c) 表、深孔联合泄洪时水垫塘底板中心线压力分布图(工况 2)

图 4.2-2(二) 水垫塘底板中心线压力分布图

示,6 种工况下水垫塘最大动水冲击压力统计见表 4.2-1,最大脉动压力均方根统计见表 4.2-2。

表 4.2-1 水垫塘最大动水冲击压力统计表

工况	孔口开启情况	上游水位 /m	坝身泄量 /(m³/s)	下游水位 /m	位置		最大动水冲击压力 /(×9.81kPa)
					桩号 x/m	横距 y/m	
1	4 表孔＋5 深孔	1882.60	10577	1660.92	149.0	0.0	13.80
2	4 表孔＋5 深孔	1880.54	9068	1660.13	139.0	17.5	10.70
3	4 表孔＋5 深孔	1880.00	9038	1656.89	139.0	13.0	11.70
4	2 表孔＋5 深孔	1880.00	7215	1656.89	144.0	0.0	11.62
5	4 表孔	1880.00	3646	1650.01	139.0	17.5	14.2
6	5 深孔	1880.00	5392	1650.01	294.0	0.0	5.90

表 4.2-2 水垫塘最大脉动压力均方根统计表

工况	孔口开启情况	上游水位 /m	坝身泄量 /(m³/s)	下游水位 /m	位置		最大脉动压力均方根 /(×9.81kPa)
					桩号 x/m	横距 y/m	
1	4 表孔＋5 深孔	1882.60	10577	1660.92	146.5	7.5	5.63
2	4 表孔＋5 深孔	1880.54	9068	1660.13	146.5	2.5	2.44
3	4 表孔＋5 深孔	1880.00	9038	1656.89	145.0	12.5	3.75
4	2 表孔＋5 深孔	1880.00	7215	1656.89	146.5	12.5	3.45
5	4 表孔	1880.00	3646	1650.01	139.0	20.0	4.86
6	5 深孔	1880.00	5392	1650.01	269.0	2.5	3.31

由图 4.2-2、图 4.2-3 和表 4.2-1、表 4.2-2 可以看出:水垫塘内动水冲击压力、脉动压力均方根的分布规律和变化特性与描述的水流特征基本一致。

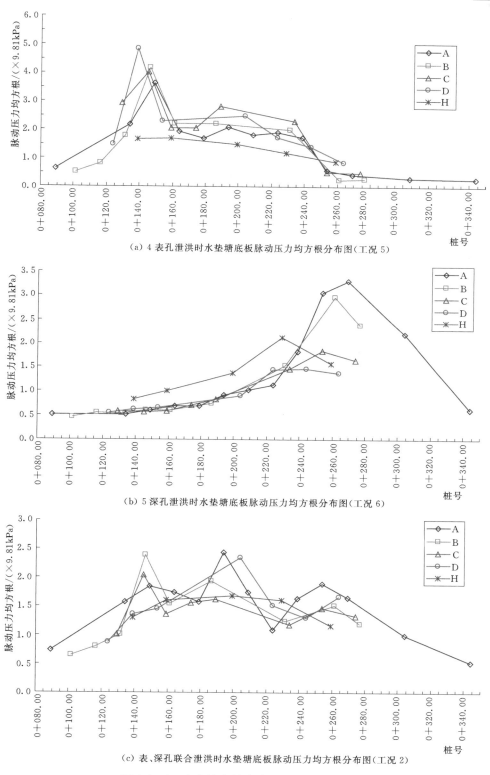

（a）4 表孔泄洪时水垫塘底板脉动压力均方根分布图（工况 5）

（b）5 深孔泄洪时水垫塘底板脉动压力均方根分布图（工况 6）

（c）表、深孔联合泄洪时水垫塘底板脉动压力均方根分布图（工况 2）

图 4.2-3　水垫塘底板脉动压力均方根分布图

动水冲击压力控制标准尚无严格的理论依据，目前国内按不大于 $15.0×9.81$ kPa 控制，分析认为是基本合理的。

水垫塘底板在正压力作用下，即使 20MPa 也不会对底板造成损坏。

当部分区域与另一部分区域受冲击力的差值较大从而引起剪切破坏时，极端条件下的剪切应力都明显小于 $\Delta pa/h$，则其容许条件为 $\Delta p \leqslant [\tau]h/a$，其中 $[\tau]$ 为混凝土的容许抗剪强度，h 为板厚，a 为板的长度。底板混凝土强度至少大于 C25，$[\tau]=1.8$MPa，一般 $h/a \approx 1/4$，尚无工程达到 $1/6$，即便采用后者，混凝土底板抗折所容许的动水冲击压差至少为 30m 水柱。

动水冲击压力不会均匀作用于板块，仅限于板块上的局部区域，水舌落点因库水位和泄量而变化，最不利情况是冲击板块边缘，水垫塘底板动水冲击压力分布示意图如图 4.2-4 所示。

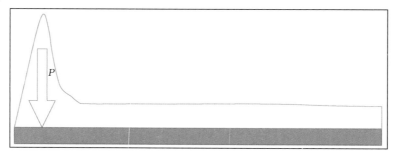

图 4.2-4　水垫塘底板动水冲击压力分布示意图（一）

板块边缘受到足够大的力 P 时则有可能发生失稳，与板的尺寸和有效压重有关。同样尺寸的木板和钢板，用力将其压翘所需的力应该是后者更大。板块置于水中，单位面积的有效压重应为 $\gamma_浮 h$，$\gamma_浮=15$kN/m³，h 为板厚，$h=4$m，虽然 P 与板块尺寸的具体关系无法确定，但认为动水冲击压力 $p \propto \gamma_浮 h$ 有一定的合理性。仍借用动水冲击压力不大于 $15.0×9.81$kPa 的控制标准，但修正为四周分别扩展板块尺寸的范围内动水冲击压力的差值不超过 $\gamma_浮 h \cdot (L/6)$ 作为控制标准，其中 L 为板块长度。对于已有的二滩、溪洛渡、锦屏一级等工程，板块厚度均为 4m，与原控制标准（动水冲击压力不大于 $15.0×9.81$kPa，以下简称"原标准"）相符，但此处修改为一定范围内动水压力的差值，标准似有放宽，其实不然。如图 4.2-5 所示，按原标准，动水冲击压强的最大值、时均值、最小值分别为 13.0m、7.2m、0.4m；而按新标准，则应采用峰值位置向左、向右分别扩展一个板块距离，即图 4.2-5 中的 3 条竖线，测量各自曲线在此范围的最大相差，动水冲击压强的最大值、时均值、最小值则分别为 13.5m、9.5m、4.2m。在压力梯度较小时，一个板块范围内的压力变化更小，以此作为控制指标较易得到满足。表孔单泄而在冲击点下游出现谷值时，采用新指标更难达到要求。

水垫塘底板的压力脉动可能是冲击水舌的作用，也有可能是水舌入水引起水面波动而传递到底板的效果。水面高时，水深就大，对底板的水压力大；水面低时，水深就小，对底板的水压力小，这种时大时小的压力变化应表现为压力的脉动。脉动压力具有随机分布的性质，其方向也是随机的，最不利情况是某瞬时方向向上，产生的上举力与基底扬压力叠加，大于板块重力和水体的压重，使底板上抬而失稳。

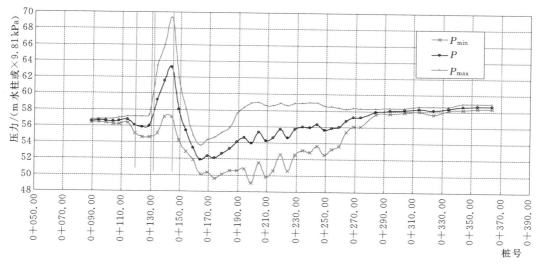

图 4.2-5 水垫塘底板动水冲击压力分布示意图 （二）

动水冲击压力的峰值纵向分布在表孔水舌冲击区，深孔水舌对底板不产生明显的冲击。受拱坝向心集中的约束，压力峰值横向分布在水垫塘中心线左右各 15.0m 区域内，岸坡及附近均无动水冲击压力，而是随水面增减的水压力。

表孔单泄时动水冲击压力最大；深孔水舌几乎不潜底，不产生明显的冲击；联合泄洪时总泄量对水深的贡献，增加了水垫深度，使底板上动水冲击压力有所降低。表孔单泄为控制性工况，最大动水冲击压力为 $14.2 \times 9.81 \mathrm{kPa}$，小于 $15.0 \times 9.81 \mathrm{kPa}$ 的控制标准；水垫塘底板脉动压力均方根最大值出现在校核洪水工况，为 5.63m 水头。

2. "动水垫" 效应

水垫塘内水流流态非常复杂，塘内典型流动结构可近似看作淹没冲击射流和淹没水跃的混合流态。当单层水舌射入水垫塘时（图 4.2-6），沿着主射流方向可分为 3 个不同性质的区域，即 Ⅰ 区（淹没射流区）、Ⅱ 区（冲击区）和 Ⅲ 区（淹没水跃区）。在 Ⅲ 区（淹没水跃区），高速水流贴底射出，并沿程逐渐扩散和跃起，在该区上方形成较大的表面旋滚区，水流掺气强烈，水面壅高。

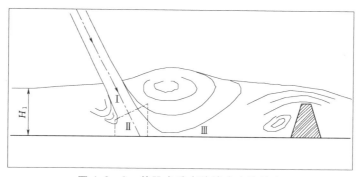

图 4.2-6 单股水舌水垫塘内水流流态

研究表明，当表深两层水舌射入水垫塘且水舌间距适当时，其中一层水舌在塘底产生的高速水流会对另外一层水舌的射流产生动水顶托作用,使得水舌主流轨迹发生剧烈偏移,临底流速和动水冲击压力较单层水舌泄流时有所减小,两层水舌之间互相产生"动水垫"效应。锦屏一级枢纽泄洪消能水力学模型试验成果表明:4 个表孔＋5 个深孔联合泄洪工况水垫塘底板最大动水冲击压力要小于 4 个表孔泄洪工况,"动水垫"效应非常明显。

4.2.2.3 二道坝顶部流速分布

水垫塘入水范围流动极其复杂,水面剧烈波动,但水垫塘后部,水流基本恢复平顺,二道坝顶部流速相对均匀,处于较低的水平,各工况顶部流速见表 4.2－3,最大流速为 9.8m/s,对下游的河岸采取适当防护可避免造成严重的冲刷,表明水垫塘设计合理,消能效果较好。

表 4.2－3　　　　　　　　　　　二道坝顶部流速统计

工况	孔口开启情况	上游水位/m	断面平均流速/(m/s)	最大流速/(m/s)
1	4 表孔＋5 深孔	1882.60	6.2	9.0
2	4 表孔＋5 深孔	1880.54	6.1	9.3
3	4 表孔＋5 深孔	1880.00	5.9	9.4
4	2 表孔＋5 深孔	1880.00	6.4	9.1
5	4 表孔	1880.00	6.4	8.8
6	5 深孔	1880.00	6.7	9.8

4.2.2.4 无碰撞方式水垫塘消能率初步分析

水垫塘消能率的计算采用的是伯努利能量守恒方程,其计算示意图如图 4.2－7 所示,计算公式如下:

$$\eta = \frac{H_1 - H_2 - \frac{\alpha V_2^2}{2g}}{H_1} \times 100\% \qquad (4.2-1)$$

式中:V_2 为下游断面平均流速;H_1 由库水位控制,H_2 由泄量、二道坝顶高程和下游水位控制,可视二道坝为折线型实用堰,在一定流量下按堰流公式计算堰上水头即可得到 H_2。

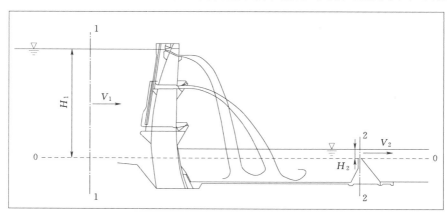

图 4.2－7　无碰撞方式水垫塘消能率计算示意图

动能修正系数 $\alpha = \int_A \frac{v^3 \mathrm{d}A}{V^3 A}$ 与流速分布有关,式中 A 为断面面积,v 为各点的流速,

V 为断面平均流速。在矩形断面中且流态平顺时，可用指数分布公式表示，即 $u/u_s=(y/h)^{1/n}$，式中 u_s 为表面流速，此时求得 $\alpha=\dfrac{(n+1)^3}{n^2(n+3)}$，通常 $n=7$，于是 $\alpha=\dfrac{512}{490}=1.045$。

当流态越紊乱时，该修正系数越大，剩余能量越多，表明消能不充分，流态也能用定量指标 α（动能修正系数）说明消能效果。对于消能充分的情形，考虑到断面形状不是矩形，流态不会达到完全平顺，取用 $\alpha=1.0$。当塘内消能不充分时，二道坝处水流十分紊乱，α 取值就明显要加大，对下游河道的余能就更多。

无碰撞方式水垫塘消能率计算成果见表 4.2-4，各工况下，无碰撞方式水垫塘消能率均能达到 90% 以上，说明无碰撞方式水垫塘消能满足要求。

表 4.2-4　　　　　　　　　　无碰撞方式水垫塘消能率计算成果表

工况	孔口开启情况	上游水位/m	H_1/m	H_2/m	V_2/(m/s)	消能率 η/%
1	4 表孔＋5 深孔	1882.60	237.6	17.0	6.2	92.0
2	4 表孔＋5 深孔	1880.54	235.54	16.13	6.1	92.3
3	4 表孔＋5 深孔	1880.00	235.0	12.89	5.9	93.7
4	2 表孔＋5 深孔	1880.00	235.0	11.6	6.4	94.1
5	4 表孔	1880.00	235.0	6.8	6.4	96.2
6	5 深孔	1880.00	235.0	8.6	6.7	95.3

注　在试验中由于 V_2 值不是直接测量的（除非密集测量流速分布后通过数值积分来求出），故消能率的计算可能存在一定的误差。

4.3　水垫塘结构布置

水垫塘是综合结构型式，其布置随水垫塘长度、底板高程、二道坝高度等关键因素而确定，其基本要求是结构安全可靠、消能充分、运行检修方便。

4.3.1　水垫塘结构型式

已经建成和正在设计的高拱坝水垫塘有 3 种型式：①复式梯形断面的平底水垫塘，如二滩、小湾、构皮滩、溪洛渡、锦屏一级等工程均采用了此种型式，水垫塘在河道中央采用平铺地板的方式，遵循重力式板块稳定的设计准则，以底板抗浮稳定为控制条件；②反拱形水垫塘，它是利用天然河道的形状，将水垫塘设计成中间低、两岸高的拱形体型，利用拱的作用来部分地抵抗因巨大的动水压力对水垫塘产生的"掀底板"上浮力，格鲁吉亚英古里，西班牙苏斯盖达，我国长潭岗、拉西瓦、白鹤滩等工程采用了此种型式；③护坡不护底水垫塘，对于一些基岩较好的工程，当下游具有较深的水深、坝身孔口下泄水流不足以危及建筑物安全时，仅需对基岩及缺陷部位进行锚固，无需对水垫塘底进行衬砌，修建或不修建二道坝则视情况而定，土耳其伯克、南非卡齐和我国乌东德等工程采用的就是这种型式。

经拱坝坝身自由跌落的水舌，由于向心作用，在无护底的天然河道形成的冲刷坑最深点一般在河床中心，向四周逐渐增高，呈锅底形，各个工程根据其自然条件，采用不同的水垫塘型式。锦屏一级工程最终采用平底板复式梯形断面水垫塘，底板厚度为 4.0m，并采用 2φ32mm、间排距 2m×2m、长 7m、入岩深度 5m 的钢筋束进行锚固。

4.3.2 水垫塘、二道坝相关参数的确定

1. 水垫塘底板高程的确定

接近河床基岩顶板最低点作为建基面，加上底板厚度即为水垫塘底板高程，为 1595.00m，局部基岩顶底板高程低于建基面，清除覆盖层至基岩。

2. 水垫塘长度的确定

水垫塘的长度一般由水流抛射距离和水跃旋滚长度确定，在初拟时水跃旋滚长度一般取水深的 1.5 倍。以二道坝上游坝面动水压力大致恢复到静水压力分布来确定二道坝的位置。

（1）水流抛射距离。由试验确定，锦屏一级挑距最远的是 3 号深孔，水舌外缘入水桩号为 0+242.60，至水垫塘底板桩号为 0+277.00。

（2）水跃旋滚长度。考虑到深孔水舌的入水角小，水舌不易潜底，而会类似于"打水漂"，水跃旋滚长度应主要与水舌尺度和相应的流速、入水角指标有关。

此处的所谓水跃，是指水股射入相对很大的水体而有所凹陷，水舌本身沿原方向惯性运动，而周围的水体要向凹陷处填补，形成水面至一定深度范围的剧烈旋滚并逐渐减弱。二道坝迎水面压力除了因水面旋滚引起的压力外，更主要的是射流动水冲击压力，研究表明，射流速度沿水舌衰减规律为 $\frac{u_m}{u_0} \propto \sqrt{a/l}$，压力 $p = v^2/2g$，因而 $\frac{p_m}{u_0^2/2g} \propto a/l$，其中 a 为水舌的入水尺度，a 与孔口尺寸相关，l 为射流的距离，当距离足够远时，冲击动水压力 $p_m \approx 0$。参考该式，认为压力恢复距离与流速的水平分量相关，表达为 $C = K_1 a u_0^2 \cos^2 \alpha$，$\alpha$ 为入水角，u_0 为入水流速。高坝深孔的水头损失虽有一点，但占比不大，入水流速水头直接采用总落差 ΔZ 计算，系数 K_1 中适当包含水头损失的影响。有代表性的几个高拱坝的深孔尺寸大体相当，进一步将压力恢复距离简化为式（4.3-1）：

$$C = K \Delta Z \cos^2 \alpha \qquad (4.3-1)$$

此处系数 K 与稍前的 K_1 在物理意义和量纲上不同，$K = 2ga K_1$。

入水角的计算可对水舌空中轨迹抛物线方程求导，求入水点的斜率，即可得式（4.3-2）：

$$\alpha = -\tan^{-1}\left(\sqrt{\tan^2\theta + \frac{\Delta}{H\cos^2\theta}}\right) \qquad (4.3-2)$$

其中 $H = v^2/2g$，为深孔出口流速水头；Δ 为挑坎底板与下游水面的高差。图 4.3-1 为入水角 α 与相对高差 Δ/H 和起始挑角 θ 的关系。

由式（4.3-2）和图 4.3-1 可知：

1）起始挑角或俯角的绝对值相同则入水角相同，只是落点不同（图 4.3-2）。由图 4.3-2 可知，从 A 点挑射的水流，当运动到相同的高程 B 时，其流速相同，A 点的挑角与 B 点俯角的绝对值是相同的，而从 A 点起挑和从 B 点直接俯射均会到达同一落点，但若将 B 点移至 A 点，则相当于挑距相差 $|AB|$。

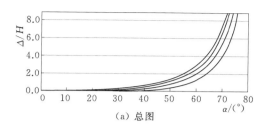
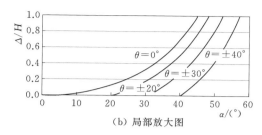

（a）总图　　　　　　　　　　　　（b）局部放大图

图 4.3-1　入水角与相对高差和起始挑角的关系

2）入水角随相对高差 Δ/H 变化明显，而随挑角虽有差异，但幅度不大。图 4.3-1（b）为很高流速跌落相对较小的情况时图 4.3-1（a）的局部放大图。一般条件下高拱坝深孔的 Δ/H 值为 1.5～2.0，挑角（或俯角）绝对值为 0°～10°时对入水角影响甚微，除非大幅度增大挑角（或俯角）才会增加一些入水角。表孔的 Δ/H 值为 7～9，入水角能够达到 65°～70°。

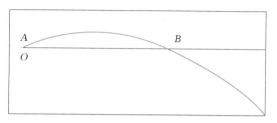

图 4.3-2　相同起始挑、俯角与水舌落点
关系示意图

锦屏一级深孔尺寸为 5m×6m，泄量为 1113m³/s，出口流速为 37m/s，$\Delta/H=$ 1.84（水垫塘高水位）或 2.00（水垫塘低水位），挑角为 5°和−12°，计算得水角为 53.8°～54.5°（水垫塘高水位）或 54.9°～55.6°（水垫塘低水位），与实测值吻合。

二滩的落差小很多，但深孔流速也小些，计算得入水角为 51°，根据二滩资料，得 $K=1.0～1.2$。参考二滩工程系数 K 的取值，考虑到锦屏一级坝身泄洪落差、流速均大于二滩工程，理应考虑一定的安全富裕，K 可取大值，由此获得锦屏一级的压力恢复距离如下：

水垫塘低水位：$x_1=1.2×230×\cos^2(54.9°)=91.3\text{m}$。

水垫塘高水位：$x_2=1.2×220×\cos^2(53.8°)=92.1\text{m}$。

（3）水垫塘长度。锦屏一级挑距最远的是 3 号深孔，水舌外缘入水桩号为 0＋242.60，至水垫塘底板约为 0＋277.00，选取压力恢复距离为 92.1m，考虑二道坝坝趾至二道坝坝轴线的距离为 15.0m，最终确定二道坝坝轴线桩号为 0＋386.50。

3. 二道坝坝顶高程的确定

二道坝坝顶高程由水垫塘消能水垫深度、水垫塘检修条件及二道坝坝后的水力条件综合确定。二道坝坝顶高程降低，水垫塘消能水垫深度可能偏小，影响消能效果，且检修时需临时加高二道坝，会增加后期维护的施工难度；二道坝坝顶高程增加，能够改善前述问题，但若太高则影响水垫塘与下游河道的水流衔接，会出现明显的水面跌落，产生二次消能问题。

锦屏一级的水垫塘有足够的深度，二道坝在基本满足检修要求时宜尽量降低高度，确定二道坝坝顶高程为 1645.00m；当水垫塘检修、6 台机组正常运行时，可临时加高 2.0m，或临时降低锦屏二级的运行水位，即可满足要求。锦屏二级水库处于正常蓄水位 1646.00m 情况时，即可实现水库回水自流充满水垫塘，有利于降低水垫塘检修费用。

4.3.3 水垫塘、二道坝结构布置

锦屏一级水垫塘中心线与拱坝中心线平行并向右岸偏移 13.0m，水垫塘中心线在坝 0+279.00 处顺河道向左岸偏转 8°，转弯半径为 600.0m。

水垫塘断面形式为复式梯形断面，底板顶高程为 1595.00m，在靠近二道坝附近局部降低 0.60m，以便检修时抽水。高程 1600.00m 以下水垫塘边墙及底板的表面采用 0.4m 厚的抗蚀磨混凝土进行防护。

水垫塘墙顶高程为 1661.00m，靠山侧设置 0.5m×0.5m 的排水沟。塘顶马道设有 1.0m 高的导浪墙，并留有缺口。水垫塘横断面如图 4.3-3 所示。

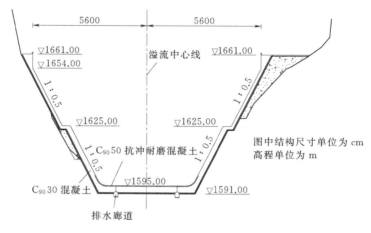

图 4.3-3 水垫塘横断面图

受地形地质条件限制，锦屏一级水垫塘边墙坡度较陡，边墙与底板大角度相交，易产生冲蚀破坏，因此在此交角处（迎水面）采用圆弧衔接。圆弧半径为 5.0m。

水垫塘末端设置二道坝，坝顶高程 1645.00m，建基面高程 1591.00m，最大坝高 54.0m；二道坝坝轴线桩号为 0+386.50，顶宽 4.56m，坝顶总长 99.00m；上游坝坡在 1624.40m 高程以上为铅直面，以下为 1:0.5 的坡，下游坡面坡度为 1:0.8，与下游坡面交界处为使水力条件更好，采用半径为 5.0m 的圆弧衔接。二道坝后设置护坦，顶部高程 1595.00m，总长 19.75m。

4.3.4 水垫塘运行维护方式

为了确保工程运行安全，应定期排空水垫塘内积水，对水垫塘及二道坝进行检修维护。

在锦屏一级水垫塘设计中，在二道坝内设置了永久检修抽排系统连接水垫塘及下游（图 4.3-4）。永久检修抽排系统包括二道坝内设置的进水管、泵房、排水管，以及泵房内安装的水泵和控制阀门等。当水垫塘检修，需要排水时，启动泵房内水泵及阀门，即可将水垫塘内积水通过进水管、水泵及排水管排至下游，出口高于下游检修水位高程。另

外，锦屏一级二道坝顶高程为 1645.00m，下游锦屏二级的正常蓄水位为 1646.00m，当水垫塘完成检修后，只需将下游锦屏二级水库库水位抬高至二道坝顶高程 1645.00m 以上，即可实现二道坝下游库水的反向溢流，完成水垫塘充水。

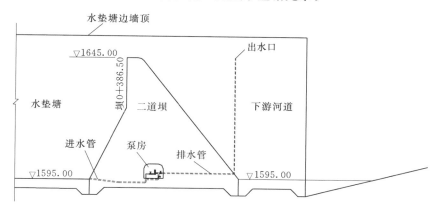

图 4.3-4　二道坝检修排水系统

　　锦屏一级水垫塘检修设计将排水系统设置在永久建筑物内，变临时设施为永久设施，增加了设备的可靠性，避免了检修时抽水设备重复的安装和拆除工作，有利于缩短水垫塘、二道坝的检修时间，节省维护费用。

4.4　水垫塘结构稳定性分析

4.4.1　水垫塘底板稳定机理

1. 水垫塘失稳形态

水垫塘底板的失稳形态，以底板升浮失稳和翻转失稳为主，当底板抗浮稳定不满足要求时，就产生升浮失稳，受到不均匀上举动水压力的作用时可能产生翻转失稳。

2. 水垫塘稳定性破坏机理分析

根据水垫塘底板稳定性试验可知，水舌对水垫塘的冲击作用大致可分为以下 3 个不同的区域（图 4.4-1）：

（1）Ⅰ区为射流冲击区，即水舌冲击滞点 D 及附近区域。该区域水舌直接向下冲击，水流方向向下，对护坦板有向下的巨大动水压力，该区水垫塘底板的作用主要是防止水流冲击和冲刷破坏。

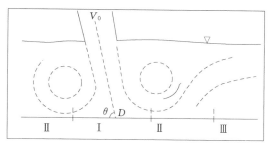

图 4.4-1　水垫塘板受力作用分区示意图

（2）Ⅱ区为淹没水跃旋滚区。在该区域内主流经底板折返后斜向上、下游水面，形成巨大旋滚，并挟带大量气体进入水体。这一方面使水舌下游水体密度降低；另一方面由于气泡上升所引起的浮力效应，使Ⅱ区内的水流产生向上的动水压力，底板表面压力降低，成为低压区。当护坦板上表面的压力低于下表面且其差值大于护坦板的重量时，将使护坦板浮起，从而失去稳定，所以护坦板最早失稳都出现在Ⅱ区。

（3）Ⅲ区水流沿水平方向向下游流动，水压力基本按静水压力分布。

3. 水垫塘荷载特性

水垫塘底板上所受的外力，主要有自重、扬压力（包括浮托力和渗透压力）、锚固力及水流的动水压力，其中，动水压力包括时均动水压力及脉动压力。作用于护坦板上的动水压力具有以下特点：

（1）在水舌跌落区，底板上、下表面上的时均压力分布有最大值，其值大致相等，并随下游水深的减小和上游水蓄水位的升高而加大。出现时均压力的峰值的纵向范围为入射水舌厚度的5～10倍，在此范围内，压力梯度大，并向两侧快速衰减。

（2）底板上、下表面的脉动压力幅值具有正态分布特性。在时均压力峰值区下游的一个区段内，底板下表面时均压力值大于底板上表面时均压力值。而且越靠近峰值区，这个压力差值越大。

水工模型试验对点面脉动压力进行了系统测量和理论分析，得出了它们的分布规律和经验公式，根据该公式，点面脉动壁压转换系数 C'_P 为

$$C'_P = \sqrt{(\overline{P'^2_m}/\overline{P'^2_d})} \qquad (4.4-1)$$

式中：$\overline{P'^2_m}$、$\overline{P'^2_d}$ 分别为护坦板块内点、面脉动压力的方差值。水垫塘底板分块尺寸计算结果表明，面脉动壁压比点脉动壁压减少30％～50％。

4.4.2 水弹性模型试验方法水垫塘稳定性评价

流体对底板、边墙的作用会导致变形，且因流体是紊动的，固体的变形也会随时间波动，即振动。而固体的振动又会对流体产生作用，因而形成相互作用，即流-固耦合，其研究方法就是采用水弹性模型试验。

为确保水垫塘底板稳定性，除常规水力学模型试验方法外，锦屏一级还开展了水垫塘水弹性模型试验，对底板稳定性作出评价。

4.4.2.1 水弹性模型试验方法

水弹性模型试验方法不仅要求模型满足水力学相似律，还要求板块满足弹性相似，可由振动方程推导得出，水弹性相似材料的弹性模量应是原型材料弹性模量的 λ_L^{-1}，材料密度应和原型材料相等，泊松比等于原型材料，阻尼比也等于原型材料，也就是说模型材料是一种低弹性模量、高密度材料。这种材料市场上是没有的，必须专门研制，通常用加重橡胶配制。

通过水垫塘水弹性模型试验，测量出水垫塘底板的上举力，并以此分析评价水垫塘底板的稳定性。

1. 上举力的定义

高拱坝泄洪水舌落入水垫塘后，在护坦上形成淹没冲击射流，由于射流的卷吸作用，射流流速沿程衰减，水垫起到消能作用。但是，冲击射流到达边壁时，尚具有一定流速，故产生冲击压强，由于水垫塘底板衬砌块之间存在施工缝以及与基岩间存在缝隙，在高速水流冲击射流作用下，动水压强不仅作用于底板上表面，也通过缝隙传到底板下表面。水

垫塘底板所受上举力的定义为上、下表面的动水压力之差。对于水垫塘冲击射流区而言，上表面压力一般大于下表面，上举力为负值；对于淹没水跃旋滚区，底板上表面压强急剧降低，底板下表面压强受缝隙流压强传播规律的限制，虽有降低，但降幅远小于上表面，此时，上举力即为正值。

2. 水垫塘底板稳定性评价方法

相对于常规模型试验方法，上举力＝顶面时均压力 Q_1＋顶面脉动压力 Q_2＋底面扬压力 Q_3。将上举力与底板自重 G_1、底板有效锚固力 G_2 之和相比较，即可对底板稳定性作出评价。

4.4.2.2 水弹性模型试验方法成果

1. 传感器设置及试验工况

在水垫塘底板和边坡上，顺水流方向共布置 3 列上举力传感器，其中边墙段上布置 2 列，底板上布置 1 列；沿水垫塘长度方向布置了 6 排上举力传感器，桩号分别为 0＋100.00、0＋156.00、0＋201.00、0＋245.00、0＋301.00 和 0＋346.00。

2. 水弹性模型试验水垫塘底板稳定性评价

（1）通缝情况下上举力分析。所谓通缝是指板块止水完全破坏，缝隙完全贯通的情况。底板块原型尺寸为 11.25m×15m，边坡板块尺寸为 11.25m×16.77m，单位上举力指单个板块单位面积上所受的平均上举力。

1）水垫塘底板上举力试验成果。通缝情况下，各试验工况水垫塘底板最大上举力为 5.8×9.81kN/m²。表孔泄洪时上举力较大区域为桩号 0＋150.00 附近，深孔泄洪时上举力较大区域为桩号 0＋268.00 附近，桩号 0＋130.00～0＋300.00 之间的区域应为重点防护区域。

2）水垫塘边墙上举力试验成果。通缝情况下，各试验工况水垫塘边墙下排最大上举力为 4.45×9.81kN/m²，上排最大上举力为 1.37×9.81kN/m²，表孔泄洪时边墙上举力较大区域为桩号 0＋150.00 附近，深孔泄洪时边墙上举力较大区域为桩号 0＋300.00 附近，这两部分区域应为重点防护区域。

（2）盲缝情况下上举力分析。试验所测盲缝情况指板块四周缝隙三面止水完整，仅上游来水侧止水破坏。

1）水垫塘底板上举力试验成果。盲缝情况下，各试验工况水垫塘底板最大上举力为 5.78×9.81kN/m²，上举力较大区域与通缝情况相同。

2）水垫塘边墙上举力试验成果。盲缝情况下，各种试验工况水垫塘边墙最大上举力为 4.05×9.81kN/m²，上举力较大区域与通缝情况相同。

（3）水垫塘底板及边墙抗浮稳定性分析。

1）水垫塘底板抗浮稳定性分析。水垫塘底板最大上举力为 5.8×9.81kN/m²，水垫塘底板按 4.0m 厚计，混凝土容重按 2.4×9.81kN/m³ 计，单位面积浮容重为 5.6×9.81kN/m²，需增加单位面积锚固力 0.2×9.81kN/m² 才能满足底板稳定要求。

水垫塘底板按照设计锚固参数为 2ϕ32、长 7m、间排距 2m×2m 的锚筋束进行锚固，锚筋束入岩深度为 5m，单位面积锚固力在 7×9.81kN/m² 以上，足以满足底板抗浮稳定要求。

2）水垫塘边墙抗浮稳定性分析。水垫塘边墙上排最大上举力为 1.37×9.81kN/m²，边墙上排块浮容重按 1.25×9.81kN/m² 计，需增加单位面积锚固力 0.12×9.81kN/m² 才能满足边坡稳定要求；边墙下排最大上举力为 4.45×9.81kN/m²，边墙下排块浮容重按

$1.87 \times 9.81 \text{kN/m}^2$ 计，需增加单位面积锚固力 $2.27 \times 9.81 \text{kN/m}^2$ 才能满足稳定要求；考虑倾倒破坏的情况，边墙上排单位面积 $0.43 \times 9.81 \text{kN/m}^2$ 锚固力即能满足要求，边墙下排单位面积 $3.25 \times 9.81 \text{kN/m}^2$ 锚固力才能满足要求。

水垫塘边墙设计锚固参数为：水垫塘上排边墙采用 $2\phi32$、长 12m、间排距 $2\text{m} \times 2\text{m}$ 的锚筋束进行锚固，锚筋束入岩深度为 10m；水垫塘下排边墙采用 $2\phi32$、长 9m、间排距 $2\text{m} \times 2\text{m}$ 的锚筋束进行锚固，锚筋束入岩深度为 7m，单位面积锚固力在 $7.0 \times 9.81 \text{kN/m}^2$ 以上，足以满足边墙抗浮及抗倾倒的要求。

4.4.3 常规方法水垫塘稳定性评价

4.4.3.1 常规方法

1. 计算方法

水垫塘最常用的稳定性计算方法是通过常规的水力学模型试验，测量出水垫塘底板所承受的脉动压力均方根，再根据《溢洪道设计规范》（DL/T 5166—2002）的推荐公式，分析水垫塘底板的稳定性。

《溢洪道设计规范》（DL/T 5166—2002）的推荐公式采用概率极限状态设计原则，按分项系数极限状态设计表达式进行稳定计算，计算公式如下：

作用效应函数： $\qquad S(\cdot) = \gamma_{Q2} Q_2 + \gamma_{Q3} Q_3$ （4.4-2）

抗力函数： $\qquad R(\cdot) = \gamma_{G1} G_1 + \gamma_{Q1} Q_1 + \gamma_{G2} G_2$ （4.4-3）

水垫塘底板抗浮稳定应满足：

$$\gamma_0 \psi S(\cdot) \leqslant R(\cdot)/\gamma_d \qquad (4.4-4)$$

式中：γ_0 为结构重要性系数；ψ 为设计状况系数；γ_d 为结构系数。

2. 计算荷载

水垫塘底板的作用荷载有底板顶面上的脉动压力 Q_2 和底板底面上的扬压力 Q_3；水垫塘底板的抗力有底板自重 G_1、底板顶面上的时均压力 Q_1、底板有效锚固力 G_2。

对于部分荷载计算分析如下：

(1) 底板顶面上的脉动压力 $Q_2 = 3\xi\sigma_P A$。正常运行情况下，ξ 为点面脉动压力之间的转换系数，按照二滩水电站经验，取 0.7。σ_P 为脉动压力均方根值，止水有效运行工况下，脉动压力取 $3\xi\sigma_P A$，方向为向上；止水失效工况下，考虑动水压力传到底板底面，并考虑动水压力中的脉动值具有随机性，传入底板下面的脉动压力和底板表面的压力具有相位差，其上表面出现小值，下表面同时出现大值时，为最不利情况，取 $2 \times 3\xi\sigma_P A$，方向为向上。

(2) 底板有效锚固力 G_2。护坦地基锚固力由 3 种强度决定：一是钢筋的抗拉强度；二是钢筋水泥结石体与钢筋之间的黏结强度；三是水泥结石体与钻孔岩之间的黏结强度。底板有效锚固力取 3 种强度最小值为控制值。

3. 与水弹性模型试验方法的主要差异

水垫塘稳定性常规计算方法与水弹性模型试验方法本质上是一致的，都是通过比较作用荷载与抗力来判断水垫塘的稳定性。两者的主要差异如下：

(1) 作用荷载。常规方法将向上的力作为作用荷载，主要包括底板顶面上的脉动压力 Q_2 和底板底面上的扬压力 Q_3 等；水弹性模型试验方法则将上举力作为作用荷载，上举力为底板顶面上的时均压力 Q_1、底板顶面上的脉动压力 Q_2、底板底面上的扬压力 Q_3 三者之和。

（2）抗力。常规方法将向下的力作为抗力，主要包括底板顶面上的时均压力 Q_1、底板自重 G_1 和底板有效锚固力 G_2；水弹性模型试验方法则仅将底板自重 G_1 和底板有效锚固力 G_2 作为抗力。

（3）作用荷载及荷载水力学指标的获取方式。常规方法的底板顶面上的脉动压力 Q_2 通过水力学模型试验获得，底板顶面上的时均压力 Q_1 和底板底面上的扬压力 Q_3 通过计算获得；水弹性模型试验方法的上举力（底板顶面上的时均压力 Q_1、底板顶面上的脉动压力 Q_2、底板底面上的扬压力 Q_3 三者之和）通过水弹性模型试验获得。

4.4.3.2 稳定性分析评价

水垫塘底板的锚固依据表、深孔水舌入水范围采用分区设计。对于射流冲击区和淹没水跃旋滚区，水垫塘底板一般采用 $2\phi32$、长 7m、入岩深度 5m、间排距 2m×2m 的锚筋束进行锚固；水垫塘高程 1623.00m 以下边墙采用 $2\phi32$、长 9m、间排距 2m×2m 的锚筋束进行锚固，锚筋束入岩深度为 7m；水垫塘高程 1623.00m 以上边墙采用 $2\phi32$、长 12m、间排距 2m×2m 的锚筋束进行锚固，锚筋束入岩深度为 10m；锚筋束采用 Ⅱ 级螺纹钢，砂浆设计强度为 25MPa。

锦屏一级水垫塘为消能建筑物，按 100 年一遇洪水设计，考虑对坝肩稳定的影响，按 1000 年一遇洪水校核，根据《溢洪道设计规范》（DL/T 5166—2002）推荐公式及水力学模型试验获取的水垫塘脉动压力试验成果，开展了各工况水垫塘边墙、底板抗浮稳定计算。成果表明，采用设计锚固措施后，水垫塘底板、边墙抗力函数值均大于作用效应函数值，设计、检修、运行工况下，抗力与作用函数值之比分别为 2.84、1.10、2.92，满足规范的抗浮稳定要求。

4.5 坝身泄洪消能原型观测成果分析

4.5.1 原型观测工况及仪器布置

2014 年开展了锦屏一级枢纽工程水力学原型观测研究工作，坝身泄洪建筑物观测工况见表 4.5-1。根据施工图设计阶段泄洪消能模型试验典型工况水垫塘落水区分布及水垫塘排水廊道布置情况，进行检测仪器布置。共设置 40 个测点，测量仪器包括脉动压力仪和流速仪等。另外在二道坝坝顶埋设了 4 支流速仪。

4.5.2 表、深孔水舌形态

1~4 号表孔全开泄洪工况如图 4.5-1 所示，1~5 号深孔全开泄洪工况如图 4.5-2 所示，

表 4.5-1　　　　　　　　　　坝身泄洪建筑物观测工况表

工况	闸门开启方式	泄量/(m³/s)	上游水位/m	下游水位/m
1	4 号深孔全开	1090	1880.00	1646.61
2	2 号、4 号深孔全开	2080	1880.00	1647.53

工况	闸门开启方式	泄量/(m³/s)	上游水位/m	下游水位/m
3	2号、4号、5号深孔全开	3270	1880.00	1648.67
4	1号、2号、4号、5号深孔全开	4360	1880.00	1650.08
5	1号、2号、3号、4号、5号深孔全开	5450	1880.00	1651.98
6	2号、3号、4号、5号深孔全开	4360	1880.00	1650.31
7	2号、3号、4号深孔＋2号、3号表孔全开	5190	1880.00	1651.69
8	2号、4号深孔＋2号、3号表孔全开	4100	1880.00	1651.26
9	1号、2号、3号、4号表孔全开	3840	1880.00	1650.02
10	2号表孔局开25%	329	1879.15	1645.62
11	2号表孔局开50%	671	1879.15	1645.81
12	3号表孔局开25%	329	1879.15	1645.62
13	3号表孔局开50%	671	1879.15	1645.85
14	3号表孔全开	980	1879.15	1646.20

2号、3号表孔和2~4号深孔联合泄洪工况如图4.5-3所示。图4.5-1~图4.5-3中同时给出了相应水力学模型试验水舌形态照片，以作对比。

（a）原型表孔水舌形态　　　　　　　　　（b）水力学模型试验表孔水舌形态

图4.5-1　1~4号表孔全开泄洪工况

（a）原型深孔水舌形态　　　　　　　　　（b）水力学模型试验深孔水舌形态

图4.5-2　1~5号深孔全开泄洪工况

（a）原型表、深孔联合泄洪水舌形态　　　　（b）水力学模型试验表、深孔联合泄洪水舌形态

图 4.5-3　2 号、3 号表孔及 2～4 号深孔全开联合泄洪工况

由图 4.5-1～图 4.5-3 可以看出：1～4 号表孔全开泄洪时，4 个表孔出口水舌沿纵向拉开呈片状，水舌空中形态较稳定，水舌掺气散裂较模型试验充分，各表孔水舌之间的横向间距较大，为深孔水舌的穿插提供了必要的空间；1～5 号深孔全开泄洪时，水舌从出口到入流流态稳定，各层深孔水舌分层清晰，各深孔水舌间未发生碰撞情况；2 号、3 号表孔和 2～4 号深孔联合泄洪时，表孔水舌从深孔水舌间的间隙穿过，未出现表孔水舌与深孔水舌直接碰撞的情况，基本达到了表、深孔水舌空中无碰撞的效果。但 3 号深孔在闸门开启过程中，水流扩散，产生水翅，出现水翅冲击闸门支承大梁的现象，全开泄流时消除，不影响正常泄洪，因此，支承大梁与孔口底板间应留有足够的安全距离。

同时，原型观测成果还表明：表、深孔水舌入水角度、入水范围与模型试验结果基本一致；水垫塘内静水区、水舌冲击区、水跃旋滚区的分布区域和沿程分布规律与水力学模型试验也是基本对应的。

4.5.3　水垫塘、二道坝原型观测成果

4.5.3.1　水垫塘原型观测成果

各工况水垫塘底板动水压力分布如图 4.5-4 所示，水垫塘底板脉动压力均方根分布如图 4.5-5 所示。

由图 4.5-4 和图 4.5-5 可知：

（1）深孔泄洪的射流冲击区在 0+260.00 附近，表孔泄洪的射流冲击区在 0+137.00 附近。

（2）4 个表孔全开泄洪时（工况 9），水垫塘底板最大动水冲击压力为 2.11×9.81 kPa，3 号表孔全开泄洪（工况 14），水垫塘底板动水冲击压力达到最大，为 3.66×9.81 kPa，5 个深孔全开泄洪时（工况 5），水垫塘底板动水冲击压力最大值为 0.92×9.81 kPa。

（3）在深孔泄洪的工况下，脉动压力均方根最大值为 2.43×9.81 kPa，对应的工况为 2～5 号深孔全开泄洪，位置为桩号 0+260.00 的水垫塘底板中心线处；在表孔泄洪的工况下，脉动压力均方根最大值为 2.84×9.81 kPa，对应的工况为 3 号表孔全开泄洪，位置为桩号 0+137.00 的水垫塘底板中心线处；在表、深孔联合泄洪的工况下，脉动压力均方根最大值为 2.79×9.81 kPa，对应的工况为 2 号、3 号、4 号深孔及 2 号、3 号表孔全开泄洪，位置为桩号 0+137.00 的水垫塘底板中心线处。

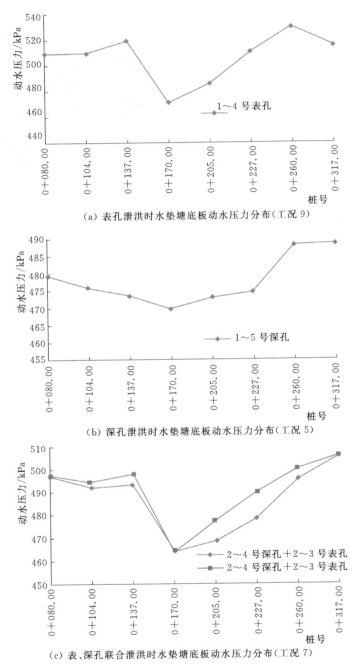

（a）表孔泄洪时水垫塘底板动水压力分布（工况9）

（b）深孔泄洪时水垫塘底板动水压力分布（工况5）

（c）表、深孔联合泄洪时水垫塘底板动水压力分布（工况7）

图 4.5-4　水垫塘底板动水压力分布图

4.5.3.2　二道坝原型观测成果

各工况下二道坝坝顶流速原型观测值见表 4.5-2。由表 4.5-2 可知，各工况下二道坝坝顶实测流速均与相应工况水力学模型试验二道坝坝顶流速相当，说明水垫塘的消能效果较好。

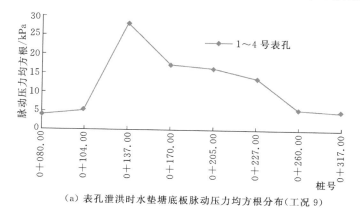

（a）表孔泄洪时水垫塘底板脉动压力均方根分布（工况 9）

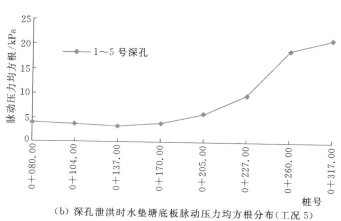

（b）深孔泄洪时水垫塘底板脉动压力均方根分布（工况 5）

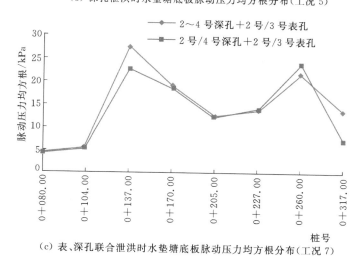

（c）表、深孔联合泄洪时水垫塘底板脉动压力均方根分布（工况 7）

图 4.5-5　水垫塘底板脉动压力均方根分布图

4.5.4　原型观测与模型试验成果对比

　　4 个表孔全开，5 个深孔全开，以及表、深孔联合泄洪工况下，水垫塘底板压力特性原型观测与模型试验成果见表 4.5-3。4 个表孔全开、5 个深孔全开工况下，水垫塘底板

表 4.5-2　　　　　　　　各工况下二道坝坝顶流速原型观测值　　　　　　　　单位：m/s

工况	二道坝坝顶中部	二道坝右岸坝顶	二道坝右岸高程 1651.00m 处
1	5.67	6.47	—
2	7.58	7.89	—
3	7.54	7.24	—
4	7.00	6.73	5.55
5	6.33	5.69	6.01
6	6.88	6.77	5.12
7	7.76	9.51	6.33
8	7.22	7.78	5.68
9	6.97	5.98	—
10	2.70	2.58	—
11	2.82	2.76	—
12	2.37	2.45	—
13	2.89	2.89	—
14	2.94	2.99	—

动水压力原型与模型测量结果对比分别如图 4.5-6 和图 4.5-7 所示，脉动压力均方根原型与模型测量结果对比分别如图 4.5-8 和图 4.5-9 所示。

表 4.5-3　　　　　　　　水垫塘底板压力特性原型观测与模型试验成果

工况		水垫塘最大动水冲击压力 /(×9.81kPa)	水垫塘最大脉动压力均方根 /(×9.81kPa)
1~4 号表孔 全开泄洪	原型观测值	2.11	2.84
	模型试验值	14.2	4.86
1~5 号深孔 全开泄洪	原型观测值	0.92	2.14
	模型试验值	5.90	3.31
表、深孔 联合泄洪	原型观测值（2 号、3 号表孔 与 2~4 号深孔）	0.82	2.79
	模型试验值（2 号、3 号表孔 与 1~5 号深孔）	11.62	3.45

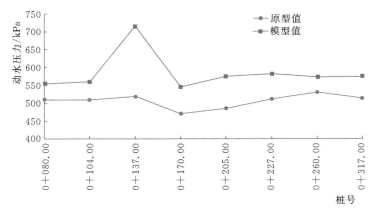

图 4.5-6　4 个表孔全开工况下水垫塘底板动水压力原型与模型测量结果对比图

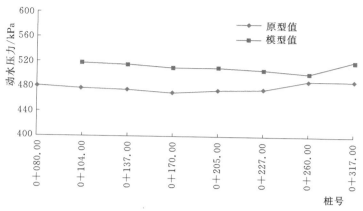

图 4.5-7　5 个深孔全开工况下水垫塘底板动水压力原型与模型测量结果对比图

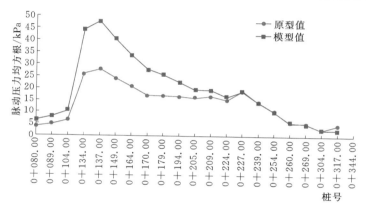

图 4.5-8　4 个表孔全开工况下水垫塘底板脉动压力均方根原型与模型测量结果对比图

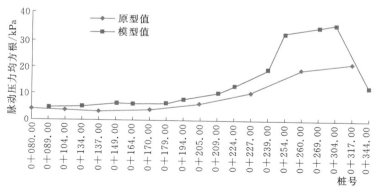

图 4.5-9　5 个深孔全开工况下水垫塘底板脉动压力均方根原型与模型测量结果对比图

由表 4.5-3 和图 4.5-6~图 4.5-9 可知：①原型与模型测量结果的静水区、水舌冲击区、水跃旋滚区的分布区域是基本对应的，沿程变化规律一致；②在各种工况下，原型观测动水压力和脉动压力均方根的测量结果均小于模型试验测量值。因原型观测表、深孔水舌掺气裂散的程度大于模型试验值，水垫塘原观动水冲击压力较小，故水垫塘是稳定安全的。

第 5 章

高坝坝身泄洪雾化特征及防护措施

泄洪雾化是泄水时所引起的一种非自然降雨过程与水雾弥漫现象。一般而言，水头越高，流量越大，泄洪雾化的降雨强度与影响范围也越大，对水工建筑物、边坡工程及机电设备等可能造成危害，同时也是一个社会影响面较大的环境问题。

高坝泄洪雾化是泄洪时发生的一种特殊水力学现象，挑流泄洪消能方式泄洪雾化影响尤为严重，特别是在狭窄河谷中的高水头、大流量泄洪，泄洪雾化带来巨大的危害，不容忽视。为了预测泄洪雾化，从水雾形成的机理和影响因素入手，采用理论研究、模型实验、数值分析、原型监测反演分析等多种手段开展了深入的雾化研究。

5.1　高坝坝身泄洪雾化影响及面临的主要问题

5.1.1　泄洪雾化对工程的影响

高拱坝工程大多位于深山峡谷之中，具有河谷狭窄的显著特点，泄洪雨雾不易消散；目前已建成的高拱坝工程多采用坝身表、深（中）孔多层水舌空中碰撞的泄洪消能方式，由此带来了严重的泄洪雾化问题：①雾化形成的降水浸入岩体后降低拱坝坝肩岩体的抗滑能力，影响下游岸坡稳定，诱发滑坡；②泄洪雾化区大雨如注，能见度低，伴随大风，影响两岸交通；③泄洪雾化形成的暴雨，影响电厂、开关设备的正常运行，在一些工程中，已经出现水电站被淹、线路跳闸、飞石砸坏开关设备的情况。我国高拱坝工程运行过程中，曾经发生过泄洪雾化问题的工程实例如下。

（1）白山重力拱坝泄洪雾化影响。白山拱坝位于吉林省第二松花江上，为重力拱坝坝型，最大坝高 149.5m，坝身泄水建筑物由 4 个表孔和 3 个深孔组成，坝身设计最大泄量为 19100m³/s。大坝 1986 年开启 14 号坝段深孔（泄量 1280m³/s）时，下游出现较大雨雾；后增开 17 号坝身深孔（两孔泄量 2070m³/s），雨雾大增，右岸开关站放电，1 号、2 号机组被迫停运，水流激起的石块砸坏了开关站瓷瓶，雨水经交通洞、通风洞等进入一期厂房，幸亏发现及时，紧急关闭 17 号坝段深孔才未酿成大祸。1995 年泄洪流量 2620m³/s时，再次发生了雨雾封锁下游，开关站大面积停电及泄洪雨水进入厂房事故。

（2）李家峡拱坝泄洪雾化影响。李家峡拱坝位于青海省黄河干流上，为三心圆双曲拱坝坝型，最大坝高 155m，坝身泄水建筑物由 2 个中孔和 1 个底孔组成，采用底流消能方式，坝身设计最大泄量为 6103m³/s。1997 年首次泄水运行时，底孔和右中孔同时开闸泄洪，在冬季持续 21d 泄流，下游泄洪雾化区左岸Ⅲ区滑坡体被泄洪雨雾笼罩，在边坡表面形成 2~4m 厚的冰层，2 月中旬由于温度回升、冰层融化，导致下渗水量增加，坡体迅速饱和，孔隙水压力急剧上升，软弱结构面软化，最终导致了总量约 38 万 m³ 的滑坡。

（3）二滩拱坝泄洪雾化影响。二滩拱坝位于四川省雅砻江上，为抛物线型双曲拱坝，最大坝高 240m，坝身泄水建筑物由 7 个表孔和 6 个中孔组成。二滩拱坝 1999 年汛期开展泄洪雾化原观试验时发现，表、中孔联合泄洪时雾化范围最大，在 1 号、2 号、6 号、7 号表孔和 1 号、2 号、5 号、6 号中孔联合泄洪时（泄量约 7700m³/s），坝后约 700m 范围内的边坡及附属建筑物遭到了损坏，开口线以上未支护的自然边坡出现多处坍塌，大量滚落的石块使开挖线以上已经支护过的边坡、马道和马道上的建筑物遭受损坏。

5.1.2　锦屏一级高拱坝泄洪雾化面临的主要技术难题

锦屏一级泄洪雾化区右岸边坡为顺向坡，岩体完整性较好，左岸边坡为反向坡，地形高陡，上部为砂板岩，下部为大理岩，边坡浅表部岩体松弛破碎，坡体深部发育有 f_5 断层、f_9 断层、煌斑岩脉、深部裂缝等，地质条件极为复杂，边坡整体稳定性较差；而坝身泄洪雾化降雨入渗将引起边坡自重增加、地下水水位抬升、渗透压力增大等问题，进一步恶化边坡的整体稳定性。

为确保坝身泄洪雾化区边坡的稳定性，合理地选取泄洪雾化防护措施和范围，有必要对坝身泄洪雾化降雨强度及影响范围进行研究。对于锦屏一级高拱坝而言，坝身泄洪雾化研究的主要问题包括以下几个方面：

（1）坝身泄洪消能方式的选择。针对锦屏一级高拱坝"窄河谷、高水头、大泄量、复杂地质条件"的特点，如何选取合理的坝身泄洪消能方式，以控制坝身泄洪雾化的范围和强度。

（2）泄洪雾化的模拟。影响雾化的因素很多，理论计算存在准确性问题，模型试验存在比尺效应及测试方法问题，泄洪雾化模拟成果存在一定偏差。

（3）泄洪雾化范围的预测。泄洪雾化模型试验成果和类似工程原型观测成果差异较大，合理预测泄洪雾化范围难度较大。

（4）泄洪雾化防护等级和防护措施的研究。由于边坡高陡，地质条件复杂，开挖难度大，防护等级及措施需深入研究。

5.2　泄洪雾化的研究方法

5.2.1　泄洪雾化形成机理

水电工程中的泄洪雾化与气象学中的雾化概念不相同，它泛指水流自挑坎末端开始，直到水流形成雾流的全过程。关于泄洪雾化的机理，国内的各高校和科研单位都已经做了大量的研究工作，并取得了较为系统的研究成果，结合高拱坝坝身泄洪的特点，高拱坝坝身泄洪雾化大致可以分为以下几个部分：

（1）水舌在空中掺气散裂。表、深孔高速水流在空中运动时，在水和空气的相互作用下，水舌内部产生紊动，射流水股表面产生波纹，并掺气、扩散，导致部分水体失稳，脱离水流主体，碎裂成水滴，其中大粒径水滴降落形成雨，小粒径水滴飘浮在空中成为雾。

（2）水舌空中碰撞。表、深孔高速水流空中碰撞后，水舌散裂，紊动加剧，水舌掺气程度也进一步增加，水舌相撞部位大量水滴从水舌中喷出，形成降雨。

（3）水舌入水激溅。可分为3个过程：撞击、溅水和流动。

1）撞击：水舌与下游水垫表面接触时，由于表面张力作用产生类似两种物体相撞现象，这种撞击将引起一个短暂的类似于水中声速辐射出去的高速激波，使水舌落水处周围的水面升高，同时在水舌与水面接触处有较大的撞击力，它将改变水舌的速度并产生喷溅。

2）溅水：由于下游水垫的压弹效应和表面张力作用，一部分水体抛向下游及两岸，它们在水舌风的影响下进一步碎裂、抛撒形成水滴和云雾。

3）流动：撞击后，下游水体被水舌带入运动状态，流动阶段开始。

5.2.2 泄洪雾化模型试验

泄洪雾化模型试验方法以南京水利科学研究院的研究为代表，其基本方法是通过物理模型试验重现雾化状况，测量模型中的雾化物理量，然后按照一定的相似准则推算原型中相关的物理量，如雨区范围、雨强分布（平面及空间分布）、雨雾区大小等。要使物理模型重现原型的情况，就应掌握二者之间的相似率，即模型设计必须满足一定的相似条件，而根据已有的泄洪雾化模型试验研究成果，一般泄洪雾化试验的模型比尺选取主要考虑下述两个方面的因素：

（1）模型中的水流入水前的流速 $v > 5.0 \sim 7.0 \text{m/s}$，满足水流掺气相似。

（2）模型中水流的表面韦伯数［计算公式如式（5.2-1）所示］$We > 2.5 \times 10^5$，减小表面张力的影响。

$$We = \frac{\rho v^2 l}{\sigma} \qquad (5.2-1)$$

式中：ρ、σ、v、l 分别为水流的密度（kg/m³）、表面张力系数（N/m）、水舌特征流速（m/s）和特征长度（m）。

锦屏一级水电站坝高 305.0m，表孔和深孔的出口高程较高，而且挑流水舌空中流程长，水舌入水流速为 50.0～60.0m/s。按模型比尺为 1:50 进行计算分析，模型中表孔、深孔的水流流速均超过 6.0m/s，水流的表面韦伯数超过了 2.5×10^5，能够满足雾化试验的要求，试验测试结果可以按一定相似关系换算到原体。

按重力相似准则进行量纲分析，雨强比尺 S_r 与几何比尺 L_r 的关系为 $S_r = L_r^{0.5}$；实际上，因受到缩尺效应的影响，雨强比尺与几何比尺的关系为 $S_r = L_r^n$，指数 n 的取值与泄洪水力条件、泄洪消能形式、自然条件以及模型尺度大小等众多因素有关。

针对雾化降雨的相似关系问题，根据乌江渡水电站泄洪雾化原观资料，南京水利科学研究院曾开展过挑流泄洪雾化的系列模型试验研究（模型比尺分别为 1:35、1:60、1:80 和 1:100），系列模型试验成果和原观资料的对比分析表明，雨强比尺与几何比尺的关系为 $S_r = L_r^{1.53}$。在此，取锦屏一级水电站枢纽泄洪雾化雨强比尺 $S_r = 50^{1.53}$。各级雨强影响范围大小按模型比尺直接换算。

为了找出无碰撞方式表、深孔联合泄洪时雾化强度及范围，依托锦屏一级 1:50 坝身泄洪消能试验模型，开展了不同试验工况无碰撞方式泄洪雾化试验工作；另外，为了反映无碰撞方式较碰撞方式坝身泄洪雾化范围的变化规律，书中同时列出了同比尺锦屏一级碰撞方式泄洪雾化试验成果。

5.2.3 数值模拟

数值模拟以四川大学、武汉大学的研究为代表，此方法在观测泄洪雾化现象的基础上应用水力学方法对雾化水流进行模式化处理，建立数学模型。其数学模型大致情况如下：

挑流泄洪雾化影响区域可分为强暴雨区和雾流扩散区，强暴雨区又可以分为水舌空中扩散降雨区和射流入水激溅降雨区，雾化降雨的雾化源主要来自这两部分。对这两部分分别分析其运动特性，建立相应的数学模型和计算公式，计算相应的雾源量。对于水舌掺气雾源量的计算，首先按水舌横断面掺气情况，由内向外将其分为 4 层，即水核层、水—气混合层（水相连续，掺气浓度为 0.05～0.5）、气—水混合层（气相连续，掺气浓度为 0.5～0.95）和雾化层。前三层所含水量不会随气流向下漂移，只是使水舌厚度增加；而雾化层是由水滴组成的，可在水舌周围的水舌风的驱使下随气流向下游漂移，是雾化降雨的来源。应用射流掺气的现有知识，引入一定简化假设，可以建立起计算水舌空中射流雾源量的公式。对于射流入水激溅的雾化源，认为水舌入水时，其周围水体已分散成不连续的水团、水块，这些水团、水块碰到下游水面时，会像弹性球一样反弹起来，向斜上方抛射。因此，可以将其视为弹性刚体的斜上抛运动，按抛体运动公式估算其射程，从而确定溅水降雨的影响范围，进而按一定公式计算其雾雨强度。

无碰撞水舌挑流消能的雾化源由水舌掺气扩散和水舌入水激溅两部分组成。许多原型观测结果表明，泄洪雾化降雨的主要来源是水舌入水时形成的溅水。只有采用射流空中碰撞消能方式时，空中水舌雾化降雨才能形成重要雾化源。泄洪雾化分区示意图如图 5.2－1 所示。对于图 5.2－1 各区常用的预测和计算方法有理论方法和神经网络预测方法等。

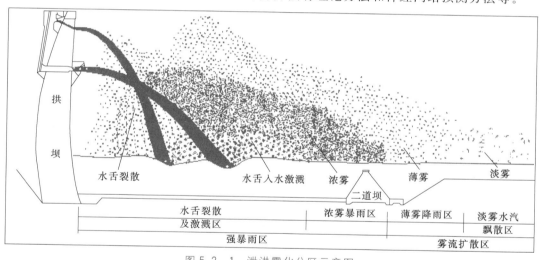

图 5.2－1　泄洪雾化分区示意图

5.2.4　原型观测及工程类比

近年来，随着我国高坝的大量修建和对环保问题的日益重视，原型观测获得的资料也越来越多，如东江、李家峡、白山、湾塘、乌江渡等工程均开展了泄洪雾化的原型观测工作。国内学者根据已有的原观资料建立了雾化纵向范围、横向范围及高度与坝高的经验关系（表 5.2－1）供工程初步设计阶段参考。但对于特高坝工程，泄洪雾化影响显著、地形地质条件复杂，这些经验公式有一定局限性，故应该加强泄洪雾化影响的系统深入研究，以便为工程提供可靠的雾化防护设计依据。

表 5.2 - 1 泄洪雾化范围与大坝坝高 H 的经验关系表

雨雾区范围	浓雾区/m	薄雾及淡雾区/m
纵向范围	$(2.2\sim3.4)\,H$	$(5.0\sim7.5)\,H$
横向范围	$(1.5\sim2.0)\,H$	$(2.5\sim4.0)\,H$
高度	$(0.8\sim1.4)\,H$	$(1.5\sim2.5)\,H$

5.3 泄洪雾化特征分析

5.3.1 泄洪雾化模型及试验工况

1. 泄洪雾化模型

采用锦屏一级 1：50 枢纽整体水工试验模型，开展了碰撞方式和无碰撞方式坝身泄洪雾化模型试验研究，并进行对比分析。模型按照重力相似准则设计，采用正态模型。模拟范围为拱坝上游 1000m 至拱坝下游 2000m 范围内的河道两岸地形，拱坝及所有水工建筑物均根据设计图制作和安装。碰撞方式及无碰撞方式表、深孔联合泄洪试验情况分别如图 5.3 - 1 和图 5.3 - 2 所示。

图 5.3 - 1 碰撞方式表、深孔联合泄洪试验情况　　图 5.3 - 2 无碰撞方式表、深孔联合泄洪试验情况

2. 模型试验工况

锦屏一级表、深孔泄洪雾化模型试验工况见表 5.3 - 1。

表 5.3 - 1 锦屏一级表、深孔泄洪雾化模型试验工况

工况	洪水频率/%	上游水位/m	下游水位/m	泄量/(m³/s) 表孔	深孔	总泄量	备 注
1	0.1	1880.54	1660.13	3674	5394	9068	4 表孔＋5 深孔（水垫塘校核工况）
2	1	1880.00	1656.89	2281	5392	7673	4 表孔＋5 深孔（水垫塘设计工况）

工况	洪水频率/%	上游水位/m	下游水位/m	泄量/(m³/s)			备　注
				表孔	深孔	总泄量	
3	20	1880.00	1650.01	—	5392	5392	5深孔（常遇洪水工况）
4	20	1880.00	1650.01	3646	—	3646	4表孔（常遇洪水工况）

5.3.2　碰撞方式泄洪雾化特征分析

不同泄洪工况下雾化降雨的最大影响范围见表5.3-2，下游两岸边坡泄洪雾化雨强分布见表5.3-3～表5.3-6。模型试验结果表明：

（1）4个表孔泄洪时，水舌纵向长约40.0m、宽约45.0m，挑射水流入水喷溅影响区内的降雨强度大，试验观测到的雾化雨强为500～700mm/h，溅水影响区集中在坝后160.0m范围内。

表5.3-2　　　　　　不同泄洪工况下雾化降雨的最大影响范围

工　况	纵向最大影响范围	10mm/h降雨最大影响高程/m	
		左岸	右岸
1	拱坝下游—0+900.00	1820.00	1815.00
2	拱坝下游—0+680.00	1820.00	1815.00
3	拱坝下游—0+600.00	1790.00	1790.00
4	拱坝下游—0+480.00	1790.00	1790.00

表5.3-3　　　　　　下游两岸边坡泄洪雾化雨强分布（工况1）

断面桩号	高程/m	左岸雨强/(mm/h)	右岸雨强/(mm/h)	断面桩号	高程/m	左岸雨强/(mm/h)	右岸雨强/(mm/h)
0+120.00	1815.00	—	—	0+240.00	1815.00	—	—
	1790.00	8.9	10.4		1790.00	8.5	11.0
	1765.00	25.6	33.6		1765.00	17.0	26.7
	1740.00	190.7	206.1		1740.00	106.3	133.8
	1715.00	689.3	516.3		1715.00	421.5	379.4
	1690.00	5016.8	5521.0		1690.00	3730.2	4073.5
0+180.00	1815.00	6.7	7.2	0+300.00	1815.00	—	—
	1790.00	11.4	15.5		1790.00	9.7	8.9
	1765.00	26.4	34.5		1765.00	15.8	21.0
	1740.00	214.5	188.0		1740.00	83.2	72.4
	1715.00	643.7	577.1		1715.00	232.6	207.5
	1690.00	5226.3	4685.9		1690.00	2096.2	2261.6

续表

断面桩号	高程/m	左岸雨强/(mm/h)	右岸雨强/(mm/h)	断面桩号	高程/m	左岸雨强/(mm/h)	右岸雨强/(mm/h)
0+360.00	1790.00	8.0	6.5	0+600.00	1815.00	—	—
	1765.00	16.2	12.3		1790.00	—	—
	1740.00	54.4	66.4		1765.00	—	6.3
	1715.00	188.3	151.1		1740.00	12.7	18.2
	1690.00	1271.0	975.7		1715.00	46.1	57.1
					1690.00	101.9	160.8
0+420.00	1790.00	6.5	10.7	0+660.00	1815.00	—	—
	1765.00	13.8	23.4		1790.00	—	—
	1740.00	42.3	50.9		1765.00	—	—
	1715.00	139.8	133.5		1740.00	10.5	7.6
	1690.00	550.3	600.8		1715.00	25.2	22.9
					1690.00	45.5	61.5
0+480.00	1815.00	—	—	0+720.00	1790.00	—	—
	1790.00	4.6			1765.00	—	—
	1765.00	12.3	9.5		1740.00	—	—
	1740.00	61.0	53.8		1715.00	13.7	10.5
	1715.00	103.7	122.6		1690.00	20.4	34.6
	1690.00	345.1	426.4				
0+540.00	1815.00	—	—	0+780.00	1790.00	—	—
	1790.00	—	8.4		1765.00	—	—
	1765.00	13.4	11.7		1740.00	—	—
	1740.00	26.2	35.3		1715.00		7.8
	1715.00	114.6	78.2		1690.00	8.8	16.7
	1690.00	180.4	212.0				

表 5.3 - 4　　　　　下游两岸边坡泄洪雾化雨强分布（工况 2）

断面桩号	高程/m	左岸雨强/(mm/h)	右岸雨强/(mm/h)	断面桩号	高程/m	左岸雨强/(mm/h)	右岸雨强/(mm/h)
0+120.00	1815.00	—	—	0+180.00	1815.00	—	—
	1790.00	11.5	5.5		1790.00	7.3	6.8
	1765.00	33.1	26.8		1765.00	31.7	42.1
	1740.00	142.3	95.7		1740.00	140.2	113.2
	1715.00	617.2	782.6		1715.00	332.4	319.5
	1690.00	4005.3	3716.4		1690.00	5452.3	4684.4

续表

断面桩号	高程/m	左岸雨强/(mm/h)	右岸雨强/(mm/h)	断面桩号	高程/m	左岸雨强/(mm/h)	右岸雨强/(mm/h)
	1815.00	—	—		1740.00	23.5	22.8
	1790.00	7.0	4.5	0+480.00	1715.00	46.2	53.0
0+240.00	1765.00	16.1	18.0		1690.00	172.3	231.8
	1740.00	26.3	43.6		1815.00	—	—
	1715.00	124.2	207.6		1790.00	—	—
	1690.00	2718.9	3286.0	0+540.00	1765.00	10.2	7.7
	1815.00	—	—		1740.00	19.6	13.6
	1790.00	—	—		1715.00	31.3	40.7
0+300.00	1765.00	9.3	9.2		1690.00	91.3	115.9
	1740.00	24.2	15.1		1815.00	—	—
	1715.00	96.0	78.3		1790.00	—	—
	1690.00	1663.5	1258.1	0+600.00	1765.00	—	—
	1790.00	—	—		1740.00	8.5	10.7
	1765.00	9.5	8.0		1715.00	27.3	20.9
0+360.00	1740.00	31.3	21.6		1690.00	72.0	55.1
	1715.00	50.4	64.9		1815.00	—	—
	1690.00	971.6	785.5		1790.00	—	—
	1790.00	—	—	0+660.00	1765.00	—	—
	1765.00	10.6	9.1		1740.00	10.2	6.0
0+420.00	1740.00	35.2	22.0		1715.00	21.2	16.4
	1715.00	52.9	50.4		1690.00	45.1	38.8
	1690.00	235.9	361.9		1790.00	—	—
	1815.00	—	—		1765.00	—	—
0+480.00	1790.00	—	—	0+720.00	1740.00	—	—
	1765.00	11.0	7.9		1715.00	10.9	—
					1690.00	17.7	15.2

表 5.3-5　　　　　　　　　　下游两岸边坡泄洪雾化雨强分布（工况 3）

断面桩号	高程/m	左岸雨强/(mm/h)	右岸雨强/(mm/h)	断面桩号	高程/m	左岸雨强/(mm/h)	右岸雨强/(mm/h)
	1790.00	—	—		1790.00	—	—
	1765.00	16.0	7.6		1765.00	15.2	6.3
0+120.00	1740.00	49.9	34.1	0+180.00	1740.00	29.2	31.1
	1715.00	196.4	126.1		1715.00	90.8	155.5
	1690.00	839.9	566.7		1690.00	903.6	843.2

续表

断面桩号	高程/m	左岸雨强/(mm/h)	右岸雨强/(mm/h)	断面桩号	高程/m	左岸雨强/(mm/h)	右岸雨强/(mm/h)
0+240.00	1765.00	—	—	0+360.00	1715.00	35.2	27.4
	1740.00	9.6	18.4		1690.00	129.6	92.6
	1715.00	68.6	103.9	0+420.00	1790.00	—	—
	1690.00	394.8	417.5		1765.00	—	—
0+300.00	1765.00	—	—		1740.00	—	—
	1740.00	8.9	10.3		1715.00	5.8	11.7
	1715.00	59.6	89.4		1690.00	39.9	41.2
	1690.00	264.0	226.7	0+480.00	1765.00	—	—
0+360.00	1790.00	—	—		1740.00	—	—
	1765.00	—	—		1715.00	3.1	—
	1740.00	8.7	5.5		1690.00	9.8	8.7

表5.3-6　　　　　　　　下游两岸边坡泄洪雾化雨强分布（工况 4）

断面桩号	高程/m	左岸雨强/(mm/h)	右岸雨强/(mm/h)	断面桩号	高程/m	左岸雨强/(mm/h)	右岸雨强/(mm/h)
0+120.00	1790.00	—	—	0+240.00	1715.00	40.7	53.6
	1765.00	11.9	7.3		1690.00	263.7	207.4
	1740.00	43.0	64.8	0+300.00	1790.00	—	—
	1715.00	125.4	265.7		1765.00	—	—
	1690.00	703.5	824.6		1740.00	9.7	5.7
0+180.00	1790.00	—	—		1715.00	23.9	36.1
	1765.00	8.7	6.6		1690.00	88.3	104.5
	1740.00	20.6	16.2	0+360.00	1790.00	—	—
	1715.00	56.2	121.7		1765.00	—	—
	1690.00	511.4	576.0		1740.00	—	—
0+240.00	1765.00	—	—		1715.00	7.2	4.3
	1740.00	13.2	9.9		1690.00	22.4	12.8

（2）5 个深孔泄洪时，挑流水舌沿溢流中心线对称分布，入水宽度约 40.0m，试验观测到的水流入水喷溅影响区内的雾化雨强为 400～800mm/h，溅水影响区集中在坝后约 240.0m 范围内。

（3）表、深孔联合泄洪时（工况 1），表孔和深孔泄洪水舌空中相互碰撞（碰撞处的高程为 1750.00～1775.00m），水舌入水在桩号 0+110.00～0+230.00 之间，碰撞后的水流散裂、掺气强烈，水舌呈乳白色絮状，坝下能感觉明显的水舌风和雨滴，试验观测到的雾化雨强为 1000～5000mm/h，影响区范围集中在坝后 400.0m、高程 1700.00m 以下范围内。

5.3.3 无碰撞方式泄洪雾化特征分析

不同泄洪工况下雾化降雨的最大影响范围见表5.3-7，下游两岸边坡泄洪雾化雨强分布见表5.3-8～表5.3-11和图5.3-3。模型试验结果表明：

（1）4个表孔泄洪时，水舌入水区纵向范围为0+101.20～0+130.80，水舌入水区沿溢流中心线对称分布，横向入水范围宽约44.1m。挑射水流入水喷溅影响区（溅水区）内的降雨强度大，试验观测到最大雾化雨强约766.4mm/h，出现在右岸0+170.00附近。

表5.3-7　　　　　　　　　不同泄洪工况下雾化降雨的最大影响范围

试验工况	纵向最大影响范围	10mm/h降雨最大影响高程/m	
		左岸	右岸
工况1	拱坝下游—0+680.00	1770.00	1773.00
工况2	拱坝下游—0+680.00	1765.00	1765.00
工况3	拱坝下游—0+460.00	1750.00	1752.00
工况4	拱坝下游—0+370.00	1753.00	1755.00

表5.3-8　　　　　　　　下游两岸边坡泄洪雾化雨强分布（工况1）

断面桩号	高程/m	左岸雨强/(mm/h)	右岸雨强/(mm/h)	断面桩号	高程/m	左岸雨强/(mm/h)	右岸雨强/(mm/h)
0+083.00	1815.00	—	—	0+220.00	1815.00	—	—
	1790.00	—	—		1790.00	—	—
	1765.00	—	4.4		1765.00	4.2	5.5
	1740.00	40.0	35.0		1740.00	30.2	48.0
	1715.00	270.1	300.5		1715.00	920.6	352.3
	1690.00	894.3	738.1		1690.00	2335.9	1587.0
0+120.00	1815.00	—	—	0+270.00	1790.00	—	—
	1790.00	—	—		1765.00	—	3.5
	1765.00	6.6	11.7		1740.00	28.4	26.2
	1740.00	267.2	96.4		1715.00	183.3	263.4
	1715.00	916.4	428.5		1690.00	3882.6	2751.3
	1690.00	2463.1	2634.0				
0+170.00	1815.00	—	—	0+320.00	1790.00	—	—
	1790.00	—	—		1765.00	8.8	6.7
	1765.00	0.5	17.0		1740.00	38.9	20.8
	1740.00	15.3	69.1		1715.00	355.0	255.3
	1715.00	159.0	223.3		1690.00	1756.7	2131.0
	1690.00	1987.6	3766.1				

续表

断面桩号	高程/m	左岸雨强/(mm/h)	右岸雨强/(mm/h)	断面桩号	高程/m	左岸雨强/(mm/h)	右岸雨强/(mm/h)
0+370.00	1815.00	—	—	0+520.00	1815.00	—	—
	1790.00	—	—		1790.00	—	—
	1765.00	—	12.1		1765.00	—	—
	1740.00	13.8	67.6		1740.00	12.2	16.2
	1715.00	53.3	157.3		1715.00	33.3	35.8
	1690.00	516.5	553.3		1690.00	77.4	66.9
0+420.00	1815.00	—	—	0+570.00	1790.00	—	—
	1790.00	—	—		1765.00	—	—
	1765.00	—	7.4		1740.00	—	—
	1740.00	15.7	25.9		1715.00	8.2	22.8
	1715.00	72.0	119.4		1690.00	35.6	47.6
	1690.00	256.6	227.0					
0+470.00	1815.00	—	—	0+620.00	1790.00	—	—
	1790.00	—	—		1765.00	—	—
	1765.00	—	3.3		1740.00	—	—
	1740.00	10.9	32.2		1715.00	—	—
	1715.00	52.0	70.7		1690.00	12.2	21.5
	1690.00	146.8	144.8					

表 5.3-9 下游两岸边坡泄洪雾化雨强分布（工况 2）

断面桩号	高程/m	左岸雨强/(mm/h)	右岸雨强/(mm/h)	断面桩号	高程/m	左岸雨强/(mm/h)	右岸雨强/(mm/h)
0+083.00	1815.00	—	—	0+170.00	1815.00	—	—
	1790.00	—	—		1790.00	—	—
	1765.00	—	0.6		1765.00	1.3	5.9
	1740.00	8.2	14.2		1740.00	11.2	48.5
	1715.00	130.1	237.1		1715.00	124.7	255.1
	1690.00	442.2	509.3		1690.00	1613.4	2059.2
0+120.00	1815.00	—	—	0+220.00	1815.00	—	—
	1790.00	—	—		1790.00	—	—
	1765.00	0.8	3.5		1765.00	2.5	1.4
	1740.00	175.1	62.6		1740.00	25.6	37.4
	1715.00	542.6	291.8		1715.00	613.1	561.3
	1690.00	821.1	1753.4		1690.00	2917.0	2446.6

断面桩号	高程/m	左岸雨强/(mm/h)	右岸雨强/(mm/h)	断面桩号	高程/m	左岸雨强/(mm/h)	右岸雨强/(mm/h)
0+270.00	1790.00	—	—	0+470.00	1815.00	—	—
	1765.00	4.0	3.0		1790.00	—	—
	1740.00	23.8	30.8		1765.00	—	0.7
	1715.00	236.4	354.2		1740.00	8.9	11.7
	1690.00	2375.1	2251.6		1715.00	23.1	53.0
0+320.00	1790.00	—	—		1690.00	85.7	122.6
	1765.00	6.5	1.7	0+520.00	1815.00	—	—
	1740.00	47.4	15.5		1790.00	—	—
	1715.00	342.7	233.4		1765.00	—	—
	1690.00	1436.0	1436.1		1740.00	—	4.2
0+370.00	1815.00	—	—		1715.00	7.4	25.5
	1790.00	—	—		1690.00	13.5	78.1
	1765.00	—	5.5	0+570.00	1790.00	—	—
	1740.00	7.6	30.8		1765.00	—	—
	1715.00	50.4	109.1		1740.00	—	—
	1690.00	387.9	473.3		1715.00	—	8.1
0+420.00	1815.00	—	—		1690.00	9.6	6.3
	1790.00	—	—	0+620.00	1790.00	—	—
	1765.00	—	3.1		1765.00	—	—
	1740.00	6.6	16.9		1740.00	—	—
	1715.00	35.0	76.5		1715.00	—	—
	1690.00	127.3	186.4		1690.00	—	4.2

表 5.3－10　　　　　　　　下游两岸边坡泄洪雾化雨强分布（工况 3）

断面桩号	高程/m	左岸雨强/(mm/h)	右岸雨强/(mm/h)	断面桩号	高程/m	左岸雨强/(mm/h)	右岸雨强/(mm/h)
0+083.00	1790.00	—	—	0+170.00	1765.00	—	—
	1765.00	—	—		1740.00	8.4	3.8
	1740.00	1.7	—		1715.00	46.6	41.7
	1715.00	12.7	13.9		1690.00	518.2	73.5
	1690.00	72.0	31.2				
0+120.00	1790.00	—	—	0+220.00	1765.00	—	—
	1765.00	—	—		1740.00	12.3	8.4
	1740.00	5.6	—		1715.00	320.7	33.5
	1715.00	27.7	2.3		1690.00	930.6	787.1
	1690.00	152.8	43.2				

续表

断面桩号	高程/m	左岸雨强/(mm/h)	右岸雨强/(mm/h)	断面桩号	高程/m	左岸雨强/(mm/h)	右岸雨强/(mm/h)
0+270.00	1790.00	—	—	0+370.00	1765.00	—	—
	1765.00	—	—		1740.00	—	—
	1740.00	15.5	13.7		1715.00	38.2	16.1
	1715.00	123.1	51.0				
	1690.00	455.7	867.2		1690.00	51.4	180.7
0+320.00	1790.00	—	—	0+420.00	1765.00	—	—
	1765.00	—	—		1740.00	—	—
	1740.00	1.6	19.2		1715.00	6.9	
	1715.00	54.3	27.9				
	1690.00	185.3	244.5		1690.00	27.1	22.7

表 5.3-11 下游两岸边坡泄洪雾化雨强分布（工况 4）

断面桩号	高程/m	左岸雨强/(mm/h)	右岸雨强/(mm/h)	断面桩号	高程/m	左岸雨强/(mm/h)	右岸雨强/(mm/h)
0+083.00	1790.00	—	—	0+270.00	1790.00	—	—
	1765.00	—	—		1765.00	—	—
	1740.00	9.1	3.1		1740.00	7.6	2.7
	1715.00	83.5	53.9		1715.00	42.7	31.8
	1690.00	555.7	476.1		1690.00	111.9	150.8
0+120.00	1790.00	—	—	0+320.00	1790.00	—	—
	1765.00	—	—		1765.00	—	—
	1740.00	13.4	6.6		1740.00	0.3	
	1715.00	130.5	66.4		1715.00	14.3	2.4
	1690.00	472.4	531.7		1690.00	38.1	22.6
0+170.00	1765.00	—	—	0+370.00	1765.00	—	—
	1740.00	15.4	21.5		1740.00	—	—
	1715.00	66.3	106.0		1715.00	—	—
	1690.00	412.8	766.4		1690.00	0.8	—
0+220.00	1765.00	—	—	0+420.00	1765.00	—	—
	1740.00	5.5	9.4		1740.00	—	—
	1715.00	43.1	63.7		1715.00	—	—
	1690.00	330.4	317.0		1690.00	—	—

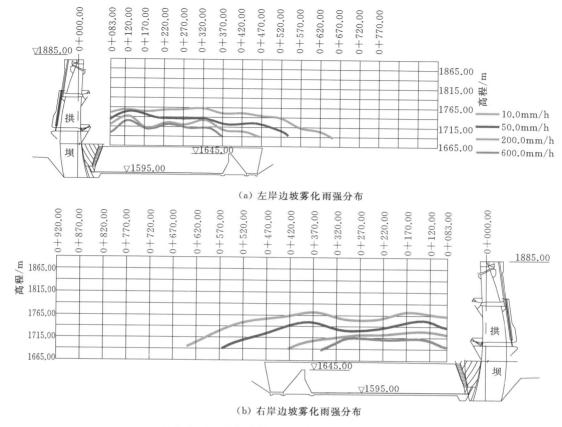

（a）左岸边坡雾化雨强分布

（b）右岸边坡雾化雨强分布

图 5.3-3 两岸边坡雾化雨强分布图（工况 1）

（2）5 个深孔泄洪时，水舌入水区纵向范围为 0+183.40～0+240.30，水舌入水区沿溢流中心线对称分布，横向入水范围宽约 49.1m。试验观测到水流入水喷溅影响区（溅水区）内的最大降雨强度为 930.6mm/h，出现在左岸 0+220.00 附近。

（3）表、深孔联合泄洪时（工况 1），表孔水舌与深孔水舌空中不碰撞，表、深孔水流入水区相对独立，表孔水舌入水区纵向范围为 0+102.00～0+128.00，深孔水舌入水区纵向范围为 0+184.90～0+242.60，表、深孔联合泄洪时，雾化降雨强度明显增大，试验观测到最大雾化雨强为 3882.6mm/h，出现在左岸 0+220.00 附近。

5.3.4 泄洪雾化差异分析

高拱坝坝身泄洪雾化的雾化源主要包括三个方面：①表、深孔水流空中掺气散裂引起的雾化；②表、深孔水流空中碰撞引起水舌散裂加剧，形成主要雾化源；③水舌跌入水垫塘时引起的入水喷溅，此部分为低高程主要雾化源。

对碰撞方式来说，①、②、③雾化源都是其雾化来源；对于无碰撞方式而言，由于表、深孔水流空中不发生碰撞，所以仅包含了①和③雾化源。

将两种方案工况 1（设计洪水位表、深孔联合泄洪工况）泄洪雾化雨强分布进行对比，见表 5.3-12 和图 5.3-4～图 5.3-5，可以发现：

（1）碰撞方式 10mm/h 雾化降雨纵向最大影响范围至桩号 0＋870.00，左岸至高程 1813.00m，右岸至高程 1825.00m。

（2）无碰撞方式 10mm/h 雾化降雨纵向最大影响范围至桩号 0＋660.00，左岸至高程 1770.00m，右岸至高程 1773.00m。

（3）无碰撞方式与碰撞泄洪方式相比，10mm/h 雾化降雨范围在纵向上减小了约 210m，在高程方向上左岸减小了约 43m，右岸减小了约 52m。

（4）由于无碰撞方式表孔水舌纵向拉开，故表孔水舌入水比碰撞方式更加分散，表孔水舌入水喷溅造成的低高程的雾化降雨强度也得到一定程度的降低。根据试验观测到的数据，最大雾化降雨强度由碰撞方案的 5500mm/h 降低到 3882mm/h。

综上所述，锦屏一级工程坝身孔口无碰撞泄洪产生的雾化雨强明显降低，分布范围减小，采用无碰撞消能方式是合理的。

表 5.3－12　　　　　　　　工况 1 泄洪雾化降雨分布表（10mm/h 以上）

泄洪消能方式	孔口开启情况	上游水位/m	纵向最大影响范围	最大影响高程/m	
				左岸	右岸
无碰撞	4 表孔＋5 深孔	1880.54	拱坝下游—0＋660.00	1770.00	1773.00
碰撞	4 表孔＋5 深孔	1880.37	拱坝下游—0＋870.00	1813.00	1825.00

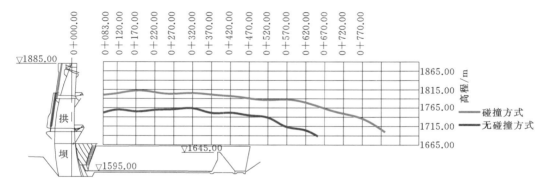

图 5.3－4　工况 1 左岸边坡雾化降雨分布图（10mm/h）

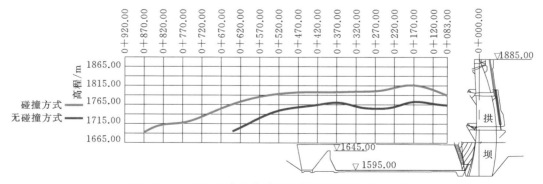

图 5.3－5　工况 1 右岸边坡雾化降雨分布图（10mm/h）

5.4 泄洪雾化预测

锦屏一级 1:50 坝身无碰撞消能泄洪雾化试验成果表明:4 表孔+5 深孔联合泄洪时(工况 1),无碰撞方式 10mm/h 雾化降雨纵向最大影响范围至桩号 0+660.00,左岸至高程 1770.00m,右岸至高程 1773.00m。

多个工程运行期泄洪雾化原型观测结果表明,工程实际泄洪雾化强度大于泄洪雾化模型试验,因此相似工程的泄洪雾化原型观测成果对泄洪雾化强度预测也有重要参考价值。为此,在锦屏一级坝身泄洪雾化预测分析中,还采用了以物理模型试验为主,以类似已建工程原型观测数据作为修正的分析方法,即在 1:50 大比尺水力学泄洪雾化模型试验成果的基础上,研究已有工程泄洪雾化模型试验与原型观测成果之间的差异进行修正,以此对坝身表、深孔无碰撞泄洪消能方式的泄洪雾化影响做进一步预测分析。

5.4.1 工程类比

5.4.1.1 类比工程的选取

原型观测和模型试验是泄洪雾化研究的主要手段。随着我国水电建设的快速发展,白山、乌江渡、紧水滩、龙羊峡、东江、东风、二滩等一批高拱坝相继建成,并开展了大量的泄洪雾化原型观测研究工作。

上述高拱坝工程中,同处于雅砻江干流的二滩水电站与锦屏一级水电站最为相似。

(1) 水力条件。锦屏一级坝身总泄量 10607m³/s,坝身泄洪功率 23162 MW,二滩水电站坝身总泄量 16300m³/s,坝身泄洪功率 26600MW,从坝身泄洪功率来看,二滩水电站泄洪功率略大于锦屏一级,两者处于同一量级。

(2) 地形条件。二滩水电站同处于雅砻江干流,坝址区河谷大致呈对称宽 "U" 形河谷,两岸岸坡陡峻,临江坡高 300~400m,左岸谷坡 25°~45°,右岸谷坡 30°~45°,枯水期水面宽 80~100m,正常蓄水位谷宽 600~700m。从地形条件来看,与锦屏一级相比,二滩河谷更为开阔,两岸岸坡也更缓,有利于泄洪雾化降雨向下游扩散。

(3) 坝高及坝身孔口布置。二滩拱坝坝高 240m,同样采用坝身设置表、中孔两层孔口的布置方式。

由此,选择二滩工程作为锦屏一级坝身泄洪雾化预测研究的参考工程。

5.4.1.2 二滩工程坝身泄洪雾化模型试验成果

二滩工程坝身设置了 7 个表孔和 6 个中孔,由于泄量和泄洪功率巨大,为了满足消能的要求,采用了表、中孔水舌空中碰撞的泄洪消能方式,由此也带来了较为严重的泄洪雾化问题。

在二滩工程的设计过程中,曾先后开展了 1:25 和 1:35 大比尺单体和 1:120 整体泄洪雾化水力学模型试验，通过对挑射水舌空中扩散、碰撞及水舌入水激溅的试验观测，对泄洪雾化的降雨强度及影响范围进行了分析。选取正常蓄水位 7 个表孔泄洪、6 个中孔泄洪及 7 个表孔和 6 个中孔联合泄洪的工况进行模型试验。二滩拱坝坝身泄洪雾化浓雾区（雨强大于 8mm/h）模型试验成果见表 5.4-1。

表 5.4-1　　　二滩拱坝坝身泄洪雾化浓雾区（雨强大于 8mm/h）模型试验成果

工况	泄洪工况	库水位/m	浓雾区纵向长度/m	浓雾区高度范围/m
1	7 个表孔全开	1200.00	370	140
2	6 个中孔全开	1200.00	550	160
3	7 个表孔＋6 个中孔	1200.00	620	185

注　高度范围＝影响高程－965.00m（坝基高程）。

由表 5.4-1 可知，上游正常蓄水位 1200.00m，6 个表孔和 7 个中孔联合泄洪工况下，浓雾区纵向最大影响范围为 620m，高度最大范围为坝基高程以上 185m。

5.4.1.3　二滩工程坝身泄洪雾化原型观测成果

中国水利水电科学研究院对二滩水电站泄洪雾化进行了较为系统的原型观测。由泄洪观测可知，坝身表、中孔联合泄洪时，水舌在空中扩散、碰撞、掺气后，跌入水垫塘，溅起大量水团、水雾，升腾起来的水雾随着水舌风飘向空中，向两岸山坡、沟谷爬行并向下游扩散，形成了大范围的降雨。泄洪雾化原型降雨范围远大于模型试验。二滩拱坝坝身泄洪雾化原型观测成果见表 5.4-2。

表 5.4-2　　　　　　　　二滩拱坝坝身泄洪雾化原型观测成果

工况	泄洪工况	库水位/m	下游水位/m	纵向范围/m		高度范围/m	
				浓雾区	薄雾区	浓雾区	薄雾区
1	1 号、2 号、6 号、7 号表孔与 1 号、2 号、5 号、6 号中孔联合泄洪，泄量 7757m³/s	1199.30	1012.20	840	1400	左岸 235，右岸 235	左岸 355，右岸 315
2	7 个表孔全开，泄量 6024m³/s	1199.70	1011.80	510	810	左岸 195，右岸 215	左岸 295，右岸 315
3	6 个中孔全开，泄量 6856m³/s	1199.70	1015.10	600	900	左岸 175，右岸 215	左岸 275，右岸 295
4	2～6 号表孔与 3～5 号中孔联合泄洪，泄量 7748m³/s	1199.70	1013.50	805	1400	左岸 255，右岸 235	左岸 375，右岸 375

由表 5.4-2 可以看出，在表、中孔联合泄洪工况（工况 1 和工况 4）泄洪雾化影响范围最大，这与表、中孔水舌空中碰撞后泄洪雾化加剧的结论是一致的。

（1）浓雾区纵向最大影响范围达到了 840m，高度最大范围为左岸坝基高程以上 255m。

（2）薄雾区纵向最大影响范围达到了 1400m，高度最大范围为左岸坝基高程以上 375m，右岸坝基高程以上 375m。

5.4.1.4　泄洪雾化模型试验成果与原型观测成果的差异分析

1. 泄洪雾化模型试验成果与原型观测成果的差异

由于二滩工程原型观测未对 7 个表孔和 6 个中孔联合泄洪工况进行测定，考虑无碰撞泄洪消能的相似性，选取 7 个表孔和 6 个中孔单独泄洪工况，对原型观测成果中的最大值与泄洪雾化模型试验值进行比较，主要成果见表 5.4-3。由表 5.4-3 可知：

（1）7 个表孔全开泄洪时，浓雾区纵向最大影响范围，模型值为 370m，原型值为 510m，原型值约为模型值的 1.38 倍；浓雾区最大高度影响范围，模型值为 140m，原型值为 215m，原型值约为模型值的 1.54 倍。

（2）6 个中孔全开泄洪工况，浓雾区纵向最大影响范围，模型值为 550m，原型值为 600m，原型值约为模型值的 1.09 倍；浓雾区最大高度影响范围，模型值为 160m，原型值为 215m，原型值约为模型值的 1.34 倍。

表 5.4-3　　　　　二滩拱坝坝身泄洪雾化模型试验与原型观测差异对比表

类型	泄洪工况	浓雾区纵向长度/m	浓雾区高度范围/m
模型试验	7 个表孔全开	370	140
	6 个中孔全开	550	160
原型观测	7 个表孔全开	510	215
	6 个中孔全开	600	215
原型值/模型值		1.09~1.38	1.34~1.54

2. 模型试验成果与原型观测成果的差异分析

影响泄洪雾化强度和范围的因素十分复杂，根据已建工程的原型观测资料和模型试验分析，泄洪雾化影响因素可概括为泄洪的水力条件、水舌出口边界条件以及坝后地形自然条件等，模型试验按照相似原理对这些因素进行了模拟，模型试验成果与原型观测成果仍存在一定差异，主要原因为模型试验比尺效应的影响。

锦屏一级和二滩的水力条件大致相当，试验采用的模型比尺分别为 1:50 和 1:60，锦屏一级模型试验的比尺效应弱于二滩，但其水舌出口边界条件，锦屏坝后河谷更狭窄、地形条件更陡峻，泄洪水舌产生的泄洪雾化可能较二滩范围稍大，综合各种因素，认为采用二滩表、中孔独立运行时无碰撞泄洪作为类比进行修正是可行的。

5.4.2　泄洪雾化影响范围预测成果

5.4.2.1　无碰撞方式模型试验泄洪雾化影响范围

根据泄洪消能的雾化试验研究成果，表、深孔联合泄洪时（工况 1），模型试验取得的泄洪雾化影响范围如下：

（1）浓雾区（雨强大于 10mm/h），纵向影响长度约为 660m，最大影响高度约为 190m。

（2）溅水强暴雨区（雨强大于 50mm/h），纵向影响长度约为 540～560m，最大影响高度约为 170m。

5.4.2.2 无碰撞方式泄洪雾化预测

从二滩工程坝身泄洪雾化原型与模型的对比分析可知，浓雾区、溅水强暴雨区的纵向范围及高度范围均存在明显差异，原型的范围大于模型范围。结合锦屏一级与二滩的水位落差、泄量、泄洪功率等水力条件，消能方式，坝后地形自然条件，并考虑模型比尺，参考二滩得到的修正系数，对锦屏一级泄洪雾化影响范围的试验成果进行适当修正，得到用于工程防护的泄洪雾化影响范围的预测值。

（1）从二滩工程坝身泄洪雾化原型与模型的对比分析可知，对于浓雾区，纵向范围原型值约为模型值的 1.09～1.38 倍，高度范围原型值约为模型值的 1.34～1.54 倍。

（2）从水力条件、坝身泄洪消能方式进行分析，采用二滩原型值和模型值的经验比值进行修正，最终获得锦屏一级坝身泄洪雾化浓雾区（雨强大于 10mm/h）最大纵向长度为 780m，最大高度为 280m。

（3）对于溅水强暴雨区（雨强大于 50mm/h），其雾化降雨主要由水舌入水喷溅引起，仍采用浓雾区二滩原型值和模型值的经验比值进行修正，最终获得锦屏一级坝身泄洪雾化溅水强暴雨区（雨强大于 50mm/h）最大纵向长度为 720m，最大高度为 240m。

研究获得水垫塘校核工况下，锦屏一级坝身 4 个表孔和 5 个深孔同时泄洪时坝身泄洪雾化强度的预测值，剖面图和平面等值线图分别如图 5.4-1 和图 5.4-2 所示。

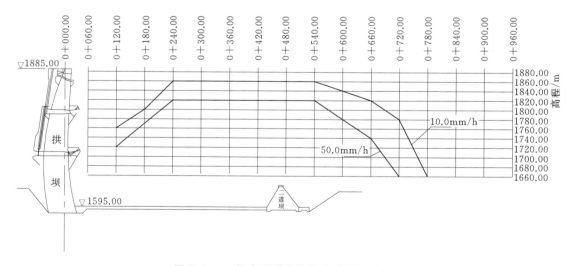

图 5.4-1 坝身泄洪雾化强度预测值剖面图

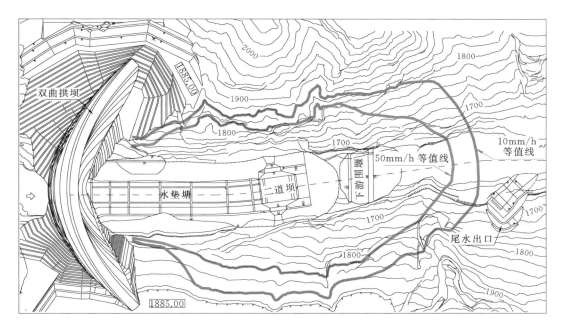

图 5.4－2　坝身泄洪雾化强度预测值平面等值线图

5.5　泄洪雾化防护

5.5.1　泄洪雾化的分区与分级

关于泄洪雾化影响分区，从高拱坝坝身泄洪雾化区防护的需要出发，可按泄洪雾化的成因和雾化影响程度分为水舌裂散及激溅区、浓雾暴雨区、薄雾降雨区、淡雾水汽飘散区，如图 5.2－1 所示。

其中淡雾水汽飘散区可认为是没有降雨的区域，对工程基本没有影响，工程防护主要范围应放在水舌裂散及激溅区和浓雾暴雨区。

泄洪雾化影响的分级主要是采用降雨强度指标来衡量的，降雨强度是指积雨面积上单位时间的积水深度，以毫米计。对其单位时间在气象学中有两种不同的取法，从而形成降雨强度的两种等级规定，一种以日降雨量为准，一种以小时降雨量为准，分别以 mm/24h 或以 mm/h 为单位。按这两种定义规定的降雨大小分类见表 5.5－1。衡量泄洪雾化的雨强，一般以小时降雨量为准，泄洪雾化的最大降雨强度远大于最大自然降雨强度。

表 5.5－1　　　　　　　　　　降雨强度分级标准

雨　强	小雨	中雨	大雨	暴雨	大暴雨	特大暴雨
日降雨量/(mm/24h)	0.1～9.9	10.0～24.9	25.0～49.9	50.0～99.9	100.0～249.9	≥250.0
小时降雨量/(mm/h)	0.1～1.5	1.6～6.9	7.0～14.9	15.0～39.9	40.0～49.9	≥50.0

对于水电工程泄洪雾化降雨强度的分级，目前还没有可供依据的统一标准，二滩工程根据雾化降雨对水电工程的影响，给出了泄洪雾化降雨影响程度等级划分标准及相应的防护措施（表5.5-2）。

表5.5-2 二滩工程泄洪雾化降雨影响程度的等级划分

等　级	分　区	分　区　标　准	防　护　措　施
Ⅰ	水舌主流区	水舌挑射范围及旋滚区	采用全面的混凝土衬砌并保证足够的水垫厚度
Ⅱ	水舌散裂及激溅区	降雨强度大于40mm/h	混凝土衬砌，设马道及排水沟
Ⅲ	浓雾暴雨区	降雨强度8～40mm/h	喷锚支护，设马道及排水沟
Ⅳ	薄雾降雨区	降雨强度小于8mm/h	不另做保护

根据降雨强度分级标准，参考二滩工程对泄洪雾化降雨影响程度的分级，结合锦屏一级泄洪消能布置、泄洪雾化区基本地形地质条件，确定锦屏一级坝身泄洪雾化强度分级及相应防护标准，见表5.5-3。

表5.5-3 锦屏一级雾化浓度及降雨强度分区表

序号	分　级	雨强 /(mm/h)	防护措施
Ⅰ	水舌裂散及激溅区（特大暴雨）	$q>50$	混凝土护坡，设马道、排水沟
Ⅱ	浓雾暴雨区（大暴雨—暴雨）	$50 \geqslant q>10$	混凝土护坡或喷混凝土护坡，设马道、排水沟
Ⅲ	薄雾降雨区（大雨—中雨）	$10 \geqslant q>2$	边坡不需防护，但电器设备需防护
Ⅳ	淡雾水汽飘散区（小雨以下）	$q \leqslant 2$	不需防护

5.5.2 泄洪雾化的防护措施

1. 泄洪雾化防护原则

锦屏一级坝身泄洪雾化防护范围和防护措施主要依据泄洪雾化预测分析成果制定，同时考虑了以下因素：

（1）锦屏一级坝后两岸地形高陡，泄洪雾化岸坡采用了"清挖结合、分区防护、立体排水、按需锚固"的总体防护原则。

（2）左岸抗体力雾化区岸坡地质条件较差，为防止泄洪雾化雨雾入渗影响大坝安全，对近坝区域（包括拱肩槽下游侧槽坡）采用了混凝土护坡至坝顶高程。

（3）左岸下游雾化区Ⅵ号山梁地形高陡、浅表层顺坡裂隙发育、岩体破碎，为避免坡表块体下落至水垫塘，影响水垫塘运行安全，将Ⅵ号山梁边坡喷混凝土区域抬高至高程1920.00m。

（4）对边坡坡面断层出露带采用混凝土护坡进行处理。

2. 泄洪雾化防护措施

根据上述原则，两岸岸坡在水垫塘影响区，局部开挖，其他采用清坡方式，左、右岸泄洪雾化区边坡防护范围分别见表 5.5-4 和表 5.5-5。

表 5.5-4 左岸泄洪雾化区边坡防护范围表

部位	桩号	高程/m	坡面防渗措施	备注
左岸	大坝～0+265.00	1885.00 以下	贴坡混凝土	
	0+260.00～0+540.00	1820.00 以下	贴坡混凝土	
		1820.00～1920.00	喷混凝土	
	0+540.00～0+640.00	1780.00 以下	贴坡混凝土	
		1780.00～1920.00	喷混凝土	
	0+640.00～0+700.00	1740.00 以下	贴坡混凝土	
		1740.00～1920.00	喷混凝土	
	0+700.00～0+750.00	1700.00 以下	贴坡混凝土	
		1700.00～1920.00	喷混凝土	
	0+750.00～0+800.00	1920.00 以下	喷混凝土	

表 5.5-5 右岸泄洪雾化区边坡防护范围表

部位	桩号	高程/m	坡面防渗措施	备注
右岸	大坝～0+540.00	1820.00 以下	贴坡混凝土	非陡崖区域
		1820.00 以下	喷混凝土	陡崖区域
		1820.00～1885.00	喷混凝土	
	0+540.00～0+570.00	1785.00 以下	贴坡混凝土	
		1785.00～1885.00	喷混凝土	
	0+570.00～0+600.00	1760.00 以下	贴坡混凝土	
		1760.00～1885.00	喷混凝土	
	0+600.00～0+640.00	1730.00 以下	贴坡混凝土	
		1730.00～1885.00	喷混凝土	

3. 左岸雾化区边坡立体排水系统

左岸雾化区边坡具有地形高陡、浅表岩体松弛破碎、深部裂缝发育的特点，为避免坡外泄洪雨雾入渗及坡内地下水、裂隙水对边坡的稳定性造成不利影响，对边坡采用了坡面防护、坡内立体排水的措施，主要包括周边截水沟、坡面混凝土护坡和喷混凝土、坡面排水孔、坡面排水沟和坡内地下山体排水洞（2.5m×3.0m）（宽×高）及排水孔幕等，边坡立体排水布置示意图如图 5.5-1 所示。

4. 按需锚固

根据岸坡的地质条件及雾化区的防护要求，对雾化区边坡进行了系统锚杆支护，并对

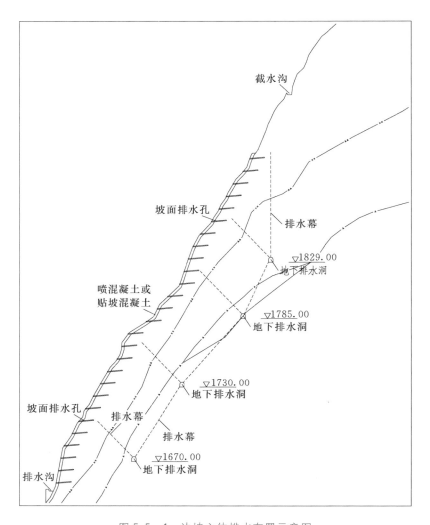

图 5.5 - 1 边坡立体排水布置示意图

煌斑岩脉、f_2 和 f_5 断层出露区域以及抗力体区域进行了预应力锚索加固,锚索吨位为 2000kN,长度为 40~60m。

5.6 泄洪雾化的原型观测成果分析

5.6.1 泄洪雾化原型观测试验概况

坝身泄洪雾化原型观测采用对坝体下游两岸边坡的不同高程点进行雾化雨量采集的方式进行,分别在左、右岸泄洪雾化区边坡设置 22 个雨量计,其中左岸布置了 10 个雨量计,右岸布置了 12 个雨量计,雨量计布置位置见表 5.6 - 1。

5.6.2 泄洪雾化原型观测成果

1. 原观试验工况

坝身泄洪雾化原型观测试验工况见表 4.5-1。

表 5.6-1　　　　　　　　　　雨 量 计 布 置 位 置 表

位　置　桩　号		编　号
左岸 1730.00m 平台	0+200.00	WH1
	0+300.00	WH2
	0+400.00	WH3
	0+500.00	WH4
	0+600.00	WH5
左岸 1785.00m 平台	0+150.00	WH6
	0+200.00	WH7
	0+400.00	WH8
	0+500.00	WH9
	0+600.00	WH10
右岸 1661.00m 平台	1 号尾水口	WH11
	导流洞出口	WH12
右岸 1700.00m 平台	0+400.00	WH13
	0+500.00	WH14
	0+600.00	WH15
右岸 1760.00m 平台	0+100.00	WH16
	0+200.00	WH17
	0+300.00	WH18
	0+400.00	WH19
	0+500.00	WH20
	0+600.00	WH21
右岸 1885.00m 平台	坝顶出线站	WH22

2. 泄洪雾化形象面貌

坝身泄洪雾化原型观测形象面貌如图 5.6-1 所示。

3. 原观成果

各试验工况各测点最大雨强值统计见表 5.6-2。

4. 泄洪雾化原型观测成果分析

各工况下，锦屏一级拱坝坝身泄洪雾化原型观测成果表明：

（1）总体而言，右岸边坡泄洪雾化雨强要明显大于左岸，右岸桩号 0+100.00、0+200.00 和 0+300.00 三个测点右岸雨强最大值分别为 458.40mm/h、429.60mm/h 和 534.00mm/h；而左岸桩号 0+150.00、0+200.00 和 0+300.00 三个测点雨强最大值分别为 204.00mm/h、96.00mm/h 和 160.56mm/h。

图 5.6-1 坝身泄洪雾化原型观测形象面貌（从上游看）

表 5.6-2　　　　　　　　　各试验工况各测点最大雨强值统计表　　　　　单位：mm/h

高程/m	工　况	桩　号						
		0+100.00	0+150.00	0+200.00	0+300.00	0+400.00	0+500.00	0+600.00
左岸 1730.00m 平台	4 号深孔	—	—	1.41	0.35	0.00	0.00	0.00
	2 号、4 号深孔	—	—	77.29	9.53	0.35	0.00	0.00
	2 号、4 号、5 号深孔	—	—	20.45	1.09	0.27	0.00	0.00
	1 号、2 号、4 号、5 号深孔	—	—	63.30	8.40	0.60	0.30	0.00
	1~5 号深孔	—	—	16.89	59.68	2.84	9.32	0.00
	2~5 号深孔	—	—	1.50	48.00	1.50	0.00	0.00
	2~4 号深孔+2 号、3 号表孔	—	—	—	160.59	0.35	1.41	1.41
	2 号、4 号深孔+2 号、3 号表孔	—	—	—	157.20	0.00	0.00	0.00
	1~4 号表孔	—	—	—	4.00	0.00	1.50	0.00
左岸 1785.00m 平台	4 号深孔	—	0.00	0.00	—	0.00	0.00	0.00
	2 号、4 号深孔	—	0.00	0.00	—	0.00	0.00	0.00
	2 号、4 号、5 号深孔	—	0.55	0.55	—	0.00	0.00	0.00
	1 号、2 号、4 号、5 号深孔	—	15.00	0.00	—	0.00	0.00	0.00
	1~5 号深孔	—	20.68	31.11	—	6.63	0.00	0.00
	2~5 号深孔	—	13.50	75.00	—	3.00	0.00	0.00
	2~4 号深孔+2 号、3 号表孔	—	204.00	93.88	—	0.35	0.00	0.00
	2 号、4 号深孔+2 号、3 号表孔	—	100.80	96.00	—	0.00	0.00	0.00
	1~4 号表孔	—	0.00	0.00	—	0.50	0.00	0.00

高程/m	工 况	桩 号						
		0+100.00	0+150.00	0+200.00	0+300.00	0+400.00	0+500.00	0+600.00
右岸1700.00m平台	4号深孔	—	—	—	—	0.00	0.00	0.00
	2号、4号深孔	—	—	—	—	0.00	0.00	0.00
	2号、4号、5号深孔	—	—	—	—	0.00	0.55	0.00
	1号、2号、4号、5号深孔	—	—	—	—	0.00	0.90	0.00
	1~5号深孔	—	—	—	—	0.00	3.63	0.00
	2~5号深孔	—	—	—	—	0.00	6.00	0.00
	2~4号深孔+2号、3号表孔	—	—	—	—	0.00	1.06	0.00
	2号、4号深孔+2号、3号表孔	—	—	—	—	0.00	0.00	0.00
	1~4号表孔	—	—	—	—	0.00		
右岸1760.00m平台	4号深孔	0.00	—	14.47	0.35	0.00	0.00	0.00
	2号、4号深孔	0.00	—	79.76	9.53	0.71	0.00	0.00
	2号、4号、5号深孔	100.36	—	223.36	33.00	0.82	0.00	0.00
	1号、2号、4号、5号深孔	54.60	—	107.10	77.70	0.00	0.00	0.00
	1~5号深孔	159.16	—	329.84	133.58	2.37	0.00	0.00
	2~5号深孔	0.00	—	219.00	136.50	4.50	0.00	0.00
	2~4号深孔+2号、3号表孔	354.71	—	420.00	267.88	0.35	0.00	0.00
	2号、4号深孔+2号、3号表孔	458.40	—	429.60	534.00	2.40	0.00	0.00
	1~4号表孔	15.00	—	1.00	1.50	0.50	0.00	0.00

（2）两岸边坡雾化降雨均集中在桩号 0+100.00~0+300.00，在这个区域内多为特大暴雨，而在 0+400.00~0+600.00 区域内多为小雨至中雨，即坝身泄洪对下游影响不大。

（3）锦屏坝身泄洪未开展 4 表孔+5 深孔联合泄洪雾化的原观测试，选取 5 深孔全开泄洪工况进行对比分析验证，该工况浓雾区（雨强 10mm/h）纵向长度模型试验值为460m，原观值为550m，原观值/模型值约为 1.20，介于二滩工程雾化纵向预测参考值1.09~1.38 范围内，与锦屏一级雾化预测时采用值 1.18 较为接近；浓雾区高度范围模型试验值为160m，原观值为230m，原观值/模型值约为 1.44，介于二滩工程雾化高度预测参考值 1.34~1.54 之间，与锦屏一级雾化预测时采用值 1.47 基本吻合，说明锦屏一级泄洪雾化预测成果是基本合适的。当然，也可通过修正雨强与模型比尺的方式来完善雾化试验预测成果，一般雾化雨强比尺与几何比尺的关系为 $S_r = L_r^{1.53}$，锦屏一级坝身泄洪雾化雨强指数 1.53 可修正为 1.58～1.65，但仍需更多原观工程资料进行验证。

（4）泄洪雾化原型影响范围总体上大于模型值，但均未超过泄洪雾化预测影响范围和雾化区边坡防护范围。

第 6 章

泄洪洞布置及基本水力特征分析

6.1 泄洪洞布置研究

高拱坝工程大多布置于深山峡谷之中，为避免高边坡问题，岸边泄洪设施常采用岸边泄洪洞。岸边泄洪洞的最大优点是可以把水流导向距坝较远的地方，分区消能，不影响坝的安全；与厂房尾水的关系也比较容易处理；可避开地质条件差、抗冲能力低的区域，泄洪调度灵活。合理布置泄洪洞对工程安全和投资有重要影响。

6.1.1 泄洪洞基本条件及布置原则

1. 基本条件

锦屏一级泄洪洞布置在右岸普斯罗沟与道班沟间长约 1.5km 的顺直河段上，河段为典型的深切"V"形峡谷，相对高差 1500～1700m。枯期水面最小宽度仅 60m。右岸岸坡基岩裸露，为顺向坡，岩性为大理岩，地貌上呈陡缓相间的台阶状，陡坡段坡度 70°～90°，缓坡段约 40°。泄洪洞沿线地形完整，山体雄厚，洞身段埋深 140～280m，出口段埋深 40～50m。

与已建成的工程高流速泄洪洞布置及运行情况比较（表 2.3-5），锦屏一级泄洪洞运行水头处于领先地位，其中泄洪洞上下游水位差 240m，库水位至出口洞底最大高差 200m，处于世界已建工程之首；洞内最大计算流速约 52m/s，处于世界已建工程前列；具有"窄河谷、大泄量、特高水头、超高流速"的特点。

2. 布置原则

泄洪洞的基本组成部分有引水段（行进段）、进口段（进口部分，包括闸室）、泄槽段、出口段（与下游衔接段）。泄洪洞可按隧洞布置型式及水力学特点，分为全有压流隧洞、全无压流隧洞、有压流接无压流隧洞三种型式。结合锦屏一级地形地质条件和水力学指标，制定了以下泄洪洞布置原则。

（1）平面布置型式。坝区河道顺直，泄洪洞平面布置呈转弯状，采用有压接无压型式，将转弯段布置在有压洞内。

（2）隧洞出口轴线。坝区河谷狭窄，选择合理的隧洞出口轴线，减小出口主流与下游河道主流的夹角，以利水流归槽。

（3）无压龙落尾的隧洞布置型式。采用"龙落尾"的隧洞布置型式，控制无压上平段流速在 30m/s 以内，将高流速段控制在长度较短的龙落尾无压洞内；通过在高流速段（流速大于 30m/s）设置系统的掺气设施和补气通气措施，保证泄洪洞的运行安全。

（4）进口布置型式。坝区自然边坡高陡，为减少进口边坡开挖高度，采取与电站进水口连片开挖、联合布置型式，且需保证进口水流稳定顺畅。

（5）出口挑坎布置型式和体型。泄洪洞出口挑坎应选择挑射水流归槽条件好并能减少对本岸淘刷和对岸冲刷的布置型式和体型。

6.1.2 泄洪洞总体布置型式

右岸坝址区拱坝坝轴线上游有普斯罗沟，下游 1.5km 处有道班沟，右岸泄洪洞受引水发电系统布置及上、下游两条深沟制约，洞线布置应做到有效的扬长避短。首先，洞身段利用右岸地下厂房以上的巨厚层状岩体，可实现与地下厂房的立体交叉布置；其次，泄洪洞出口处的道班沟下游地质条件较差，故泄洪洞出口布置在道班沟上游沟口处。泄洪洞进口布置在普斯罗沟下游，高高程泄洪洞进水口紧临低高程电站进水口连续布置，充分利用了高差开挖空间布置塔基，较单独设置进水口节约开挖方量。多洞进口群前缘一致，可保证进口水流流态好；进口前缘走向平行于等高线布置，能保证洞脸边坡高度最低、开挖量最少。

泄洪洞无压洞段按隧洞在纵剖面上的布置型式有斜坡型、弯曲连接型、竖井型。斜坡型根据坡度的陡缓又可分为陡槽型、斜直线型；弯曲连接型根据弯曲段在隧洞中的位置可进一步划分，弯曲段位于泄洪洞前部、中部、尾部时分别称为龙抬头型、龙弯腰型、龙落尾型，各种泄洪洞布置型式如图 6.1-1 所示。

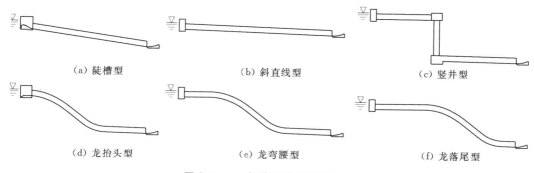

(a) 陡槽型   (b) 斜直线型   (c) 竖井型

(d) 龙抬头型   (e) 龙弯腰型   (f) 龙落尾型

图 6.1-1　各种泄洪洞布置型式

锦屏一级泄洪洞进出口底板高差约 150m，其间可采用弯曲段连接，因此对"龙抬头"和"龙落尾"泄洪洞的水力特性进行了研究，两种体型上平段、下平段及斜坡段的坡度相同，渥奇段方程及反弧半径等几何参数一致。

计算分析了两种布置型式沿程水面线变化、压力分布、流速分布及空化数变化规律，结果表明，无论是"龙落尾"还是"龙抬头"泄洪洞，渥奇段下游的水流空化数都比较小（图 6.1-2），均需要设置掺气设施以减免空蚀破坏。"龙抬头"泄洪洞水流空化数小于 0.3 的长度达 750m，"龙落尾"泄洪洞水流空化数小于 0.3 的长度为 350m，"龙抬头"泄洪洞水流空化数低的洞段更长，需要进行掺气保护的范围更大，如果发生空化空蚀破坏，则影响程度更大。

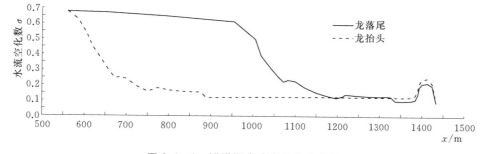

图 6.1-2　泄洪洞水流空化数分布图

综合上述分析，"龙落尾"泄洪洞具有一定的优越性，高位明流隧洞水流流速控制在小于25m/s，将75%的水头集中在25%的明流隧洞的"龙落尾"段，对高流速"龙落尾"段重点系统进行防空蚀保护，不仅节省工程投资，而且能保证泄洪洞安全运行。

"龙落尾"方案还比较了地面、地下"龙落尾"方案，地面"龙落尾"方案取消了下平段代之为明流泄槽，水力学界面简单，掺气条件好，但考虑到地质条件差，高边坡稳定问题突出，确定采用地下"龙落尾"方案。

基于压力流和明流的不同特点，泄洪洞采用了高位明流隧洞控制水流流速的"龙落尾"型整体布置方式。有压洞内最大流速20m/s，无压上平段水流流速小于30m/s，均不需设置掺气设施。"龙落尾"段流速高，将75%左右的总水头集中在龙落尾及下水平段，该段长度约占全洞长度的25%。有压接无压泄洪洞布置三维图如图6.1-3所示。

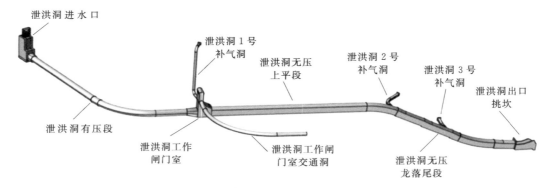

图 6.1-3　有压接无压泄洪洞布置三维图

进口为岸塔式结构，塔体尺寸为34.00m×25.00m×61.00m（长×宽×高），塔基高程1825.00m，进口底板顶高程1830.00m，塔顶高程1886.00m。进口设事故检修门和通气孔，孔口尺寸为12.00m×15.00m（宽×高）。进水塔沿水流方向长34.00m，后接有压隧洞。

有压洞由直段和平面弯段组成，洞长560.19m，纵坡约0.01。弯段转弯半径150.00m，圆心角62.5°，弯段后直洞长约100m，末端为圆变方压坡连接段，压坡连接段长度为25.00m，将14.50m高的圆形洞渐变至13.00m×10.50m（宽×高），后接弧形工作闸门室。

工作闸门室安装弧形工作闸门，孔口尺寸为13.00m×10.50m（宽×高），闸孔底板高程1825.00m，弧形工作闸门的支铰固定于闸门室后壁混凝土支撑梁上，支撑梁紧贴洞壁岩体。工作闸门控制室宽为13.00m，闸门室纵向长25.00m，底板为平坡接斜坡，闸室后接无压隧洞段。

无压隧洞段始于弧形工作闸门室后，由上平段、渥奇曲线段、斜坡连接段、反弧曲线段以及下平段等组成，无压洞断面尺寸为13.00m×17.00m（宽×高），断面形式为圆拱直墙形。

上平段：紧接弧形工作闸门之后至龙落尾起始处，洞长386.760m，底坡 $i=0.023$。

渥奇曲线段：曲线方程式为 $Z=(X^2/400)+0.023X$。

斜坡段：为渥奇曲线和反弧曲线之间的连接过渡段，斜坡与水平夹角为 24.36°。

反弧段：反弧段半径 $R=300.00\text{m}$。

下平段：紧接反弧段末端，水流流速约 52m/s。隧洞断面尺寸为 13.00m × 17.00m（宽×高），底坡 $i=0.08$，出口与挑流鼻坎相接。下平段长 58.334m。

泄洪洞出口采用"燕尾"挑坎，挑坎底板由直线和圆弧组合而成，左侧"燕尾"底板的反弧半径为 30m，挑角为 43.2°，挑坎末端的高程为 1691.00m，最大边墙外侧高度约为 14.50m；右侧"燕尾"底板的反弧半径为 60m，挑角为 41.3°，挑坎末端的高程为 1697.09m，最大边墙外侧高度约 23.0m。

1 号补气洞采用上、下平洞加竖井的型式，补气洞进口位于大坝右岸高程 1970.00m 竖井骨料平台，出口位于泄洪洞桩号 0+571.186 工作闸门室左侧壁高程 1850.50m，总长 191.79m。洞身断面采用直径为 5.2m 的圆形断面。

2 号补气洞结合地形、施工难度等因素，采用斜坡型，坡度为 13.378%，进口位于右岸猴子坡下游高程 1824.50m，出口位于泄洪洞渥奇曲线段（桩号 1+043.00）的左侧拱，断面由 6m×6m 的圆拱直墙洞形渐变至 9m×4m 的方形断面，2 号补气洞总长 60.552m。

3 号补气洞进口位于 2 号尾水洞出口边坡的右上部，出口位于泄洪洞龙落尾斜坡段（桩号 1+188.34）的左侧拱，断面由 6m×6m 的圆拱直墙洞形渐变至 9m×4m 的方形断面，3 号补气洞总长约 32m。

6.1.3　泄洪洞布置及体型设计的关键水力学问题

泄洪洞的高速水力学问题产生的根源是水头高、流速大，根据锦屏一级泄洪洞地形地质条件和特点，其关键水力学问题如下：

（1）进口水力学问题。泄洪洞进口前缘位于普斯罗沟下游沟壁，并紧邻电站进水口布置，由于受普斯罗沟地形条件的影响，进口水流不畅，给水流控制带来了较大的难度，因此需重点研究进口水力学问题。

（2）有压弯段水力特性。在各工况下不允许出现负压且压力弯道的体型参数应避免偏流现象对下游明流段流态的不利影响，因此需重点研究有压洞转弯段体型参数、有压段的压力特性，特别是压力弯道的偏流调整影响。

（3）龙落尾段水力特性及体型。"龙落尾"段包括渥奇曲线段、斜坡段、反弧段、下平段，在"龙落尾"段，由于体型在纵剖面上变化较快，导致各种水力参数迅速变化，渥奇曲线段的压力明显减小，变化明显。斜坡段水流速度沿程迅速增大，水流空化数随之减小，这些都极为不利，因此，该段的泄洪安全成为高流速泄洪洞的关键问题之一。

（4）明流段的洞顶余幅问题。必须考虑伴随着高速水流而产生的掺气影响，如果对掺气水深估计过大，则增加工程投资；如果对掺气水流估计不足，可能造成明满流交替或洞顶余幅气流不稳定，威胁隧洞的安全。因此，需要对高速明流段掺气特性进行深入研究，以此来确定隧洞边墙的高度和隧洞断面尺寸。

6.2 泄洪洞进口水力设计

6.2.1 进口基本条件及布置情况

泄洪洞进口前缘位于普斯罗沟下游沟壁，普斯罗沟沟谷最深达90m。普斯罗沟沟口地形为近直立的陡坡，陡坡段高160～190m，坡体基岩裸露。沟上游地形陡峻，陡壁发育，为典型的顺向坡。大理岩岩层产状N40°～60°E/NW∠30°～40°，层面裂隙、层间挤压错动带及绿片岩夹层较发育。

泄洪洞进口紧靠6号电站进水口右侧呈一字形布置，岸塔式进口群前缘宽度达200m，塔最高113m，如图6.2-1所示。塔基采用回填混凝土方式置于普斯罗沟沟口弱风化大理岩岩体上。为改善进水条件，上游沟壁岩体需开挖掉一部分形成引渠。通过1:50进口水力学模型试验，对引渠的底高程、起坡边界、平面布置进行了多方案比较研究，采用"前直线段＋后曲线段"设计，直线段长度30.0m，引渠边坡开挖坡比1:0.18，并不触及高高程陡岩，开挖坡高仅为140m，既满足进口水力学条件，又尽量减少了对边坡的开挖和扰动。

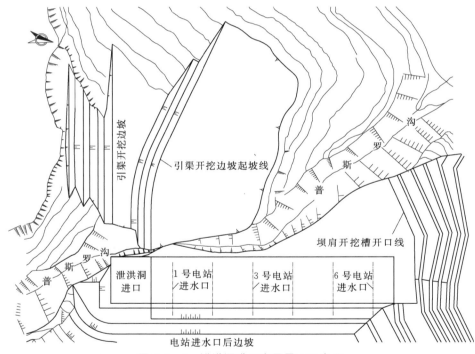

图6.2-1 泄洪洞进口布置平面示意图

通过多方案比较，采用水工模型试验、理论分析等方法研究了进口淹没水深、沟谷进水口水流流场和消涡措施。

6.2.2 进口淹没水深分析

有压接无压泄洪洞进口侧墙可采用流线型，顶板可采用简单椭圆形，在进口压力过低时，也可采用组合椭圆曲线、悬链线等。锦屏一级泄洪洞从进口到检修闸门前的整个流道，过水断面沿程逐步缩小，为顶、侧三面收缩喇叭口体型。顶曲线和侧曲线均采用椭圆曲线，顶曲线方程为$\frac{x^2}{15^2}+\frac{z^2}{5^2}=1$；侧曲线方程为$\frac{x^2}{12^2}+\frac{y^2}{3^2}=1$。

若有压隧洞进口上游淹没深度不足，一方面可能在库水面发生立轴旋涡，降低进水口的泄流能力；另一方面则有可能造成进口或隧洞负压的产生，进而引起空化空蚀，更进一步进口及有压洞段可能产生不利的明满流交替流态。因此需保证进水口前有最小的淹没深度。库水位至均匀洞身顶部的高差S，可按戈登公式［式（6.2-1）］和水头损失的能量法计算公式［式（6.2-2）］估算：

$$S=cvd^{\frac{1}{2}} \tag{6.2-1}$$

式中：c取值为$0.55\sim0.73$；v为闸孔断面平均流速，m/s；d为进口后的均匀洞身高度，m。

$$S=k(1+\xi)\frac{v^2}{2g} \tag{6.2-2}$$

式中：k为不小于1.5的安全系数，取值为2.0；ξ为进口喇叭段、拦污栅、闸门槽、渐变段的局部水头损失系数之和。

戈登公式中采用不同的系数反映进口边界条件的变化，能量法仅仅考虑了进口段水头损失。按泄洪洞全开时最低运行库水位1865.00m计算，所需淹没水深为20\~30m。结合1:30的泄洪洞单体常压模型试验对进口及有压洞段流态做了详细研究，压力洞内水流流态见表6.2-1。由表6.2-1可知，泄洪洞在库水位1830.00\~1882.60m范围内运行时，有压段存在3种水流流态，即明流状态、明满流交替状态和满流状态。库水位在1849.50m以下时，压力隧洞为明流状态；库水位在1849.50\~1851.50m时，有压洞段为明满流交替状态；库水位在1851.50m以上时，有压洞段为满流流态，与计算成果基本吻合。

表6.2-1　　　　　　　　　　压力洞内水流流态（弧门全开）

水位/m	流 态 特 征
1849.50以下	明流流态，进口水流平顺。自弯道以下外侧水面高于内侧水面
1850.10	进口段变为满流，检修门槽至压坡段为连通大气囊，形成有压明流；有压段出口呈满流流态，明满流交接面处有界面水跃现象
1850.50\~1851.50	进口段为满流流态，检修门槽后有压洞顶出现间断的大尺寸气囊，气囊随着水位升高而变小。有压段出口为满流，气团溢出出口时有喷溅现象，并伴随有响声
1851.50\~1854.02	进口段为满流流态，检修门槽后大气囊消失，形成分散的气泡串沿压力洞顶向下游流动，气泡主要从检修门槽的中部或两侧进入，随着库水位升高，顶部气泡逐渐稀少。有压段出口为满流，气泡串沿压坡段顶部平稳溢出
1855.00\~1874.50	整个有压段均为满流流态，有压段间断出现零散气泡，气泡尺寸较小，对水流稳定的影响不明显
1875.00\~1879.65	整个有压段均为满流流态
1880.00以上	整个有压段均为满流流态

长期情况下泄洪洞在正常蓄水位1880.00m左右运行，此时淹没水深为35m，仅在偶遇和短暂工况如放空、后期导流情况下降低库水位至1860.00～1865.00m运行。较低库水位考虑闸门局部开启运行，可以保证进口及有压洞段的正压力，保证足够的淹没水深。

6.2.3 进口消涡研究

深切河（沟）谷、陡峻顺层边坡的特点，给前缘宽度达200m级的多洞岸塔式进口群联合布置、进口水流控制带来了较大的难度。1:50进口模型试验研究成果表明：电站和泄洪洞进口水流侧向进水特性明显，但流速均不大，表层流速最大仅0.55m/s，来流稳定。但泄洪洞进口由于受普斯罗沟地形条件的影响，模型试验中泄洪洞运行时在库水面出现了不利旋涡。

泄洪洞进水口后接500余米的有压隧洞，洞内设置平面弯道调整水流方向。进水口前存在旋涡可能引起以下危害：进口旋涡卷吸漂浮物进入洞内，漂浮物撞击过流表面破坏衬砌结构；降低进流量；吸气旋涡吸入空气进入有压隧洞引起水流不稳定，导致压力波动；涡心压力降低可能诱发空化空蚀。因此，必须根据进水口布置及地形特点，寻求消除旋涡的有效措施。

一般情况下，通过修建专门的建筑物或安装专门的结构物来消除进水口旋涡是比较常用的方法。目前常见的处理方式是在进水口上方设置消涡梁或消涡板。消涡梁或消涡板一般布置在进水口上方，高程较高，当进水口水位变幅较大、进水口旋涡运动范围较大时，消涡梁或消涡板的结构就变得较为复杂，稳定设计及施工难度大，且只能保证在消涡梁或消涡板影响范围内起到消除旋涡的作用，而随着水位降低，当消涡梁或消涡板无法影响水流时，则起不到消涡的作用。

图6.2-2 泄洪洞进口透水消涡导墙

结合1:50进口水力学模型试验，锦屏一级泄洪洞进口研究了消涡梁、消涡导墙等多种措施，采用在临近普斯罗沟侧高程1827.00～1860.00m间设置透水消涡导墙（图6.2-2），消涡导墙为重力式结构，当水流流入泄洪洞进水口时，消涡导墙可以有效地改变进水口水流流场的分布，影响旋涡的形成、发展，起到破坏、消除旋涡的作用。消涡导墙内设置有贯穿墙体的透水孔，透水孔可保证消涡导墙迎水面和背水面的水位平衡，在施工时，由于消涡导墙墙体从地基面上开始施工，不像布置在进水口上方的消涡梁或消涡板那样属于高空作业，从而大大地降低了施工的难度。同时，由于消涡导墙是从地基面上开始设置的，所以在使用中，不管水位高低均能起到消除旋涡的作用，不会受到库水位高低的影响。进口设置消涡措施前后模型试验水流流态对比如图6.2-3所示，消涡效果良好。

针对锦屏一级水电站陡峻边坡、沟谷深切进水口的特点，设置的透水消涡导墙有效地消除了旋涡等不利流态，进口水流流态平稳，进流顺畅。2014年、2015年泄洪洞泄洪时，

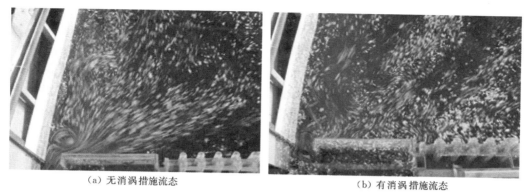

（a）无消涡措施流态　　　　　　　　　　（b）有消涡措施流态

图 6.2-3　进口设置消涡措施前后模型试验水流流态对比

原型观测在库水位 1880.00m 运行时未见水面旋涡，流态稳定，表明透水消涡导墙有效消除了旋涡。

6.3　有压段水力特性

有压洞水流流经压力弯道的离心力会引起弯道及其后有压段出口流速和压力分布的不对称，即所谓的偏流现象，进而影响泄流能力和恶化下游明流段的流态。采取水工模型试验与三维数值模拟相结合的方法，研究了泄洪洞不同弯道转弯半径和弯道转弯角度的水力特性，分析了弯道偏流对出口断面流速、压力分布及明流隧洞水流流态的影响。

6.3.1　弯段水力特性

压力弯道引起的水流偏离是一个逐渐发展的过程，在离心力的作用下，弯道外侧动水压力升高，内侧动水压力降低，形成横向压力梯度，同时在弯道起点和终点断面附近，沿轴向形成的压力梯度增大。在弯道终点下游，内外侧压强很快趋于一致。图 6.3-1 是转

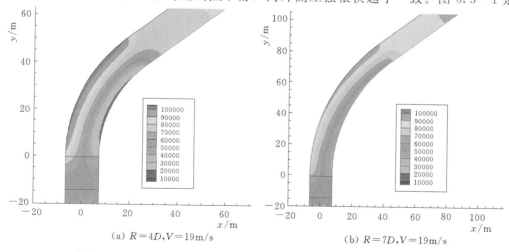

（a）$R=4D,V=19\text{m/s}$　　　　　　　　　　（b）$R=7D,V=19\text{m/s}$

图 6.3-1　不同转弯半径中轴线剖面上的压强分布云图（单位：Pa）

弯半径 $R=4D$ 和 $R=7D$（D 为有压洞直径）时计算的转弯段中轴线剖面上的压强分布云图，从图中可看到，当转弯半径为 $4D$ 时，转弯段内侧的压力较低，且低压区较大，内、外侧压力差较大，随着转弯半径的增大，转弯段内侧的压力不断增大（不同转弯半径时，进口处的压力值都相等），内外侧的压力差不断减小。计算结果中压力分布的变化很好地解释了流场计算结果中的转弯半径越大，流速在横断面上的分布越均匀，内外侧的速度差值越小这一现象。$R=7D$、$V=19\text{m/s}$ 时压强计算值和实测值的比较见表 6.3-1，从表中可看到，计算压力与试验值比较接近，表明计算结果可靠。

表 6.3-1　　　　　$R=7D$、$V=19\text{m/s}$ 时压强计算值和实测值的比较　　　　　单位：kPa

测点号	计算内外压强		实测内外压强	
	内侧	外侧	内侧	外侧
1	23.79	27.98	22.26	26.81
2	22.83	27.95	21.56	26.95
3	22.43	27.58	22.96	26.95
4	22.30	27.44	19.95	27.30
5	21.97	27.07	20.79	27.16
6	21.78	26.51	21.49	24.85

压力弯道横断面速度分布如图 6.3-2 所示，压力弯道断面中心的高流速水体向外侧流动，外侧低流速水体受挤压沿壁面向内侧流动，外侧流速增大，内侧流速减小，形成内外不对称的流动状态，弯道终点其主流偏于外半部的过流断面。弯道水流横向速度矢量如图 6.3-3 所示，在弯道段断面的横向流动逐渐增强。在弯道后设置一定长度的直压力隧洞对调整偏流的效果十分明显，直线调整段越长，出口断面水流越均匀。

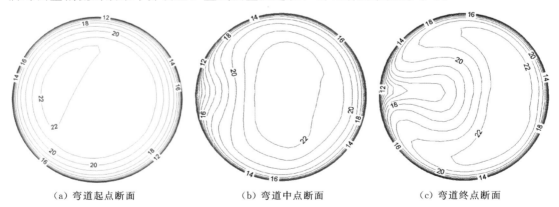

（a）弯道起点断面　　　　　　　（b）弯道中点断面　　　　　　　（c）弯道终点断面

图 6.3-2　压力弯道横断面速度分布图（单位：kPa）

6.3.2　转弯参数选择

压力弯道转弯参数包括弯道圆心角、转弯半径和调整段长度。采用数值计算方法分析了弯道圆心角为 62.5°，转弯半径分别为 50m、100m、150m、200m、250m、500m 和转弯半径为 150m，弯道圆心角分别为 15°、30°、45°、62.5°、75°、90°等不同弯道体型参数

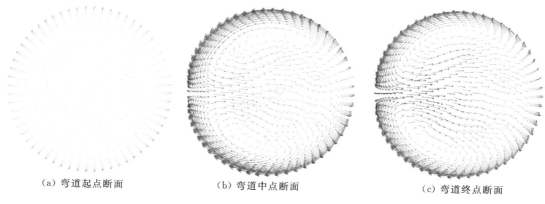

|（a）弯道起点断面|（b）弯道中点断面|（c）弯道终点断面|

图 6.3－3　弯道水流横向速度矢量图

对水流偏离程度的影响。利用偏流系数 $U_d = \dfrac{u_{\text{ave.outer}} - u_{\text{ave.inner}}}{u_{\text{ave}}}$ 定量描述弯道水流的偏流特性。其中 U_d 为偏流系数；u_{ave} 为断面平均流速；下标 inner 和 outer 分别表示内侧断面和外侧断面，所谓内外侧是指将横断面沿铅垂面分为左右对称的两个面，沿流动方向处于弯道外侧的面为外侧面，反之为内侧面。偏流系数为正表示水流偏向弯道外侧，反之亦然。

利用速度加权平均角度 $\theta_u = \dfrac{\int u_a \arctan(u_t/u_a)\,\mathrm{d}A}{\int u_a\,\mathrm{d}A}$ 表示各断面横向流动的强弱。其中 u_t 为微元断面的水平横向速度，u_a 为微元断面的轴向速度。速度加权平均角度为正时表示横向速度指向外侧，为负时表示横向速度指向内侧。

在弯道起点附近，由于离心力的作用，弯道内侧出现附加轴向顺压梯度，弯道外侧出现附加轴向逆压梯度，导致内侧流速增大，外侧流速减小，故偏流系数为负。弯道转弯半径越小，则弯道起点附近的偏流就越严重，这是因为半径越小，离心力越大，在弯道起点附近形成的附加轴向压力梯度也就越大。弯道圆心角为 62.5°，转弯半径分别为 50m、100m、150m、200m、250m、500m 时，最大负偏流系数值依次为 12.5%、6.2%、3.0%、2.5%、2.1% 和 0.8%，可见半径大于 150m 时弯道起点的负偏流作用已不明显。在离心力的作用下，高流速的水股向外侧流动，低流速水股被挤向内侧，导致压力弯道水流逐渐向外侧偏斜。这是弯道及其下游发生偏流现象的主要根源。在弯道终点附近，外侧的附加轴向顺压梯度和内侧的附加轴向逆压梯度使本已偏向外侧的偏流现象进一步加剧，在弯道终点下游大约 1 倍洞径的位置偏流最严重，偏流系数达到极值。不同弯道转弯半径的正向最大偏流系数接近 13.8%，相差不大，但弯道转弯半径小于 150m 时，偏流系数沿程的衰减会出现振荡现象，且弯道转弯半径越小，振荡越厉害，但振荡仅一个周期（图 6.3－4，S/D 为弯道终点下游直段的某一位置）。弯道转弯半径为 150m，圆心角为 15°～90° 时，弯道起点的最大负偏流系数为 -2.6%～-4.2%，终点的最大正偏流系数为 10.6%～14%。在转弯半径相同的条件下，圆心角越大，水流偏流越严重。

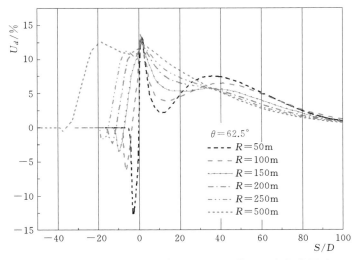

图 6.3-4 不同弯道转弯半径对偏流系数沿程变化的影响

数值计算成果显示，各种体型弯道末端的速度加权角度均为正值，说明在弯道末端主流有明显的向外侧的横向流动趋势。在弯道终点下游，速度加权角度迅速减小，并达到一个负的极值，半径越小，负向极值越大（图 6.3-5）。圆心角为 62.5°，转弯半径为 50m 时，在弯道终点后 2 倍洞径处速度加权角度为 -0.0034，说明横向流动出现明显反弹向内侧流动。在弯道下游 10~15 倍洞径以后，速度加权角度的变化渐趋平缓，说明横向流动逐渐减弱。

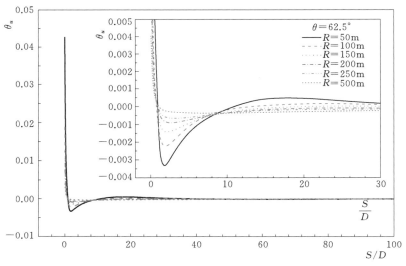

图 6.3-5 不同弯道转弯半径对速度加权角度的影响

从偏流系数和速度加权角度的变化规律不难发现，两者存在一定的对应关系。速度加权角度的正负交替变化，必然导致偏流系数的振荡，且正负交替的幅值越大，偏流系数的振荡越厉害，对下游流态的稳定性也就越不利。对于完全有压洞的布置型式，弯道转弯半径越小，弯道引起的下游偏流现象越严重，对下游流态的稳定性越不利。

　　有压隧洞出口设置渐变段和压板,这种断面几何形状的变化会引起压力和速度的重新调整,从而影响到弯道下游的偏流特性。弯道转弯半径为 150m,圆心角为 62.5°,弯道末端调整段长度不小于 3 倍洞径时,经渐变压坡出口调整后其出口的偏流系数小于7%(图 6.3-6)。与弯道接断面相同的压力隧洞相比,在弯道终点上游偏流系数的沿程分布特征和大小基本一致,自弯道终点开始,其下游的偏流系数分布就整体而言有明显降低,说明渐变段和出口压板对压力弯道下游的偏流现象有减缓作用。同时,在一定的范围内适当增加调整段的长度,不仅可降低明流段的偏流系数,还可减缓明流段水流横向流动的强度,有利于下游明流隧洞内水流流态的稳定。

　　图 6.3-7 显示了不同压力弯道转弯半径对下游偏流的影响,其中假设弯道上下游直线段的角度和压力洞出口的位置固定不变,则不同弯道半径对应不同的弯道下游直线调整段长度,弯道转弯半径大,则调整段长度短,反之亦然。从图 6.3-7 可以看出,水流发生偏流振荡现象最严重的位置紧邻弯道下游,最大偏流系数随转弯半径的减小而有所增大,偏流系数最大值后约 7 倍洞径的范围内,偏流系数急剧减小,其后小幅振荡,逐渐趋于稳定。偏流系数大于 5%基本局限于距弯道终点 8 倍洞径的范围内,当高流速的明流龙落尾段布置在这一范围内时,弯道引起的偏流现象必须引起足够的重视。另外,虽然较小的圆弧半径对应较长的直线调整段,但其偏流系数的振荡现象仍然较大半径时强,因此针对此具体布置,采用较大转弯半径的压力弯道对明流段流态的稳定性有利。锦屏一级水电站泄洪洞圆形压力隧洞直径为 14.5m,底坡为 0.00934,弯道中心圆弧半径为 150m,中心角为 62.5°。

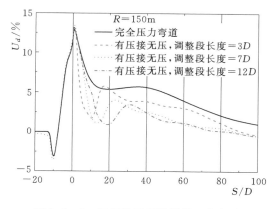

图 6.3-6　有压接无压泄洪洞压力弯道
下游偏流系数分布

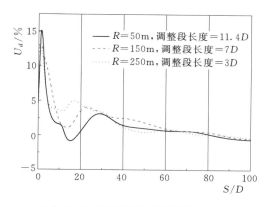

图 6.3-7　不同压力弯道转弯半径对
下游偏流的影响

　　弯道中心圆弧半径为 150m,中心角为 62.5°的条件下,压力弯道后接 5 倍洞径的直线调整段可以使压力隧洞出口两边动水压强达到基本对称,尽管主流流速仍然略偏于外侧,但不致影响明流隧洞水流的稳定性,也不会引起有害的流态。

　　模型试验也验证了这一有压洞段参数取值的合理性,与计算成果基本吻合。闸门全开工况下,有压洞满流时,平面弯道段由于水流离心力的作用,弯道外侧(右侧)动水压强升高,弯道内侧(左侧)动水压强降低。且同一部位的动水压强随着库水位的降低而减小。在转弯段前,左右侧压强接近相等,弯段开始右侧压强大于左侧压强,校核工况时最大压差为 42.24kPa，弯段向下游左右侧压差逐渐减小，到压力隧洞出口左右侧压强接近相等，平面有压弯道对压力隧洞出口的动水压力影响已不明显，弯段水流无明显不利情况出现。压力隧洞出口边墙压力分布如图 6.3-8 所示。

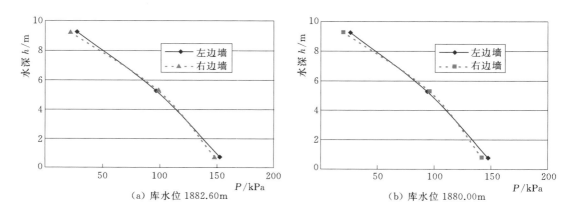

(a) 库水位 1882.60m　　　　　　　(b) 库水位 1880.00m

图 6.3-8　压力隧洞出口边墙压力分布图

6.4　龙落尾段基本体型及水力特性

锦屏一级泄洪洞龙落尾段包括上平段、渥奇曲线段、陡坡段、反弧段和下平段，水流在陡坡段和反弧段流速加速很快，由上平段末端近 30m/s 增加到反弧段末端约 50m/s，反弧段及下平段容易遭受空蚀破坏。因此，龙落尾段体型及水力特性是制约泄洪洞安全运行的关键因素之一。

6.4.1　渥奇段体型及水力特性

渥奇曲线通常是按自由抛射体运动轨迹设计的，上斜坡段下游的渥奇曲线可采用曲线方程 [式 (6.4-1)] 计算：

$$y = \frac{x^2}{4K\varphi^2 H_0 \cos\theta} + x\tan\theta \tag{6.4-1}$$

式中：K 为体型调整系数；φ 为流速系数；H_0 为渥奇段起始有效水头，m；θ 为上斜坡段与水平线夹角，(°)。

对于 K 值，应根据工程和水力指标选定，在实际工程中，K 的取值范围较大。一般说来，渥奇曲线越胖，对水流流态和压强梯度的影响就越小。泄洪洞"龙落尾"渥奇曲线要求在各种水头下工作时不出现负压（或真空），K 值应该大于 1。表 6.4-1 为国内外部分工程泄洪洞渥奇曲线及反弧连接段特征表。

锦屏一级泄洪洞无压洞段为圆拱直墙形，底宽 13m，直墙高 13m，洞顶高 17m。渥奇段起始处与上平段相接，上平段坡度 $i_1=0.023$，长度为 386.76m。基于此体型，设计了不同型式的渥奇段曲线并采用 Fluent 软件数值分析方法，计算中空间网格划分采用六面

表 6.4 - 1　　　　　　　国内外部分工程泄洪洞渥奇曲线及反弧连接段特征表

型式	工程名称	设计水头/m	渥奇曲线起始有效水头/m	渥奇曲线方程	体型调整系数 K	反弧半径/m	反弧末端流速/(m/s)
"龙抬头"式	黄尾	20.40	18.40	$y=\dfrac{x^2}{76}$	1.03	88.45	48.8
	麦加	61.00	54.90	$y=\dfrac{x^2}{244}$	1.11	73.2	53.3
	碧口	61.80	55.60	$y=\dfrac{x^2}{350}$	1.57	70.0	32.6
	刘家峡	60.00	54.00	$y=\dfrac{x^2}{300}$	1.39	99.65	45.0
	乌江渡	40.00	36.00	$y=\dfrac{x^2}{157}$	1.09	70.0	43.1
	二滩	37.00	33.48	$y=\dfrac{x^2}{150}$	1.12	100.0	45.0
"龙落尾"式	溪洛渡	65.55	43.00	$y=\dfrac{x^2}{400}+0.023x$	3.45	300.0	46.25
	锦屏一级	60.06	40.00	$y=\dfrac{x^2}{400}+0.023x$	3.13	300.0	51.55
	白鹤滩	74.62	52.00	$y=\dfrac{x^2}{320}+0.0220x$	2.50	320.0	47.2

体非均匀结构化网格，对在不同初始流速条件下的水力特性进行对比研究，以总结渥奇段体型的设计方法，并评价分析锦屏一级泄洪洞渥奇段体型的合理性。

7 种渥奇段体型如图 6.4 - 1 所示，曲线以渥奇段起点为坐标原点，水平向右为 x 轴正向，竖直向下为 y 轴正向。在设计各渥奇曲线段时，保持从上平段末端到渥奇段末端的高差一致，各渥奇曲线段都在 $H=0$ 处与陡坡段平顺连接。

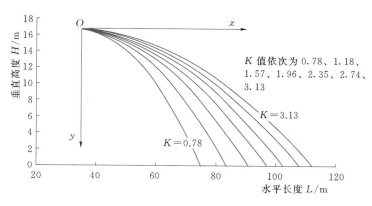

图 6.4 - 1　7 种渥奇段体型图

根据式（6.4 - 1）计算出不同体型调整系数下的渥奇段曲线方程，见表 6.4 - 2。不同方程式下的曲线形式反映了体型调整系数 K 与渥奇段体型的关系，即 K 值越大，渥奇曲线段越长，曲率越小，渥奇曲线越胖。

表 6.4 - 2   渥 奇 段 曲 线 方 程

体型调整系数 K	渥奇曲线方程	渥奇段垂直高度/m	渥奇段水平长度/m
3.13	$y = \dfrac{1}{400} x^2 + 0.023x$	16.61	72.48
2.74	$y = \dfrac{1}{350} x^2 + 0.023x$	16.61	68.27
2.35	$y = \dfrac{1}{300} x^2 + 0.023x$	16.61	63.67
1.96	$y = \dfrac{1}{250} x^2 + 0.023x$	16.61	58.59
1.57	$y = \dfrac{1}{200} x^2 + 0.023x$	16.61	52.86
1.18	$y = \dfrac{1}{150} x^2 + 0.023x$	16.61	46.22
0.78	$y = \dfrac{1}{100} x^2 + 0.023x$	16.61	38.15

为了对比各种体型的渥奇曲线段水力特性，采用自然坐标系，原点位于渥奇曲线段起点，沿渥奇曲线向下游方向为 S，曲线的法线方向为 n，如图 6.4 - 2 所示。S_0 为渥奇曲线的末端，S/S_0 即表示竖曲线段上的某一位置，当 S/S_0 的值为 0、0.5、1 时，分别代表渥奇段的起始处、中部、末端。计算区域包括泄洪洞渥奇段、上游上平段 35m 和下游陡坡段 33.5m。假设进流水深相同，流速分别设置为 10m/s、15m/s、20m/s、25m/s、30m/s 和 35m/s。

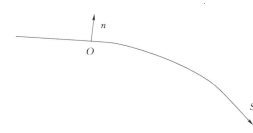

图 6.4 - 2   渥奇曲线段自然坐标系

1. 不同初始流速和不同渥奇曲线体型对底板压强的影响

通过计算分析，初始流速越大，曲线段始末两端的压强差越大。当初始流速较小时，曲线段始末两端的压强基本一致，没有较大的差异。对于某一体型，流速越大，渥奇曲线段起始部分附近的压强梯度也越大，而曲线段末端的压强梯度在不同初始流速下呈现出先减小后增大的趋势。纵向压力梯度对水流脉动有直接影响，压力梯度越大，水流的紊动动能越大，产生的脉动压力就越大。

2. 不同初始流速对渥奇曲线段底板最小压强的影响

根据不同体型调整系数、不同初始流速下渥奇曲线段底板纵向压强分布，整理出不同条件下的最低压强分布图，并据此拟合了不同初始流速下渥奇曲线段压强系数 C_p 与 K 的关系表达式，如图 6.4 - 3 所示。

如图 6.4 - 3 所示，曲线为不同初始流速不同渥奇曲线形式下压强系数 C_p 与 K 的关系，纵坐标采用无量纲量，总结不同初始流速下渥奇曲线段压强系数 C_p 与 K 的关系可得到如下表达公式：

$$C_p = P/(\rho v^2/2) = a \times \ln K + b \tag{6.4-2}$$

当 $C_p = 0$ 时，得出渥奇曲线体型临界安全系数 $K_0 = e^{-b/a}$，可由表 6.4 - 3 查得。$K > K_0$ 时就不会出现负压。

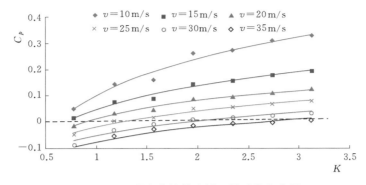

图 6.4 - 3　渥奇曲线段底板压强系数分布图

表 6.4 - 3　　　　　　　　　　　不同流速下的体型临界安全系数

项目	$v=10\text{m/s}$	$v=15\text{m/s}$	$v=20\text{m/s}$	$v=25\text{m/s}$	$v=30\text{m/s}$	$v=35\text{m/s}$
a	0.202	0.128	0.097	0.089	0.079	0.077
b	0.100	0.049	0.012	-0.019	-0.050	-0.074
K_0	0.610	0.682	0.884	1.238	1.883	2.614

3. 不同初始流速和不同渥奇曲线体型对流速的影响

渥奇段起始点之前的上平段体型完全相同，渥奇段起始断面的流速分布只与初始流速有关，与渥奇段体型无关。试验表明，初始流速较小时，沿水流垂线的上、中部流速分布较均匀，底部为水流边界层。初始流速较大时，沿水流垂线的上、中部流速分布呈现纺锤形分布，表面流速略小，中部偏下位置流速最大，底部为水流边界层。

水流沿渥奇段流动，随体型胖瘦（K 值大小）而表现出差异。流速分布形态极其相似，但流速随 K 值增大而单调地略有减小，沿流程（S/S_0）增加，K 值增大对流速的差异影响增大。因此，选用较大的 K 值可略为降低流速，提高水流空化数。

4. 不同初始流速和不同渥奇曲线体型对壁面切应力的影响

紊动引起的压力脉动强度与水流的时均切应力直接相关，在一定条件下，水流的紊动脉动会引起空化。

对于同一渥奇段体型，切应力随流量的增大而增大。不同体型在相同流量下，K 值越大，体型的切应力越小。当初始流速设置较小时，不同体型的切应力沿程分布规律相同、数值非常接近，随着初始流速的增大，切应力沿程分布曲线随 K 值增大，偏离值也增大。计算结果表明较大的初始流速应选用更大的 K 值，以减小底板上的切应力，降低水流中紊动强度，减轻空化。

5. 锦屏一级泄洪洞渥奇曲线段体型设计

锦屏一级泄洪洞渥奇曲线段进流初始流速接近 30m/s，根据数值分析方法对不同形式的渥奇段曲线、在不同初始流速条件下的水力特性进行对比分析研究，确定其渥奇曲线体型调整系数 $K=3.13$，渥奇曲线方程为 $y=x^2/400+0.023x$。

数值分析结果表明：当渥奇曲线段体型调整系数 $K=3.13$，初始流速为 30m/s 时，其底板中心最小压强约 30kPa，压强梯度相对平稳，切应力相对较小。模型试验测得渥奇曲线段底板中心最小压强为 20.8kPa。

6.4.2 斜坡段坡度研究

龙落尾斜坡段在不同坡度时水流空化数统计对比见表 6.4-4，从理论而言，泄洪洞的坡度越小，对应的水流空化数应该越大，即越不容易发生空化。从表中可以看出，龙落尾斜坡段在 28°、30°、35°三种不同坡度情况下的水流空化数规律还是较好的，在渥奇曲线段和直线段，水流空化数随着坡度的变缓而增大；但在反弧段，35°坡度时的水流空化数大于 28°和 30°坡度时的水流空化数，结合对应体型可以发现，35°坡度时的反弧半径为 100m，而 28°和 30°坡度的反弧半径均为 300m，反弧半径越小，反弧作用的离心力越大，水流空化数也会相对越大。

表 6.4-4 龙落尾斜坡段在不同坡度时水流空化数统计对比

编号	龙落尾斜坡角度及对应水流空化数			备注
	28°	30°	35°	
1	0.633	0.632	0.631	渥奇曲线段
2	0.485	0.434	0.394	
3	0.343	0.345	0.315	
4	0.275	0.247	0.227	
5	0.281	0.258	0.211	直线段
6	0.218	0.212	0.185	
7	0.220	0.211	0.167	
8	0.214	0.204	0.189	
9	0.210	0.209	0.237	反弧段
10	0.198	0.200	0.285	
11	0.191	0.195	0.305	
12	0.195	0.193	0.292	

水流空化数随着坡度的变缓而增大有两个方面的原因：①坡度越缓，高差相等时距离越长，能量损失越大，水流速度会略有所减小；②坡度越缓，重力在垂直于底板方向上的分量越大，相同水深时底板上的压力越大。从计算结果来看，当斜坡段的坡度陡于 30°时，水流空化数将小于 0.2，空化风险相对较大，而坡度缓于 30°时，基本能保证直线段的水流空化数大于 0.2。为了较好地确定斜坡段的坡度，对于不同坡度情况下的水流空化特性及可能的掺气坎设置进行了研究。具体坡度可根据斜坡段设置掺气坎对其长度的需要而定。锦屏一级结合掺气坎布置，其斜坡段坡度调整为 24.36°。

6.4.3 反弧段体型及水力特性

反弧段的水流流向不断变化，水流离心力的作用使压力、流速重新分布，流态复杂。实际工程运行经验表明，对于反弧段流速大于 35m/s 的高水头大流量泄洪洞，其高速水流引起的空化空蚀问题十分突出。如美国的胡佛泄洪洞、格兰峡泄洪洞、黄尾坝泄洪洞，我国的刘家峡泄洪洞等都因高速水流在反弧连接段附近产生过严重的空蚀破坏。因此，泄洪洞反弧段的水力特性及空化空蚀一直是工程界所普遍关注的关键问题之一。国内外部分工程泄洪洞渥奇曲线及反弧连接段特征见表6.4-1。

锦屏一级泄洪洞流速约52m/s，开展了反弧段高速水流三维数值模拟分析，以商用软件Fluent6.3为平台，结合k-ε模型和VOF方法，详细研究了反弧段水面线、流速，以及底板与边墙压力、空化数、剪应力等水力要素及其变化规律，分析了不同的反弧半径（100m、200m、300m、400m、500m）和圆心角（15°、23.4°、30°、37.5°和45°）对水力要素的影响。

1. 水面线及流态

由于边壁效应，靠边墙附近的水流流速相对较小，中间主流区流速大，因此，反弧段内两侧边墙附近的水流离心力小于断面中间的水流离心力，形成横向压力梯度，导致中间主流向两边排挤，引起水流压力的重新分布，伴生二次流动。边墙水面随之升高以适应压力的变化，在反弧段断面中间主流的水深沿程逐渐减小，而紧邻边墙的水面则沿程逐渐壅高，在反弧起点断面水面线基本平齐，在反弧中间断面边墙水面有壅高现象，在终点断面壅高现象更加明显。

在反弧段起点断面，横向流速非常小，水流横向流动效应基本可以忽略；在反弧中心断面，横向流速增大，出现二次流动现象，如图6.4-4所示；在反弧段末端，二次流更加明显。在两侧边墙附近，出现明显的对称涡流。这种由离心力作用伴生的二次流现象是反弧水流的一个特点，它不仅影响流场的流速分布和压力分布，而且在两侧边墙附近形成对称涡流，使反弧段水流的水力特性更加复杂。

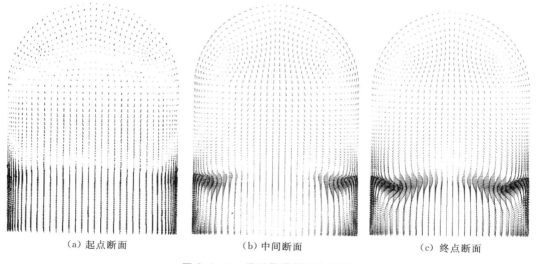

（a）起点断面　　　　　　　　（b）中间断面　　　　　　　　（c）终点断面

图6.4-4　反弧段横断面矢量图

2. 动水压力

由于离心力的作用，反弧段底板的动水压力明显增大，在反弧段起点形成逆压梯度，而在反弧终点附近形成顺压梯度，如图6.4-5所示，S/S_0为沿程相对位置，p_{cw}/p_0为沿程压力与起点压力的比值。反弧段内的最大动水压力及压力梯度都随反弧半径减小而增大，且在流速 50m/s 量级的条件下，反弧半径小于 300m 时，最大动水压力和压力梯度均随半径减小而迅速增大，反弧半径大于 300m 时，其变化比较缓慢。反弧圆心角对反弧内最大动水压强影响较弱，但圆心角越大，反弧末端的顺压梯度越大。

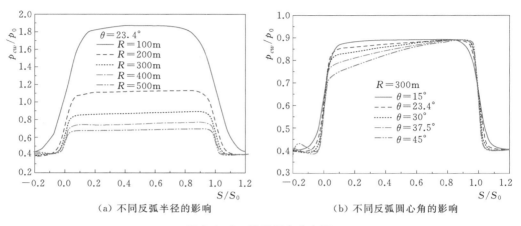

（a）不同反弧半径的影响　　　　（b）不同反弧圆心角的影响

图 6.4-5　沿程压力分布图

3. 剪应力

不同体型的底板剪应力均沿反弧段逐渐增大，并在反弧末端附近达到最大（图 6.4-6）。受压力梯度的影响，剪应力在反弧首末端有局部突变现象，说明沿流向的压力梯度促使边界层内流速进行调整。反弧末端的剪应力极大值随反弧半径增大而减小，且反弧半径小于 300m 时这种变化明显，反弧半径大于 300m 后，这种变化微弱；反弧末端底部壁面剪应力随反弧圆心角的增大而增大，但影响并不显著。因此，采用大半径和小圆心角的反弧体型可以改善剪应力分布。反弧末端及下游各断面边墙的剪壁面应力分布与底板剪应力的变化趋势有明显区别，在水深的中间位置，边墙剪应力最大，靠近水面和底板的地方剪应力逐渐减小（图 6.4-7）。反弧末端边墙中部的最大剪应力不仅大于底板剪应力，而且在反弧后一定的范围内沿程继续增大。与底板相比，反弧末端边墙中部及其下游附近位置

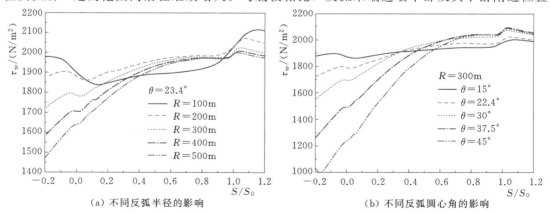

（a）不同反弧半径的影响　　　　（b）不同反弧圆心角的影响

图 6.4-6　沿程壁面剪应力分布图

的压强较小，水流空化数小，剪应力更大，在边界扰动时容易引发空化水流，为可能发生空化空蚀的高危险区域。

4. 锦屏一级反弧段参数

反弧段水流主要受重力和离心力的双重作用。在重力作用下，主流流速沿程增大；在离心力作用下，反弧段压力明显升高，引起反弧起点和终点附近压力剧烈变化，压力梯度大。主流流速的变化和沿流向的压力梯度共同影响边界层内的速度分布，增大壁面剪应力，从而恶化了水流的空化特性。在反弧段末端上游作用水头一定的条件下，增大反弧半径和减小反弧连

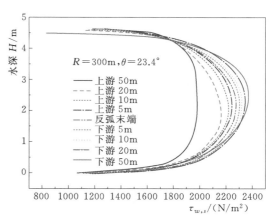

图 6.4-7　反弧段末端上下游边墙剪应力分布

接段的圆心角，不仅可以降低反弧段首末端的压力梯度，还可减小反弧末端的壁面剪应力，改善压力分布和剪应力分布特性，且增大反弧半径的作用比减小圆心角的作用更加明显。因此，在地形地质条件允许的条件下，泄洪洞反弧连接段应尽可能选择大半径和小圆心角，且对于流速达 50m/s 量级的反弧连接段其反弧半径选择 300m 比较经济合理。锦屏一级反弧段最终确定反弧半径为 300m，反弧圆心角为 19.786°，其模型试验反弧段压力梯度变化相对平缓，压力分布在 83～149kPa。

6.4.4　锦屏一级龙落尾体型试验验证

锦屏一级龙落尾段渥奇曲线方程式为 $z = x^2/400 + 0.023x$，结合四道掺气坎布置，斜坡段坡度为 24.36°，反弧段半径 $R = 300.00$m。模型试验表明，龙落尾段水流流态稳定，掺气空腔稳定；渥奇曲线底板压强梯度相对平稳，数值计算最小压强约 30kPa，模型试验最小压强为 20.8kPa；反弧段压力分布在 83～149kPa，压力梯度变化也相对平缓。

模型试验对 4 道坎前的断面流速进行了测量，以四道掺气设施掺气挑坎的起始位置作为典型断面，4 个典型断面的桩号分别为 1＋053.45、1＋126.00、1＋205.96 和 1＋329.09。每个断面沿横向布置了左、中、右 3 条流速测量基准线，其中左、右两条流速测量基准线分别距离左边墙和右边墙 0.6m。沿水深方向的测点布置为最低点距底板 0.45m，此后每升高 1.5m 布置一测点，在水面附近则根据水深做适当调整。每个断面的测点数随水深变化而不同，最多的有 18 个测点，最少的有 9 个测点。

正常蓄水位 1880.00m、闸门全开泄流条件下 4 个典型断面的流速分布如图 6.4-8 所示。可见左、中、右 3 条测量基准线上的流速分布相差不大，说明横向流速分布比较均匀，而沿水深方向变化明显，底部流速较小。闸门全开、正常蓄水位 1880.00m 泄流时，1 号坎前断面中心线上实测底流速为 23.90m/s，最大流速为 32.47m/s；2 号坎前断面中心线上实测底流速为 26.63m/s，最大流速为 41.28m/s；3 号坎前断面中心线上实测底流速为 34.15m/s，最大流速为 46.23m/s；4 号坎前断面中心线上实测底流速为 36.58m/s，

最大流速为 49.58m/s。可以看出，4 个断面的底部流速和最大流速沿程增大。

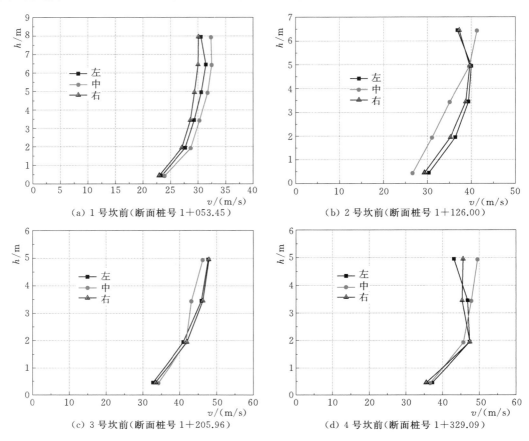

图 6.4-8　正常蓄水位 1880.00m、闸门全开泄流条件下 4 个典型断面的流速分布图

6.5　流速 50m/s 量级泄洪洞洞顶余幅研究

　　为合理地拟定无压流洞身断面尺寸，在泄洪洞水力学计算中，必须考虑伴随着高速水流而产生的掺气影响，根据掺气水流水深（以下简称"掺气水深"）确定隧洞边墙的高度和隧洞断面尺寸。在无压泄洪隧洞中，如果掺气水深估计过大，则会增加工程投资，造成不必要的浪费；如果对掺气水深估计不足，洞顶余幅留得过少，则可能造成明满流交替或洞顶余幅气流不稳定，威胁隧洞的安全。另外超高流速会导致掺气水深大幅增加。因此，如何合理地确定无压洞中高速水流的掺气水深，是一个值得深入研究的课题。

　　对掺气水流最早进行室内试验研究的是奥地利的依伦伯格（R. Ehrenbouger），最早进行原型观测的是美国的霍尔（Hall）。以后不少国家的学者通过室内外的试验研究与观测，对水流掺气的发生条件、掺气水流水深、平均掺气浓度等提出了许多不同的计算公式。我国水力学专家于 20 世纪 50 年代后期开始对掺气水流进行试验研究与观测，也取得了不少成果。

6.5.1　表面自掺气机理

由于掺气过程不同，水气二相流可分为自掺气和强迫掺气两种。当流经泄水建筑物水流的流速大到一定程度时，大量空气自水面掺入水流中，以气泡形式被水流带走，形成乳白色水气两相流，这种掺气过程称为自掺气。当高速水流受到某种干扰时，如固体边界发生突变（如掺气坎）或射流冲击水体，由于射流扩散掺气或射流冲击水体形成回流旋涡卷入空气，这种过程称为强迫掺气。强迫掺气的主要特点是仅在一定范围内掺气，在水舌碰撞点后，掺气浓度即很快衰减，在离开掺气区一定距离后，空气会很快逸出。

1. 掺气机理的传统认识

（1）跃移水点回落掺气。当固壁边界形成的水流内部紊动边界发展至水面，使紊动暴露在空气中时，随着紊动的继续发展，水流自由面局部水体克服重力和表面张力的作用，以水点的形式离开自由面，跃移至空气中，当水点重新回落到水体中时，卷入空气以气泡的形式随水流一同运动，形成自掺气水-气二相流，掺气过程概化如图 6.5-1 所示。

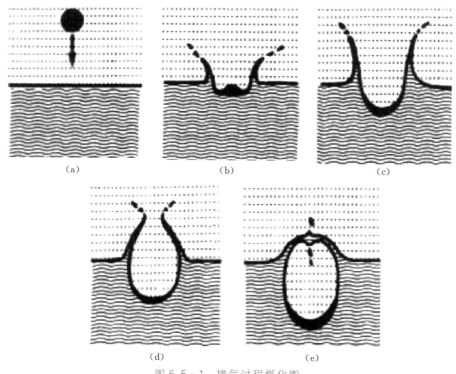

图 6.5-1　掺气过程概化图

（2）紊动与水面相互作用导致掺气。当明渠水流全断面发展为紊流状态后，即水流紊流边界层与自由水面相交以后，水流内部分布着不同尺度的紊动涡体，水面附近涡体运动产生的脉动压强和自由面相互作用，导致自由面形成大小不一、上凸下凹的形态。当水流自由面附近某一涡体的运动导致一个垂直于自由面的脉动速度，从而导致水面向下凹陷或向上凸起，形成"弹坑"状，在此运动过程中涡体紊动需要克服水体中产生压力、水面产生表面张力的作用。当这一脉动强度达到一定程度时，受到脉动压力、横向切应力、惯性作用或表面张力的影响，水面"弹坑"在某一位置可能会闭合而包裹住坑内空气，形成气泡掺入水流中。掺气水流自由面与附近涡体概化如图 6.5-2 所示。

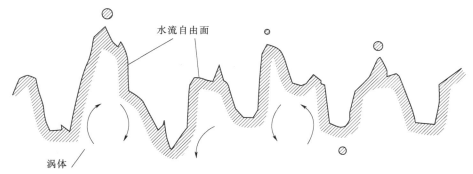

图 6.5-2　掺气水流自由面与附近涡体概化图

2. 紊动卷吸掺气

以上两种自掺气机理的共同点均认为掺气是由于自由面的紊动引起的，即当水流紊动发展至自由面时，自由面在紊动作用下发生跃移水点回落或凹陷闭合形成掺气水流。根据这一认识，许多学者对自掺气发生点进行了研究，并认为自掺气发生点位置与渠道的坡度、糙率和水流流动特性有相关关系，并建立了不同的自掺气发生点位置经验公式，还采用高速摄影技术捕捉到了局部自由面失稳情况时，在紊动作用下闭合并卷入空气形成气泡的过程，明渠水流自由面气泡卷吸过程如图 6.5-3 所示。

自由面紊动变形与卷吸气泡过程概化如图 6.5-4 所示，图中 L_σ、L_c、L_o、y_σ、y_c、y_o 为各种状态下二维方向变形，d_{ab} 为卷吸掺气过程中最终形成的气泡直径。某一时刻涡体具有向下的脉动速度（v'），涡体克服表面张力作用使局部自由面向下变形，自由面在此过程中受到涡体作用力，由于凹陷自由面水体重力与浮力相等，即向下凹陷变形过程就是涡体所具有的竖向脉动动能 E_c 克服表面张力（表面自由能 E_σ）做功的过程。在某一临界条件下，表面张力不足以平衡脉动动能，自由面就会发生扭曲，出现失稳的状态。这个过程中由于水流横向脉动速度（v'_1，v'_2）的存在，处于凹陷的自由面在横向脉动速度的作用下有可能会发生闭合，即形成气泡进入水体中一同运动。

影响水流自由面变形的水流条件包括平均流速和水深，假设在水流自由面紊动变形过程中，表面张力始终可以平衡涡体竖向紊动作用，则会存在一个理论上的平衡位置，即涡体竖向紊动动能完全转化为表面自由能，此时水流自由面变形到达最大状态，因此，理论最大变形条件下，水流自由面底部端点位置满足力学平衡条件公式：

$$\rho v_\tau^2 = \frac{2\sigma}{r_m} + y_m \rho g \tag{6.5-1}$$

式中：ρ 为水流密度；σ 为水流表面张力系数；y_m 为水流自由面凹陷理论最大深度；r_m 为凹陷顶点理论曲率半径；g 为重力加速度；v_τ 为摩阻流速，其与水流平均流速 V 满足对数分布规律。

$$V = \frac{v_\tau}{\kappa} \ln \frac{H v_\tau}{\nu} \tag{6.5-2}$$

式中：ν 为动力黏性系数；κ 为普朗克常数，此处取 0.41；H 为水流平均水深。

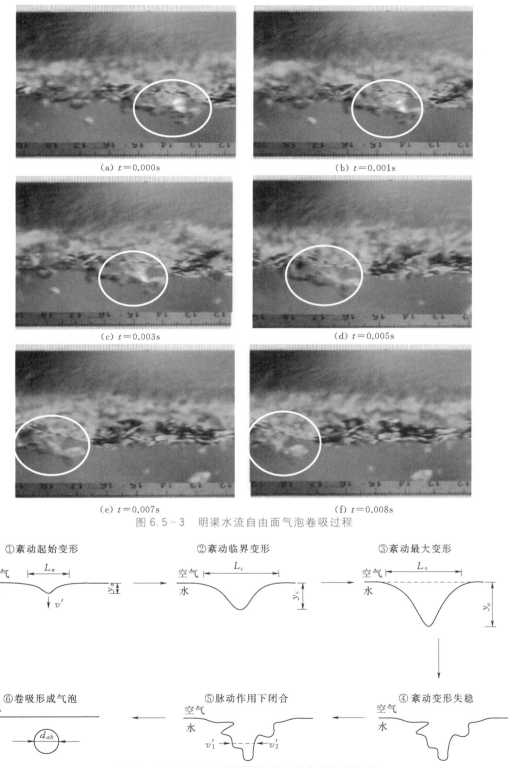

(a) $t=0.000\mathrm{s}$ (b) $t=0.001\mathrm{s}$

(c) $t=0.003\mathrm{s}$ (d) $t=0.005\mathrm{s}$

(e) $t=0.007\mathrm{s}$ (f) $t=0.008\mathrm{s}$

图 6.5-3 明渠水流自由面气泡卷吸过程

①紊动起始变形   ②紊动临界变形   ③紊动最大变形

⑥卷吸形成气泡   ⑤脉动作用下闭合   ④紊动变形失稳

图 6.5-4 自由面紊动变形与卷吸气泡过程概化图

前人对明渠水流自由面紊动变形的理论和试验研究表明，y_m 满足经验条件公式：

$$y_m \approx \frac{K}{g} \qquad (6.5-3)$$

式中：K 为自由面附近水流平均动能，取 $0.5v'^2$，v' 为自由面脉动流速均方根；g 为重力加速度。

因此，综合以上关系，可以得到涡体紊动作用下水流自由面紊动理论变形曲率半径公式：

$$r_m = \frac{4\sigma}{\rho v'^2} \qquad (6.5-4)$$

式中：r_m 为凹陷顶点理论曲率半径，对于凹陷水面形态，其曲率半径与二维方向上的形态关系为 $r = L^2/(8y)$，L 和 y 为紊动作用下自由面克服表面张力产生的二维方向变形；σ 为水流表面张力系数；ρ 为水流密度。

图 6.5-5 为不同水流平均流速和水深条件下自由面卷吸气泡临界变形曲率半径（r_c）与理论变形曲率半径（r_m）的变化规律。

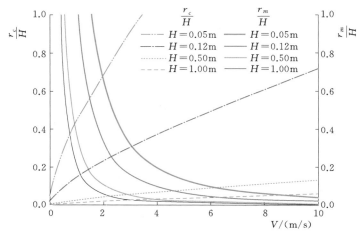

图 6.5-5 自由面卷吸气泡临界变形曲率半径（r_c）与理论变形曲率半径（r_m）的变化规律

从图 6.5-5 中可以得出以下关系：

（1）随着水流平均流速 V 和水深 H 的增大，自由面紊动作用下理论变形曲率半径 r_m/H 逐渐减小，单个自由面凹陷变形所具有的表面自由能逐渐降低，高流速和大水深条件下更有利于自由面发生较大程度的变形。

（2）当平均水深 H 一定时，随着水流平均流速 V 的增大，掺气临界自由面凹陷变形曲率半径 r_c/H 逐渐增大，对应临界掺气自由面变形程度逐渐减弱，说明自由面变形程度较低的情况下，在脉动作用下自由面就会达到失稳状态，进而发生自由面闭合卷吸气泡进入水体，掺气更容易发生。当水流平均流速一定时，随着水深的增大，掺气临界自由面凹陷变形程度逐渐增强，说明在水深较大的条件下，对于卷吸掺气时水流自由面变形程度要求更高，掺气更难发生。

（3）通过比较图中两条曲线可以看出，当水流平均流速较低时（$V < 2.5\text{m/s}$），r_m 曲线处于 r_c 曲线上方，即 $r_m > r_c$，说明水流自由面理论最大变形程度小于掺气临界变形条件，自由面不会发生卷吸掺气；当水流平均流速较大时（$V > 3.5\text{m/s}$），水流自由面理论最大变形程度大于掺气临界变形条件，自由面会发生卷吸掺气。

6.5.2　掺气水流的结构

1. 垂向结构

Ehrenberger 首先对自掺气水流的物理结构进行了描述，认为典型的自掺气水流可分为四层：上部为水点跃移层，跃出水面的水点是随机的，符合 Gauss 正态分布；中部为水气混合层，位于上、下两区之间，并没有明显的分层；下部为气泡悬移层，气泡在水中的运动规律符合物质扩散定律；最底部可能存在清水层，如图 6.5 - 6 所示。

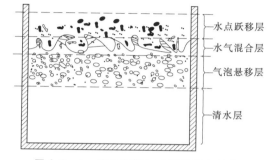

图 6.5 - 6　明渠自掺气水流的垂向结构

Killen 借助高速摄影对明渠自掺气水流进行了观测，不同流速时水面的形状如图 6.5 - 7 所示，发现自掺气水流自由面是变形强烈、具有不规则起伏的连续水面，水面上部存在着极少的运动水滴。

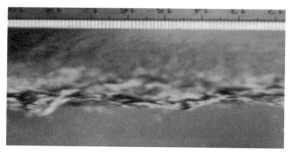

（a）平均流速 2～3m/s 时

（b）平均流速 3～4m/s 时

图 6.5 - 7　不同流速时水面的形状

根据以上高速水流拍摄图片，不同发展阶段水流的结构及形状如图 6.5 - 8 所示。水流运动所携带的空气应该由两部分组成：一部分是从水面进入水体内部后以气泡形式随水

（a）掺气发展区

（b）强烈掺气区

图 6.5 - 8　不同发展阶段水流的结构及形状

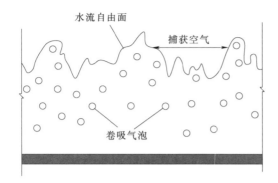

图 6.5－9 掺入水流中的空气和水面
波浪间捕获的空气

流输移的空气；另一部分是被凹凸不平的粗
糙水面所捕获携带的空气。这两部分之和就
是总的空气输运量，也是前人所测量的总掺
气量（图 6.5－9）。很明显，总的空气输运
量决定了掺气水流水深增加的程度，在设计
明渠或泄洪洞的边墙高度时是应该考虑的。

2. 纵向结构

自掺气水流在纵剖方向上有三个明显的
区域：无气区、掺气发展区和掺气充分发展
区，明渠自掺气典型纵向结构如图 6.5－10
所示。

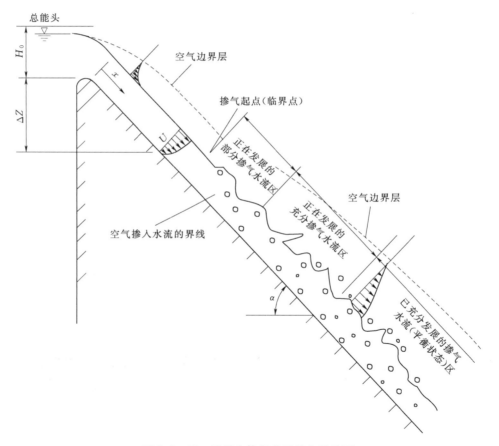

图 6.5－10 明渠自掺气典型纵向结构图

自掺气发生点以前为无气清水区，当水流表面紊动强度达到掺气条件时，自掺气发生
点以后明渠水流形成水-气二相流，空气以气泡的形式进入水体中，在紊动作用下克服浮
力作用不断向水体内部扩散，沿程掺气区域逐渐增大，这一部分断面有清水区存在，气泡
未扩散至明渠底部，因此为正在发展的部分掺气水流区，随着气泡扩散至明渠底部壁面，

清水区消失，形成全断面水-气二相流，但是由于气泡在紊动与浮力的作用下未达到平衡，沿程的掺气程度还在逐渐增强，因此为正在发展的充分掺气水流区，此后，随着水气两相流的相互作用进一步发展至趋于平衡的状态，沿程掺气程度逐渐趋于稳定，表现为宏观掺气量与细观气泡尺寸个数沿程基本保持不变，这一区域认为自掺气水流达到掺气充分发展区。

3. 自掺气水深

当原型工程中水流流速达到 30～50m/s 量级时，水流韦伯数较大，形成微小气泡的能力比较强，水流的挟气能力大大增强，由于原型水流韦伯数高，形成微小气泡数量较多，气泡上浮慢，原型工程中水流掺气浓度显著增加，使得掺气水深也相应增大。

由于水流紊动随流速的增大而增强，自由面附近水体波动增强，这种宏观上的变化会对掺气水流细观气泡尺寸和频率分布产生影响，其分布规律会随着自由面的振荡发生一定的改变。

通过对自掺气水流掺气区域内影响因素的分析认为，流速是影响掺气水流水深的主要因素，随着水流流速的增大，一方面自由面紊动增强，卷吸空气进入水体的能力增强，使掺气量显著增加；另一方面，水流脉动流速随水体紊动的增强而增大，可以促进水体中气泡的紊动扩散，使其在水体中分布更为均匀；同时由于水流紊动的增加，气泡尺寸更小，能有利于水流携带气体，气体溢出水流的量也大大降低。综合以上，自掺气水流的掺气水深也随流速的增大而显著增加。另外，水面以上空气的流场也会对水点跃移层的水力特性产生很大的影响。

6.5.3　掺气水深计算分析

过去常用的明渠自掺气水流的特征水深有三个：掺气水深 h_m、当量清水水深（以下简称"清水水深"）h 和交界面水深 h_T。掺气水深常指掺气浓度（体积浓度）$C=99\%$ 处到槽底的距离；当量清水水深在水力学中也称为不掺气水流的水深，是指把掺入水中的空气去除以后的清水水深，也就是以掺气水流平均速度通过相同水流流量时不掺气水流的水深；交界面水深指的是"水点跃移层"和"气泡悬浮层"分界面对应的水深。当明渠断面为矩形时，当量清水水深计算公式可表示为

$$h = h_m (1 - \overline{C}) \tag{6.5-5}$$

式中：$\overline{C}$ 为平均掺气浓度。

根据交界面水深可以定义气泡悬浮层的平均掺气浓度 $\overline{C}_T$ 的计算公式为

$$\overline{C}_T = \frac{1}{h_T} \int_0^{h_T} C \mathrm{d}y \tag{6.5-6}$$

本书收集了国内外关于自掺气水深的多个常用计算公式，并对其合理性进行分析。以下选取了几个相对合理的计算公式进行试算评价。对于设有掺气设施的泄洪建筑物，进行掺气水深计算时，需另外加上相应的强迫掺气量（即由掺气设施掺入水中的部分）。强迫掺气量宜通过水工模型试验获取，前期设计中可按水流流量的 5%～10% 考虑（流速高时取大值）。

1. 霍尔（Hall）公式

霍尔（Hall）假定糙率 n 在给定的渠道中为常数，水中所含空气泡从水流表面直到水底具有相同的密度，根据陡槽自掺气的原型观测试验，分析得出掺气水流水深的计算公式为

$$h_m = h\left(1 + \frac{KV^2}{gR}\right) \qquad (6.5-7)$$

式中：h_m 为掺气水深；h 为不掺气水流的水深；V 为不掺气水流的断面平均流速；R 为不掺气水流的水力半径；K 为常数，对于混凝土陡槽，K 值可取 0.005。

算例：泄洪洞的单宽流量 $q=200\mathrm{m^3/(s \cdot m)}$、$300\mathrm{m^3/(s \cdot m)}$，不掺气水流的断面平均流速 $V=20\sim50\mathrm{m/s}$，霍尔公式计算结果见表 6.5-1。

表 6.5-1 霍尔公式计算结果

水力参数	$q=200\mathrm{m^3/(s \cdot m)}$				$q=300\mathrm{m^3/(s \cdot m)}$			
$V/(\mathrm{m/s})$	20	30	40	50	20	30	40	50
h/m	10	6.7	5	4	15	10	7.5	6.0
R/m	4.29	3.53	3	2.61	5	4.29	5.45	1.26
h_m/h	1.06	1.16	1.33	1.59	1.05	1.13	1.26	1.46

从计算结果可看出，从低流速到高流速掺气水深的增加幅度相对合理。

2. 王俊勇公式

王俊勇于 1981 年整理分析了国内外 14 个工程原型观测的掺气水深资料，原型观测的工程参数范围如下：单宽流量 q 为 $0.46\sim108.5\mathrm{m^3/(s \cdot m)}$，$V^2/(gR)$ 为 $9.4\sim253$，坡度 $\tan\theta$ 为 $0\sim0.927$（θ 为槽底与水平线的夹角），槽宽 B 为 $0.94\sim30\mathrm{m}$，水力半径为 $0.05\sim3.54\mathrm{m}$，流速范围为 $5.5\sim28.7\mathrm{m/s}$，糙率 n 为 $0.0091\sim0.017$。其中含三门峡工程 1 号隧洞和冯家山水库溢洪洞的原型观测资料。认为弗劳德数 Fr、糙率 n 和渠槽宽度与水深之比 b/h 是影响掺气水深的主要因素，拟合得到掺气水深的计算公式为

$$h_m = \frac{h}{0.937\left(Fr^2\,\dfrac{n\sqrt{g}}{R^{1/6}}\dfrac{b}{h}\right)^{-0.088}} \qquad (6.5-8)$$

式中：h 为不掺气水流的水深；Fr 为不掺气水流的弗劳德数，$Fr=V/\sqrt{gR}$，V 为不掺气水流的断面平均流速；n 为糙率；g 为重力加速度；R 为不掺气水流的水力半径；b 为渠道宽度。

需要强调的是此公式适用条件为 $\tan\theta=0\sim0.927$，$V^2/(gR)=9.4\sim283$。因为拟合此公式采用的原观工程流速均在 30m/s 以内，因此对于小于 30m/s 流速的掺气水深计算较为合理，但在一定范围内，掺气水深计算值明显偏小。

以某泄洪洞为算例，下平段流速达 50m/s，宽深比为 $3\sim4$ 倍，弗劳德数为 $6\sim6.5$，计算得 $h_m/h=1.247\sim1.299$，流速高达 50m/s，掺气水深仅增加 $25\%\sim30\%$，因此高流速时计算结果相比霍尔公式计算结果偏小。

3. 吴持恭公式

吴持恭认为紊流边界层发展到水面是水流掺气的必要条件，其充分条件为水流紊动应

达到足够强度，能使水面附近的涡体跃出水面，并以涡体模式进行理论分析，推导出了明槽自掺气水流的水深、掺气条件的理论公式：

$$h_m = h + \frac{1}{2\cos\theta}\left[BRJ - A\left(\frac{J}{R}\right)^{\frac{1}{4}}\right] \tag{6.5-9}$$

式中：h_m 为掺气水深；θ 为明渠底板的坡度；h、R、J 分别为不掺气水流的水深、水力半径和能坡；A、B 为待定系数，与能坡 J 有关，均匀流时 $J = i = \sin\theta$，非均匀流时 $J = \left(\frac{nV}{R^{\frac{2}{3}}}\right)^2$，$n$ 为糙率，i 为底坡，V 为不掺气水流的断面平均流速。

根据 Straub 和 Anderson 的试验资料，拟合了系数 A、B 与能坡 J 的关系式：

$$A = (3.1 + 4.26J - 4.78J^2) \times 10^{-3} \tag{6.5-10}$$

$$\begin{cases} B = -2.269 + 21.369J - 17.942J^2 & J \geqslant 0.5 \\ B = 7.23 \times 10^{-0.52J} & J < 0.5 \end{cases} \tag{6.5-11}$$

算例：某泄洪洞平坡段 $\sin\theta = 0.02 \sim 0.03$，单宽流量 $q = 200\text{m}^3/(\text{s} \cdot \text{m})$、$300\text{m}^3/(\text{s} \cdot \text{m})$，洞宽 $b = 14\text{m}$，吴持恭公式计算结果见表 6.5-2：

表 6.5-2   吴持恭公式计算结果

水力参数	$q = 200\text{m}^3/(\text{s} \cdot \text{m})$				$q = 300\text{m}^3/(\text{s} \cdot \text{m})$			
$V/(\text{m/s})$	20	30	40	50	20	30	40	50
h/m	10	6.7	5	4	15	10	7.5	6
R/m	4.1	3.4	2.9	2.5	4.77	4.12	3.62	3.23
J	0.012	0.034	0.075	0.141	0.01	0.027	0.056	0.103
h_m/h	1.02	1.06	1.14	1.27	1.01	1.04	1.09	1.18

从表 6.5-2 中可看出，掺气水深比清水水深增加太少，流速 20m/s 时仅增加 1%～2%，30m/s 时仅增加 4%～6%，50m/s 时也只增加 18%～27%，计算结果相比霍尔公式计算结果偏小。

4. 王世夏公式

王世夏分析了美国 Rapid 木陡槽和 Hat Creek、South Canal、Kittitas 混凝土陡槽的原型观测资料，三门峡 1 号明流隧洞和刘家峡溢洪道的原型观测资料，以及室内试验资料，筛选渠槽均匀等宽直段的原观资料 90 组和室内试验数据 50 组，通过量纲分析，得到掺气水深的计算公式为

$$h_m = \frac{h}{1 - 0.538\left(\dfrac{nV}{R^{2/3}} - 0.02\right)} \tag{6.5-12}$$

式中：h 为不掺气水流的水深；V 为不掺气水流的断面平均流速；n 为糙率；R 为不掺气水流的水力半径。

算例：某泄洪洞单宽流量 $q = 200\text{m}^3/(\text{s} \cdot \text{m})$、$300\text{m}^3/(\text{s} \cdot \text{m})$，洞宽 $b = 14\text{m}$，王世夏公式计算结果见表 6.5-3。

表 6.5 - 3 王世夏公式计算结果

水力参数	$q=200\mathrm{m}^3/(\mathrm{s}\cdot\mathrm{m})$				$q=300\mathrm{m}^3/(\mathrm{s}\cdot\mathrm{m})$			
$V/(\mathrm{m/s})$	20	30	40	50	20	30	40	50
h/m	10	6.7	5	4	15	10	7.5	6
R/m	4.12	3.41	2.92	2.55	4.77	4.12	3.62	3.23
h_m/h	1.05	1.10	1.16	1.24	1.04	1.08	1.13	1.19

从表 6.5 - 3 中可看出，计算结果相比霍尔公式计算结果偏小。

5. 二滩掺气水深经验值估算

二滩工程泄洪洞洞身为龙抬头布置，1 号、2 号泄洪洞直坡段底坡分别为 7.9% 和 7%。泄洪洞的断面形式为圆拱直墙形，断面尺寸为 13.0m×13.5m，边墙和底板采用混凝土衬砌，大部分洞段的顶拱采用挂网锚喷支护，在 1 号、2 号泄洪洞洞身分别设有 5 道和 7 道掺气设施。其最大校核泄量为 3800m³/s，洞身水流流速最高达 42～45m/s。

运用数值分析和模型试验方法分析了二滩泄洪洞总进气量及气量分配，分析认为：二滩 1 号泄洪洞在设计工况时，总进气量为 1780m³/s，其中掺入水中的自然、强迫掺气量为 670m³/s，为设计泄量的 18.6%。考虑校核工况按同样比例掺气，1 号泄洪洞计入掺气和不计入掺气影响水深时的洞顶余幅面积分别取 22.5% 和 35%。

1998—2012 年，1 号和 2 号泄洪洞分别年均运行 507h 和 625h，其中，泄洪洞最大泄放流量达设计流量。泄洪洞经 20 年时间运行，通过原型观测和多次检查表明，除了 1 号泄洪洞在 2001 年运行中发生过严重损坏外，总体安全状态良好。

故某些工程参考二滩掺气水深经验值，取 1.2 倍清水水深进行估算。

6. 溢洪道设计规范推荐公式（以下简称"溢洪道规范公式"）

根据碧口溢洪道设计的水力参数（其原观值与溢洪道规范公式计算值最为接近），现行《溢洪道设计规范》(DL/T 5166—2002) 给出的掺气水深的估算公式为

$$h_m = h\left(1 + \frac{\zeta V}{100}\right) \tag{6.5 - 13}$$

式中：h 为不掺气水流的水深；V 为不掺气水流的断面平均流速；ζ 为修正系数，一般为 1～1.4s/m，视流速和断面收缩情况而定，当流速大于 20m/s 时，宜采用较大值。

算例：某泄洪洞不掺气水流的断面平均流速 $V=20～50\mathrm{m/s}$，溢洪道规范公式计算结果见表 6.5 - 4。

表 6.5 - 4 溢洪道规范公式计算结果

$V/(\mathrm{m/s})$	$\zeta/(\mathrm{s/m})$	h_m/h	$V/(\mathrm{m/s})$	$\zeta/(\mathrm{s/m})$	h_m/h
20	1.3	1.26	40	1.4	1.56
30	1.3	1.42	50	1.4	1.70

采用溢洪道规范公式计算掺气水深与清水水深之比 h_m/h 与清水水深无关，当清水水深、流速较大时，计算结果相比霍尔公式计算结果偏大。

7. 锦屏一级泄洪洞掺气水深

锦屏一级泄洪洞无压圆拱直墙形洞段由上平段、龙落尾段、下平段组成，洞宽13m，流速为25~50m/s，对其掺气水深进行研究极具代表性。因此，对其沿程即在不同水深、不同流速、不同坡度的情况下采用各自掺气水深公式进行了计算比较，见表6.5-5。其中，王俊勇公式、王世夏公式、吴持恭公式计算成果基本相当，以王俊勇公式计算值作为掺气水深的下包络线，计算自掺气比为3%~30%，溢洪道规范公式计算值为自掺气水深的上包络线，计算自掺气比为30%~67%，霍尔公式计算值居于其间，计算自掺气比为7.5%~50%。根据6.5.3节对掺气水深半经验公式的分析与评价，锦屏一级上平段采用的是霍尔公式计算成果；龙落尾及下平段水流水深较浅，宽深比为3~4，且设置的掺气坎引起了局部水流波动，因此此段采用的是溢洪道规范公式计算成果。

表 6.5-5　　　　　　　　　　典型点掺气水深成果比较

序号	计算参数				王俊勇公式	王世夏公式	吴持恭公式	霍尔公式	溢洪道规范公式	二滩经验值	水工模型试验值
	计算清水水深/m	计算清水流速v/(m/s)	水力半径/m	坡度i	计算掺气水深/m	计算掺气水深/m	计算掺气水深/m	计算掺气水深/m	计算掺气水深/m	计算掺气水深/m	掺气水深/m
1	10.50	23.64	4.02	0.023	10.73	11.13	10.77	11.25	13.73	12.60	10.6
2	7.75	32.05	3.53	0.469	8.69	8.47	8.28	8.89	10.97	9.30	8.7
3	5.23	47.49	2.90	0.469	7.14	6.59	6.86	7.80	8.95	6.27	6.4
4	4.84	51.30	2.77	0.080	6.80	6.23	6.49	7.68	8.57	5.81	6.9

注　序号3、序号4考虑了强迫掺气10%。

6.5.4　洞顶余幅分析

隧洞按无压明流工作状态设计时，水面以上需留有足够的空间余幅。对于高速水流而言，洞顶余幅除避免明满流交替流态外，更重要的是可满足高速水流洞段余幅气流的需气量，因为水流表面自掺气气源和掺气设施供气气源均来自洞顶余幅内的气流。因此，足够的洞顶余幅和通气量，可使气流速度与水流流速相匹配，减弱水流与气流的相互扰动及波动，不仅可以增强水气流动的稳定性，而且改善了掺气减蚀设施的掺气效果。

洞顶余幅可以根据掺气水深标准确定，也可根据清水水深标准确定。我国现行行业标准规定，掺气后水面线以上的洞顶余幅应取隧洞断面面积的15%~25%，美国一般采用洞高的15%，法国一般采用洞高的20%，日本一般采用$A_w/A_0=3/4~7/8$（A_w为设计洪水流量的过水断面面积，A_0为隧洞断面面积）。国外泄洪洞工程洞顶余幅估算值见表6.5-6，其不掺气水流水面线以上洞顶余幅大多为隧洞断面面积的30%左右。

结合锦屏一级水电站泄洪洞的水深、流速、底坡、补气、掺气条件等进行综合比较分析，锦屏一级泄洪洞无压洞段洞高取17m，其直墙高13m，掺气后洞顶余幅均能达到隧洞断面面积的25%以上，不掺气水流水面线以上洞顶余幅能达到隧洞断面面积的35%以上。

表 6.5-6　　　　　　　　　　　　　国外泄洪洞工程洞顶余幅估算值

工程名称	设计水头 /m	最大泄量 Q /(m³/s)	隧洞反弧段尺寸 /m	反弧半径 /m	反弧末端最大流速 V /(m/s)	圆洞断面面积 A_0 /m²	不掺气水流过水面积 $(A=Q/V)$ /m²	不掺气水流水面线以上洞顶余幅 $[(A_0-A)/A_0]$ /%	备注
博德	150	5650	$\phi15.2$		45	181	125	31	美国
胡佛（左岸）	175.6	5650	$\phi15.2$	68.5	46	182	123	32	美国，最大流速为 53.4m/s，1936 年建成
英菲尔尼罗	112.4	3500（单洞）	$\phi13$	72	39	132.67	88	33	墨西哥
黄尾	155	2605	$\phi9.75$	88.4	48.8	75.39	53	30	美国，前段隧洞 $D=12.35$m，最大泄量时水深和直径的比值为 0.75，1966 年建成
格兰峡（右岸）	164.7	3875	$\phi12.5$	107	45.5	122.66	63.7	48	美国，1966 年建成
格兰峡（左岸）	174.8								

6.6　原型观测成果分析

泄洪洞第一次原型观测于 2014 年 10 月 10 日进行，第二次原型观测于 2015 年 9 月 26 日进行。两次原型观测均是在上游水位 1880.00m 左右时，对泄洪洞工作闸门采用不同的相对开度（也可简称"开度"）进行泄洪。泄洪洞原型观测工况见表 6.6-1。

表 6.6-1　　　　　　　　　　　　　泄洪洞原型观测工况表

工况	泄洪洞工作闸门开启方式	上游水位/m	下游水位/m
1	局部开启 25%		
2	局部开启 35%		
3	局部开启 50%	1879.92	1644.13
4	局部开启 70%		
5	局部开启 75%		
6	全开		

观测内容包括泄流能力、流速、掺气浓度、位移振动、脉动压力、风速、噪声、空气低频振动、空蚀等。结合本章泄洪洞布置及基本水力特征分析研究内容，主要分析进口流态、压力、流速、掺气水深的原型观测成果。

6.6.1　泄洪洞进口流态及泄流能力

在库水位 1880.00m 泄洪运行时泄洪洞进口未见水面旋涡，流态稳定，表明透水式消涡导墙有效消除了旋涡；工作闸室段有压出口后水流流态稳定，水面无水翅等不良水流现象产生；与模型试验成果基本一致。2015 年 9 月，原观实测泄洪洞泄流能力如下：25% 开度时泄流能力为 823m³/s（设计泄流能力为 796m³/s）；50% 开度时泄流能力为 1375m³/s（设计泄流能力为 1471m³/s）；100% 开度时泄流能力为 3284m³/s（设计泄流能力为 3210m³/s）。原观成果表明，泄洪洞泄流能力满足枢纽泄洪要求。

6.6.2　泄洪洞压力及流速原型观测

1. 测点布置及传感器安装

（1）压力及流速测点位置见表 6.6－2、图 6.6－1 和图 6.6－2。泄洪洞沿底板中心线布置 13 个脉动压力仪，以监测泄洪洞各洞段的脉动压力和时均压力。其中，泄洪洞工作闸门室（泄 0＋561.00）至龙落尾段起点（泄 0＋950.00）段等距布置 3 个；龙落尾段起点（泄 0＋950.00）至出口部位（泄 1＋389.55）共布置 7 个，主要布置在渥奇曲线段及掺气坎后约 5.0m 部位；出口挑坎段布置 3 个，主要布置在出口挑坎起点及出口挑坎最大流速点和燕尾挑坎底板位置。

（2）泄洪洞有压段顶拱布置 2 个脉动压力仪，以监测泄洪洞的有压运行状况；在泄洪洞龙落尾段顶拱布置 4 个脉动压力仪，以监测泄洪洞的无压运行状况。

（3）在 FA1、FA2、FA15、FA16 复合安装了 4 个脉动压力仪。

（4）泄洪洞沿底板中心线布置 4 个流速仪（编号 FV1、FV2、FV3、FV4），以监测泄洪洞各洞段的水流流速分布。其中，在泄洪洞有压段桩号泄 0＋061.00 布置 1 个，泄洪洞工作闸门室至龙落尾洞段桩号泄 0＋630.00 布置 1 个，龙落尾段起点至出口部位洞段桩号泄 1＋100.00 布置 1 个，出口挑坎段桩号泄 1＋419.56 布置 1 个。

表 6.6－2　　　　　　　　　　　　原型观测测点布置信息

序号	仪器编号	桩　　号	部　　位	安装传感器
1	F1	0＋561.00		
2	F2	0＋810.00		
3	F3	0＋950.00		
4	F4	1＋000.00		
5	F5	1＋035.00		
6	F6	1＋060.00	底板中心线	
7	F7	1＋132.00		脉动压力仪
8	F8	1＋207.00		
9	F9	1＋222.00		
10	F10	1＋334.00		
11	F11	1＋391.56		
12	F12	1＋404.56	出口挑坎	
13	F13	1＋434.56		

续表

序号	仪器编号	桩 号	部 位	安装传感器
14	FV1	0+061.00		流速仪
15	FV2	0+630.00	底板中心线	
16	FV3	1+100.00		
17	FV4	1+419.56	出口挑坎	
18	FM1	0+378.00		脉动压力仪
19	FM2	0+530.00		
20	FY1	1+127.00	顶拱	
21	FY2	1+147.00		
22	FY3	1+329.00		
23	FY4	1+346.00		
24	FA1	0+060.00	底板中心线	
25	FA2	0+590.00		
26	FA15	1+346.00	左边墙（距底板 1.1m）	
27	FA16	1+346.00	右边墙（距底板 2.1m）	

图 6.6-1 泄 0+000.00～泄 0+590.00 的脉压及流速传感器布置图

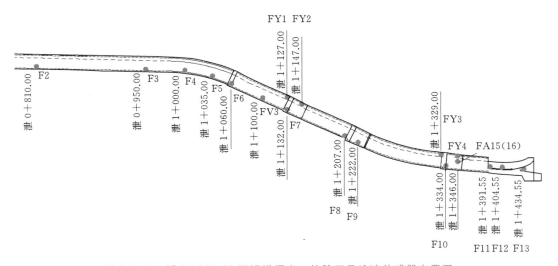

图 6.6-2 泄 0+590.00 至泄洪洞出口的脉压及流速传感器布置图

2. 观测成果

在观测过程中，以 200Hz 的采样频率在各工况下分别采集 2 组数据，采样时间为 100s。分别计算各个测点数据的时均压力、脉动压力双幅值及均方根，表 6.6 - 3～表 6.6 - 5 给出了各个测点的观测成果。泄洪洞流速仪测量值见表 6.6 - 6。

表 6.6 - 3　　　　　　　　　　　各开度泄洪洞时均压力　　　　　　　　　　　单位：kPa

传感器	相对开度 25%	相对开度 35%	相对开度 50%	相对开度 70%	相对开度 75%	全开
F1	343.65	324.71	308.84	274.88	263.90	136.74
F2	26.58	28.42	40.51	49.30	49.21	88.61
F3	38.03	36.54	50.78	54.53	64.48	94.74
F4	15.79	26.98	31.00	38.46	42.97	61.31
F5	10.10	10.79	13.93	24.23	27.66	39.44
F6	−5.85	−7.80	−9.14	−9.07	−9.12	−9.09
F7	−8.26	−10.87	−14.25	−14.10	−14.15	−14.10
F8	33.78	70.52	118.39	173.34	182.20	221.51
F9	−6.53	−7.50	−7.45	−7.12	−7.12	−1.66
F10	−6.26	−7.29	−13.21	−15.81	−15.82	−15.77
F11	28.25	33.65	41.89	44.54	45.42	54.84
F12	39.55	45.61	52.69	56.41	55.50	65.26
FM1	368.43	352.67	328.92	264.67	248.55	78.21
FM2	382.56	366.70	342.85	277.72	261.39	81.87
FA2	38.69	43.40	51.13	61.28	59.39	99.18
FA15	−2.81	−4.59	−4.69	−4.63	−4.69	−5.63
FA16	−2.16	−5.44	−5.35	−4.23	−5.63	−6.57
FY1	−2.78	−5.07	−5.02	−4.19	−5.21	−5.87
FY2	−0.59	−1.67	−1.96	−2.75	−3.24	−3.83
FY3	−0.34	−0.47	−0.85	−1.70	−1.85	−3.26
FY4	−0.26	−0.17	−0.64	−1.39	−1.66	−3.05
FV1 - 1	489.79	487.56	484.22	475.77	473.66	453.12
FV1 - 2	480.28	468.32	450.37	402.25	390.22	265.94
FV3 - 1	349.32	334.25	354.87	374.57	386.57	376.73
FV3 - 2	49.62	53.38	65.73	76.01	80.83	92.02
FV4 - 1	838.67	867.60	890.17	932.47	956.47	984.64
FV4 - 2	93.80	110.66	128.28	155.60	167.51	175.90

注　传感器 FV1 - 1、FV3 - 1、FV4 - 1 测量值为总水头，FV1 - 2、FV3 - 2、FV4 - 2 测量值为静水头。

表 6.6 - 4 各开度泄洪洞脉动压力双幅值 单位：kPa

传感器	相对开度 25%	相对开度 35%	相对开度 50%	相对开度 70%	相对开度 75%	全开
F1	4.02	4.41	5.10	5.59	5.79	7.65
F2	6.92	6.16	7.19	6.89	6.73	4.94
F3	13.46	18.25	20.12	18.82	17.11	13.68
F4	11.56	14.62	10.31	17.06	14.24	23.13
F5	9.52	12.07	11.48	16.48	16.97	22.07
F6	3.86	6.86	1.36	1.36	1.56	1.36
F7	3.49	4.79	3.91	1.56	1.56	1.36
F8	119.42	141.97	118.63	119.14	114.28	69.19
F9	3.50	4.30	0.97	1.95	2.93	16.68
F10	3.83	5.94	5.84	1.93	1.33	1.35
F11	13.89	23.65	20.26	19.03	21.54	26.44
F12	20.02	18.09	25.58	26.66	29.26	30.75
FM1	4.41	5.30	6.08	6.57	6.47	6.97
FM2	5.59	5.98	6.38	7.26	7.75	8.14
FA2	4.47	4.63	4.78	6.43	5.56	7.51
FA15	11.97	8.73	9.32	16.97	14.22	4.22
FA16	22.03	9.49	15.94	20.15	14.55	1.95
FY1	12.09	7.53	11.87	12.60	10.79	1.95
FY2	4.55	3.28	4.70	5.44	4.87	2.61
FY3	1.56	2.32	2.23	3.71	3.83	5.88
FY4	1.35	1.95	2.35	3.79	3.85	3.85
FV1 - 1	4.04	9.25	9.58	8.34	9.85	10.51
FV1 - 2	3.55	5.86	4.41	5.66	3.99	6.72
FV3 - 1	284.62	282.10	313.27	279.20	305.40	230.43
FV3 - 2	33.38	27.74	33.38	28.22	29.31	22.69
FV4 - 1	462.74	475.29	498.15	499.43	517.58	473.23
FV4 - 2	70.60	44.34	56.02	61.94	54.31	69.44

表 6.6 - 5 各开度泄洪洞脉动压力均方根 单位：kPa

传感器	相对开度 25%	相对开度 35%	相对开度 50%	相对开度 70%	相对开度 75%	全开
F1	0.67	0.74	0.85	0.93	0.96	1.28
F2	1.25	1.17	1.19	1.37	1.16	0.98
F3	2.02	2.14	2.09	2.21	2.13	1.75

传感器	相对开度 25%	相对开度 35%	相对开度 50%	相对开度 70%	相对开度 75%	全开
F4	1.93	2.44	1.72	2.84	2.37	3.85
F5	1.59	2.01	1.91	2.75	2.83	3.68
F6	0.45	0.62	0.12	0.12	0.12	0.13
F7	0.44	0.53	0.39	0.11	0.12	0.12
F8	17.06	20.28	16.95	17.02	16.33	9.88
F9	0.37	0.34	0.14	0.17	0.21	2.94
F10	0.52	0.66	0.75	0.26	0.11	0.10
F11	2.30	3.07	3.09	3.03	3.04	3.69
F12	2.91	2.78	3.08	4.21	4.60	4.70
FM1	0.74	0.88	1.01	1.10	1.08	1.16
FM2	0.93	1.00	1.06	1.21	1.29	1.36
FA2	0.68	0.74	0.83	1.06	0.85	1.25
FA15	1.99	1.46	1.55	2.83	2.37	0.70
FA16	2.17	1.06	1.55	2.34	1.69	0.21
FY1	1.44	0.76	1.10	1.66	1.20	0.15
FY2	0.53	0.32	0.45	0.69	0.53	0.25
FY3	0.15	0.20	0.24	0.40	0.37	0.59
FY4	0.13	0.16	0.23	0.39	0.37	0.55
FV1-1	0.53	1.23	1.61	1.19	1.11	1.54
FV1-2	0.46	0.65	0.50	0.75	0.57	0.75
FV3-1	42.82	49.92	57.09	52.41	49.01	37.58
FV3-2	4.41	4.54	6.52	4.75	4.56	3.29
FV4-1	66.11	67.90	71.16	71.35	73.94	67.60
FV4-2	7.81	8.00	10.29	9.48	8.34	5.97

表 6.6-6　　　　　　　　　　泄洪洞流速仪测量值　　　　　　　　单位：m/s

测点	相对开度 25%	相对开度 35%	相对开度 50%	相对开度 70%	相对开度 75%	全开
FV1	4.36	6.20	8.23	12.13	12.92	19.35
FV3	24.48	23.70	24.05	24.44	24.73	23.86
FV4	38.60	38.91	39.04	39.42	39.72	40.22

3. 观测成果分析

（1）时均压力分析。根据测试结果，各开度泄洪洞时均压力对比如图 6.6-3 所示。在各泄水开度下，位于泄洪洞不同位置的时均压力表现出不同的特征。

1）泄洪洞有压洞段在正常蓄水位泄洪时，有压段内为满流流态，其时均压力随工作闸门开度的增大而减小，在闸门开度为 25% 时达到最大，该开度下桩号泄 0+061.00（底板）、泄 0+561.00（底板）、泄 0+378.00（顶拱）、泄 0+530.00（顶拱）的实测动水时

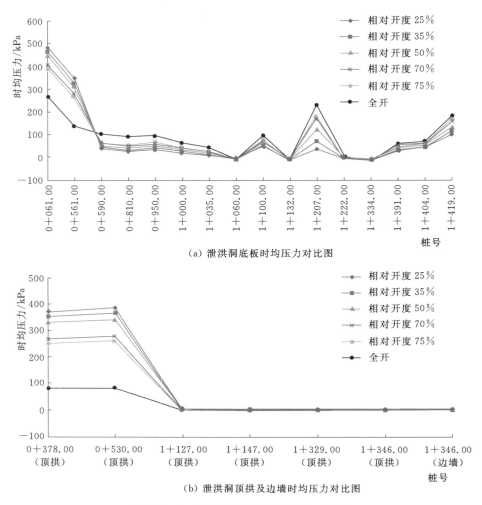

(a) 泄洪洞底板时均压力对比图

(b) 泄洪洞顶拱及边墙时均压力对比图

图 6.6-3 各开度泄洪洞时均压力对比图

均压力分别为 480.28kPa、343.65kPa、368.43kPa 和 382.56kPa。

2）泄洪洞明流隧洞段内未出现负压的观测断面以及出口挑坎处的观测断面，其时均压力随闸门开度的增大而增大。综合桩号泄 0+590.00（底板）、泄 0+810.00（底板）和泄 0+950.00（底板）的脉动压力数据可知，上平段沿程压力的变化较为平缓。在龙落尾起始的渥奇段，底板沿凸曲面发生变化，水流逐渐加速，水深变小，使桩号泄 1+000.00 和泄 1+035.00 处的动水压力有所减小。由于掺气坎均采用挑跌坎组合型式，位于 3 号掺气坎之前的测点 F8（桩号泄 1+207.00）的时均压力受到壅塞效应影响而有所升高，最大时均压力为 221.51kPa。

位于掺气坎后空腔内的测点 F6（桩号泄 1+060.00）、F7（桩号泄 1+132.00）、F9（桩号泄 1+222.00）、F10（桩号泄 1+334.00）均为负压，最大负压为 -15.79kPa。位于龙落尾拱顶处的 FY1（桩号泄 1+127.00）、FY2（桩号泄 1+147.00）、FY3（桩号泄 1+329.00）、FY4（桩号泄 1+346.00）均为负压，说明正常蓄水位下泄时，龙落尾段掺气水深小于隧洞边墙高度，洞顶余幅满足设计要求。第四道掺气坎下游边壁处的 FA15、FA16 也为负压，表明该处位于掺气空腔内。

（2）脉动压力分析。各开度下泄洪洞脉动压力双幅值对比和均方根对比如图 6.6-4 和图 6.6-5 所示。各测点的主频基本分布在 0～1.3Hz，虽然各个测点位置不同，振动的幅值也不相同，但主频都相差不大，维持在 0～2Hz 的范围内，该范围属于水流脉动的频率范围。

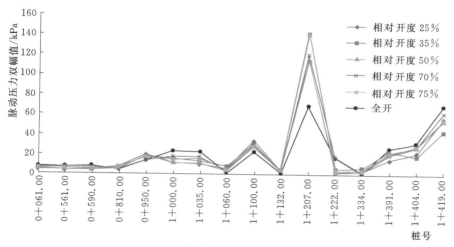

（a）泄洪洞底板脉动压力双幅值对比图

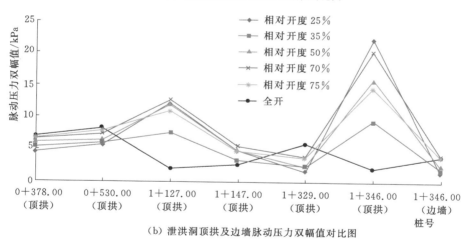

（b）泄洪洞顶拱及边墙脉动压力双幅值对比图

图 6.6-4　各开度下泄洪洞脉动压力双幅值对比图

1）泄洪洞有压段内为满流流态，其脉动压力的脉动程度很小，且基本随闸门开度的增大而增大，在闸门全开时达到最大，该开度下桩号泄 0+061.00（底板）、泄 0+561.00（底板）、泄 0+378.00（顶拱）、泄 0+530.00（顶拱）的实测脉动压力双幅值分别为 6.72kPa、7.65kPa、6.97kPa 和 8.14kPa，脉动压力均方根分别为 0.75kPa、1.28kPa、1.16kPa 和 1.36kPa。

2）泄洪洞上平段脉动压力的脉动程度较小。桩号泄 0+590.00 与工作闸门相距仅 20m 左

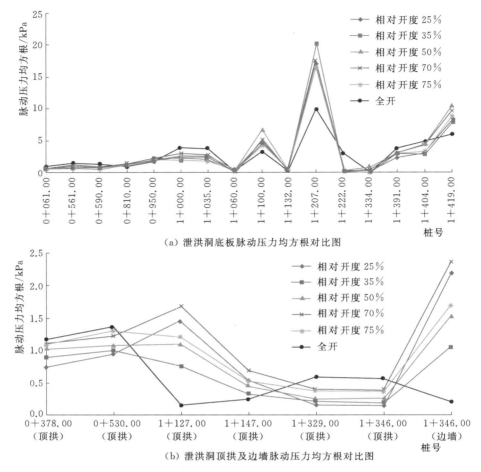

(a) 泄洪洞底板脉动压力均方根对比图

(b) 泄洪洞顶拱及边墙脉动压力均方根对比图

图 6.6-5 各开度下泄洪洞脉动压力均方根对比图

右，其脉动程度基本随闸门开度的增大而增大，在闸门全开时达到最大，该开度下的脉动压力双幅值为 7.51kPa，脉动压力均方根为 1.25kPa；桩号泄 0+810.00 和泄 0+950.00 处在闸门开度为 70% 时脉动压力均方根达到最大，分别为 1.37kPa 和 2.21kPa。

3）泄洪洞龙落尾段的 4 个掺气坎是挑跌坎组合型式，下泄水流在掺气坎处发生壅塞效应，导致掺气坎处的水流脉动程度急剧增加，如 3 号掺气坎处（桩号泄 1+207.00）的最大脉动压力双幅值为 141.97kPa，最大脉动压力均方根为 20.28kPa，对应工况为闸门局部开启 35%。与闸门局开相比，闸门全开时 3 号掺气坎处的水流脉动程度要小得多，其脉动压力双幅值为 69.19kPa，脉动压力均方根为 9.88kPa。泄洪洞龙落尾段其余部位（如渥奇段、掺气空腔、顶拱等）的脉动程度较小，在各观测断面中桩号泄 1+100.00 处的脉动程度最大，其最大脉动压力双幅值为 33.38kPa，最大脉动压力均方根为 6.52kPa，对应工况为闸门局部开启 50%。

（3）流速分析。满流流态下的流速仪 FV1 的测量值随着闸门开度的增大而增大，而明流流态下的流速仪 FV3、FV4 的测量值在闸门各开度下较为接近。出口挑坎处的最大流速为 40.22m/s。值得注意的是，由于传感器布置在泄洪洞底板中心线处，因此所得观测结果为底流速，小于各观测断面的平均流速，见表 6.6 - 7。

表 6.6 - 7 泄洪洞流速仪测量值 单位：m/s

测点	相对开度 25%	相对开度 35%	相对开度 50%	相对开度 70%	相对开度 75%	全开
FV1	4.36	6.20	8.23	12.13	12.92	19.35
FV3	24.48	23.70	24.05	24.44	24.73	23.86
FV4	38.60	38.91	39.04	39.42	39.72	40.22

（4）与模型试验成果对比分析。

1）原型观测有压洞段压力分布规律与模型试验成果基本一致，各工况下有压洞段压力水头均大于 2m。闸门全开时原型试验观测得到的渥奇段底板中心最小压强为 39.44kPa，如图 6.6 - 3 所示，模型试验测得的渥奇曲线段底板中心最小压强为 20.8kPa，数值分析得到的底板中心最小压强约 30kPa，压强梯度相对平稳。说明锦屏一级水电站泄洪洞有压洞段、渥奇曲线段体型设计合理。

2）原型观测脉动压力双幅值、均方根分布规律及量值与模型试验成果基本一致。

3）有压洞段及上平段原观流速与模型试验成果基本一致。泄洪洞出口挑坎底板处（桩号 1+419.56）原观最大底流速为 40.22m/s，考虑明流断面流速呈纺锤形分布，根据经验公式和数值分析反演该断面平均流速为 49m/s，最大表面流速为 51.3m/s，小于设计计算的断面平均流速 52m/s。

6.6.3 30～50m/s 流速量级无压泄洪洞掺气水深原型观测

国内首次对 50m/s 流速量级锦屏一级泄洪洞进行了掺气水深的原型观测。此次通过泄洪洞掺气浓度原观成果，分析验证泄洪洞掺气水深及洞顶安全余幅是否合理。

1. 观测仪器布置及观测数据分析

泄洪洞掺气浓度观测采用由中国水利水电科学研究院研制的电阻式传感器，使用不锈钢电极，由天津大学观测并分析。其具有抗极化和抗磨蚀性能好，低噪声，长线传输无衰减，精度较高，一次性带线标定，平行水流流向安装，并且清水和浑水均兼容等特性，因此此种传感器完全能够满足此次测量的需求。此次试验数据采用 CQ6 - 2005 型掺气浓度仪进行静态采集，采用 DJ800 型多功能数据采集仪进行动态采集，其中，CQ6 - 2005 型掺气浓度仪采用单片机进行数据采集，面板显示处理结果，体积小、可靠度高，便于携带和运输，内设清水电阻范围调节开关，可更大范围选择传感器；DJ800 型多功能数据采集仪配套 DJ800 数据采集处理软件对掺气浓度进行动态观测，可配置多属性物理量接口，通过软件和硬件修改接口属性，可连接各种仪器、放大器及传感器的标准输出，并且能同步采集多种物理量，精度高，可随时监视波形变化。

针对泄洪洞高边墙共布置 12 个测点，分布在桩号 0+630.00、1+099.00 和 1+370.00 三个断面，每个断面分别布置在左右墙体两侧各两个测点。其中，在桩号 0+630.00 断面布置了 FAZ1、FAZ2、FAZ3 和 FAZ4 等 4 个测点，分别位于两侧 11.0m 和 12.5m 高度；在桩号 1+099.00 断面布置了 FAZ5、FAZ6、FAZ7 和 FAZ8 等 4 个测点，

在两侧 9.0m 和 11.5m 的高度上；在桩号 1+370.00 断面布置 FAZ9、FAZ10、FAZ11 和
FAZ12 等 4 个测点，高度为 7.5m 和 9.0m。各边墙测点布置如图 6.6-6 所示，高边墙各测
点掺气浓度值见表 6.6-8。

表 6.6-8 高边墙各测点掺气浓度值

工况测点	相对开度 25%	相对开度 50%	相对开度 75%	全开
FAZ1	94.14	92.85	87.09	94.55
FAZ2	93.17	90.55	97.83	97.45
FAZ3	93.13	88.93	95.67	92.94
FAZ4	93.47	90.32	97.25	96.00
FAZ5	91.82	90.43	92.38	89.43
FAZ6	95.12	89.66	92.01	91.20
FAZ7	92.46	90.82	91.46	88.18
FAZ8	94.48	92.43	93.84	90.42
FAZ9	96.84	97.56	97.43	98.46
FAZ10	97.48	98.59	98.82	97.64
FAZ11	99.48	97.58	97.58	99.51
FAZ12	98.46	99.85	98.73	98.52

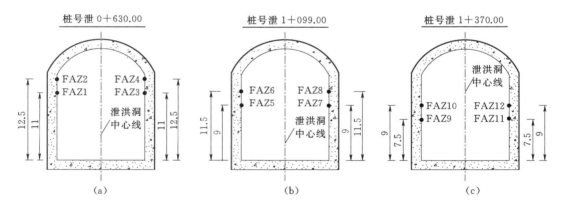

图 6.6-6 各边墙测点布置图（单位：m）

图 6.6-7 出口洞脸部位强烈掺气区水面形态

由表 6.6-8 可以清楚看出，在各个高边
墙上的测点所测掺气浓度值基本在 90% 以
上，可以判定没有淹没在水流之下，属于气
域范围。从图 6.6-7 出口洞脸部位强烈掺气
区水面形态也可看出，50m/s 流速量级泄洪
洞强烈掺气区表面区域水气混合，动态可偶
见碎状水体跃移。

2. 掺气水深设计评价

（1）与原观值对比分析。在原型观测中

以气水比为 0.90～0.99 作为掺气水流的上边界，典型点掺气水深计算值、模型值与原观值的比较见表 6.6－9 和图 6.6－8。

表 6.6－9 典型点掺气水深计算值、模型值与原观值的比较表

| 序号 | 计算参数 | | | | 王俊勇公式 | 霍尔公式 | 溢洪道规范公式 | 水工模型试验值 | 原型观测值/m |
	计算清水水深/m	计算清水流速 v/(m/s)	水力半径/m	坡度 i	计算掺气水深/m	计算掺气水深/m	计算掺气水深/m	掺气水深/m	
1	10.50	23.64	4.02	0.023	10.73	11.25	13.73	10.6	＜11.0
2	7.75	32.05	3.53	0.469	8.69	8.89	10.97	8.7	＜9.0
3	5.23	47.49	2.90	0.469	7.14	7.80	8.95	6.4	—
4	4.84	51.30	2.77	0.080	6.80	7.68	8.57	6.9	≤7.5

注 序号 3、序号 4 考虑了强迫掺气 10％。

从表 6.6－9、图 6.6－8 分析可知，在不同水深、不同流速、不同坡度的情况下，实测掺气水深与霍尔公式计算值较为接近，20～33m/s 流速时与王俊勇公式计算值也较为接近，但均小于溢洪道规范公式计算值。上平段仅有自掺气，坡度 i＝0.023，最大流速为 30m/s，其自掺气量仅 5％～10％，属正在发展的部分掺气水流区；龙落尾斜坡段（第二道掺气坎前）坡度 i＝0.469，最大流速为 35m/s，其掺气量在 20％以上，属正在发展的充分掺气水流区；下平段坡度 i＝0.08，最大流速约 52m/s，其掺气量达 50％以上，属已充分发展的掺

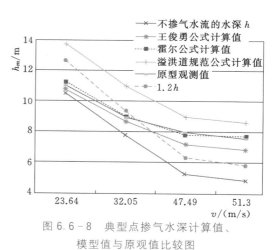

图 6.6－8 典型点掺气水深计算值、模型值与原观值比较图

气水流区。泄洪洞中水流随着流速的增大，水深变浅，但掺气量不断增加。

（2）结论。综合 30～50m/s 流速量级掺气机理研究，各掺气水深半经验公式的总结、试算分析，以及对单宽流量达 250m³/(s·m)、沿程流速 25～50m/s、水深 5～11m、不同缓坡、陡坡情况下的泄洪洞进行了掺气水深计算对比，模型及原型观测成果分析，得出以下结论：

1）经原观验证，锦屏一级泄洪洞掺气水深分析计算及洞顶余幅设计是安全的。

2）通过对锦屏一级 50m/s 流速量级泄洪洞沿程的掺气量和水面形态分析，进一步验证了掺气水流的纵向分区结构、垂向分区结构、自掺气水深影响要素的分析是合理的，设计应充分保证成套补气、通气设施的充足和顺畅。

（3）掺气水深计算公式的适用性分析。各掺气水深计算方法多为半经验公式，在确定掺气水深及洞顶余幅时需结合本工程泄洪洞的水深、流速、底坡、补气、掺气条件等进行

综合比较分析。根据锦屏一级泄洪洞掺气水深设计与原观分析表明：对于缓坡、流速小于30m/s 的泄洪洞，掺气水深可采用王俊勇公式进行估算；对于陡槽泄洪洞段，掺气水深可采用霍尔公式进行估算；对于水深较浅（宽深比大）、存在水流波动的泄洪洞，掺气水深可采用溢洪道规范公式进行估算。对于设有掺气设施的泄洪洞，进行掺气水深计算时，需另外加上相应的强迫掺气量（即由掺气设施掺入水中的部分）。强迫掺气量宜通过水工模型试验获取，前期设计中可按水流流量的 5%～10%考虑（流速高时取大值）。

第 7 章

超高流速泄洪洞空化特性及掺气减蚀措施

在水利水电工程中，空化现象所造成的影响体现在以下方面：造成建筑物的空蚀破坏、改变水动力学特性、降低泄流能力、引起结构振动以及产生空化噪声等。20世纪60—80年代建设的墨西哥英菲尔尼罗泄洪洞和美国胡佛右岸泄洪洞、黄尾泄洪洞、格兰峡泄洪洞等，在建设初期由于未能考虑到空蚀问题，在初期运行时间不长的情况下均在龙抬头反弧段下游发生了空蚀破坏。格兰峡泄洪洞在1983年6月、7月运行数小时后，听到洞内"隆隆"的噪声，检查发现两洞均有空蚀破坏，最大破坏都发生在反弧段下游，左岸泄洪洞破坏最为严重，最大破坏约11m深，41m长，15m宽，形状类似圣诞树，该段洞内的衬砌全部被掀掉，右岸泄洪洞的最大破坏深度约0.28m。国内某大型工程泄洪洞水力学原型观测表明，掺气坎后底空腔段边墙附近的水流噪声信号具有间断的空化噪声特征，说明存在间歇性空化水流，检查发现，在反弧段掺气坎后距底板3.5m高的边墙形成了4个连续的空蚀坑，空蚀坑尺寸约120cm×30cm×10cm（长×宽×深）。空蚀的发生，轻则造成斑点麻面，重则形成蜂窝状甚至大洞，直接影响泄水建筑物的寿命，甚至危及整个建筑物的安全。

7.1 锦屏一级泄洪洞空化空蚀问题

7.1.1 空化与空蚀机理

空化是由于液体中形成的空穴溃灭而产生的高压、高温、放电、发光和激振波等现象。水体中游离或附着于固体表面有大量微气核，由于压强降低到对应温度水的汽化压强（如水流在减压箱中抽真空或水流高速运动时遇体型变化在局部形成低压）以下时，水流内部的气核膨胀，发育形成空穴、空洞或空腔直至溃灭。美国的Knapp等将空化按物理性质及其与边壁的相对运动状态分为四个类型，即游移空化、固定空化、旋涡空化和振动空化。

空蚀是指空化泡溃灭对建筑物或设备所造成的损伤、剥蚀或破损现象。空蚀是空泡溃灭时的冲击力和材料抗空蚀能力的综合结果。如果单个空泡溃灭时压力超过材料的屈服强度，那么空泡溃灭的一次冲击就可造成一个永久凹坑；如果单个空泡溃灭时冲击力小于材料的屈服强度，若干空泡的反复冲击也会使材料疲劳破坏，也能产生凹坑，大量空泡溃灭的长时间作用，就可造成凹坑的叠加，从而造成表面的麻面、空洞直至结构物破坏。

关于空蚀破坏的机理，一般认为有两种理论，即冲击波理论和微射流理论。冲击波理论认为空化泡在近壁溃灭时，产生的冲击波作用在壁面材料表面，从而造成壁面破坏；微射流理论是通过分析大量空蚀损伤的痕迹和高速摄影照片，认为非对称空泡溃灭时形成微小空隙，而周围水流通过其中心的空隙射出，其特点是流速高、流量小、时间短，故称为微射流。根据25000帧/s的高速摄影照片，空泡在溃灭过程中，射流的速度接近于水中的声速，从而造成材料的疲劳破坏。研究表明，空蚀破坏的强度很高，一般与速度的6次方成正比。

相对于磨蚀和冲蚀破坏，泄水建筑物的空蚀破坏有其鲜明的特征，见图 7.1-1。这些特征包括以下几个方面：

（1）纹理结构：表面呈颗粒结构，黏结混凝土骨料的水泥浆都被冲蚀光，混凝土母体内有深深的缝隙及空洞，且方向性不明显，严重的可形成较大范围与较深的蚀坑。空蚀破坏的初期，一般使过流面变粗糙，继而发展成麻面、坑面，后形成海绵状的蜂窝孔面。

（2）对称性：由于结构和水流的对称性，结构面上的空蚀区也呈对称性。

图 7.1-1　某工程泄洪洞侧墙空蚀破坏照片

（3）有空化源：有表面不平整、钙化沉积体、残留钢筋头、水流边界突变等易形成局部低压的空化源。

高速水流泄洪洞的水流速度很高时，若体型设计稍有不当，或者表面不平整，很容易造成局部压强降低，其水流空化数极易低于初生空化数，因此很容易发生空化及空蚀破坏。

7.1.2　锦屏一级泄洪洞空化风险分析

高流速泄洪洞由于水头高、流速大，流道边界变化对压强的影响更为显著。高流速泄洪洞内流道转弯、局部突体、掺气坎的设置等均产生了不同程度的边界变化，也会导致这些部位压强降低、空化数减小，若设计不当，就会产生空化。锦屏一级泄洪洞有以下三个部位存在空化风险，需要深入研究。

（1）工作闸室段空化问题。泄洪洞有压接无压洞连接处的工作闸室段，因流速相对较大，结构变化水流流态复杂，发生空蚀破坏的可能性较大。

（2）龙落尾段空化问题。表 7.1-1 为锦屏一级泄洪洞无压洞段计算流速及水流空化数。由表 7.1-1 可知，闸门全开，无压洞上平段流速为 $24\sim25\text{m/s}$，水流空化数为 $0.621\sim0.574$；龙落尾段沿程流速为 $30\sim51.5\text{m/s}$，水流空化数为 $0.32\sim0.097$。龙落尾段空化数较小，极有可能发生空化空蚀现象。

表 7.1-1　　　　　　　　锦屏一级泄洪洞无压洞段计算流速及水流空化数

运行工况	泄洪洞桩号	断面流速 v /(m/s)	掺气水深 /m	水流空化数 σ	备注
校核洪水位闸门全开（上游水位 1882.60m）	0+585.186	24.32	10.5	0.621	上平段起点
	0+979.946	25.08	10.181	0.574	渥奇曲线起点
	1+056.974	30.89	8.267	0.324	第一道掺气坎位置
	1+209.228	47.73	5.351	0.112	第三道掺气坎位置
	1+331.222	51.55	4.954	0.097	第四道掺气坎位置
	1+389.556	50.98	5.009	0.100	下平段结束点

续表

运行工况	泄洪洞桩号	断面流速 v /(m/s)	掺气水深 /m	水流空化数 σ	备注
正常蓄水位闸门全开（上游水位 1880.00m）	0+585.186	23.64	10.5	0.657	上平段起点
	0+979.946	24.59	10.095	0.595	渥奇曲线起点
	1+056.974	30.53	8.13	0.330	第一道掺气坎位置
	1+209.228	47.49	5.227	0.112	第三道掺气坎位置
	1+331.222	51.3	4.839	0.097	第四道掺气坎位置
	1+389.556	50.72	4.894	0.100	下平段结束点
闸门全开（上游水位 1860.00m）	0+585.186	17.54	10.5	1.195	上平段起点
	0+979.946	20.57	8.952	0.797	渥奇曲线起点
	1+056.974	27.62	6.668	0.368	第一道掺气坎位置
	1+209.228	45.46	4.051	0.112	第三道掺气坎位置
	1+331.222	49.02	3.757	0.098	第四道掺气坎位置
	1+389.556	48.24	3.818	0.102	下平段结束点
正常蓄水位闸门 75% 开度（上游水位 1880.00m）	0+585.186	21.08	7.875	0.711	上平段起点
	0+979.946	22.28	7.451	0.620	渥奇曲线起点
	1+056.974	28.57	5.811	0.325	第一道掺气坎位置
正常蓄水位闸门 50% 开度（上游水位 1880.00m）	0+585.186	21.93	5.25	0.550	上平段起点
	0+979.946	21.97	5.241	0.547	渥奇曲线起点
	1+056.974	27.99	4.114	0.300	第一道掺气坎位置
正常蓄水位闸门 25% 开度（上游水位 1880.00m）	0+585.186	22.97	2.625	0.403	上平段起点
	0+979.946	—	—	—	渥奇曲线起点
	1+056.974	26.18	2.304	0.296	第一道掺气坎位置

已建工程的实际运行经验表明，这种高速水流条件下极易发生空化空蚀现象。为了防止空蚀破坏，需要设置掺气设施对过流表面进行掺气保护。无压洞上平段的水流空化数为 0.324～0.62，断面平均流速小于 31m/s，就其水流条件而言，可以采取控制施工不平整度和选用抗空蚀材料等措施解决其空化空蚀问题。龙落尾段的水流空化数为 0.20～0.25，均小于 0.3，设置掺气坎能有效保护过流表面，防止发生空化空蚀。

（3）出口挑坎空化问题。泄洪洞出口燕尾挑坎为新型消能工，挑坎处流速约 52m/s，边墙压力最大约 60kPa，水流空化数约 0.12，水流流态也相对复杂。

7.2 泄洪洞空化特性

7.2.1 空化研究方法

常用的空化研究设备有减压箱和高速水洞。高流速泄洪洞空化问题研究一般采用减压试验进行，通过对水听器采集的声学信号加以分析判别空化发生与否及其强度大小。我国

《溢洪道设计规范》（DL/T 5166—2002、SL 253—2000）规定："各种体型的初生空化数，应通过减压箱或高速水流循环水洞试验测定……"。减压试验是目前研究水利水电工程空化空蚀问题最直观最有效的手段。

减压试验设备及测试仪器主要包括减压箱和测压管压力巡检仪、水听器、频闪仪。减压箱为封闭的循环系统，由箱体、水循环系统、气循环系统及其配套的水泵、真空泵、电机、循环管路、测试仪表等组成。通过将箱体里的气体抽出，箱内气压降低形成真空，使模型的空化数与原型相等，从而达到空化相似的目的。压力可采用压力巡检仪测量。水听器及配套的测试分析系统进行水流空化噪声测量。运行操作在中心控制室进行，可同时检测流量、水温、实验室大气压等试验条件。

7.2.1.1 模型相似准则

减压试验模型除满足重力相似准则外，还应满足空化相似准则。水流的空化特性常用空化数 σ 表示，水流空化数是描述水流流动空化的无量纲参数，表示抵抗空化的因素与促使水流空化的因素之比，即

$$\sigma = \frac{p_0 - p_v}{\rho v_0^2 / 2} = \frac{(p + p_a - p_v)/\gamma}{v_0^2/(2g)} = \frac{h_p + h_a - h_v}{v_0^2/(2g)} \tag{7.2-1}$$

式中：p_0 为参考点的绝对压强；p_v 为水的汽化压强；v_0 为参考点的流速；p 为水的相对压强；p_a 为大气压强；γ 为水的容重；h_p 为参考点的压强水柱；h_a 为大气的压强水柱；h_v 为水的汽化压强水柱，随温度的变化而变化。

一般认为，水流的空化是由于水体内的压强低于水的饱和蒸汽压导致水汽化造成的，空化数的物理意义可以理解为：空化数是表征水流抵抗汽化能力的物理量，当 p_0 越大，即 σ 值越大，水体越不易汽化，水流就越不易空化。水流刚刚开始发生空化时的 σ 值被称为初生空化数，一般用 σ_i 表示，水流空化数大于初生空化数则水流不会空化。

考虑到锦屏一级水电站海拔较高，水流空化数采用当地（锦屏一级）的大气压力，即采用如下计算公式：

$$p_a/\gamma = 10.33 - \frac{\nabla}{900} = 10.33 - \frac{1800}{900} = 8.33 \tag{7.2-2}$$

式中：p_a/γ 为当地的大气压力，m 水柱；∇ 为锦屏一级水电站海拔高度，取偏不利的值，即泄洪洞上平段的高程，约 1800.00m。水的汽化压力 p_v/γ 与温度有关，原型值采用 20℃水温的值，即 $p_v/\gamma = 0.24$m 水柱，以偏于安全。

在相似条件下，减压箱中的水流空化数应等于原型水流空化数，即

$$\left[\frac{p/\gamma + p_a/\gamma - p_v/\gamma}{v^2/(2g)}\right]_m = \left[\frac{p/\gamma + p_a/\gamma - p_v/\gamma}{v^2/(2g)}\right]_p \tag{7.2-3}$$

式中：下标 m 为减压箱中的相关水力要素；下标 p 为原型的相关水力要素。

因此，在重力相似的前提下，若要水流空化数相似，减压箱中的气体压力计算公式如下：

$$p_{am}/\gamma = \left(\frac{v_m}{v_p}\right)^2 (p_p/\gamma + p_{ap}/\gamma - p_{vp}/\gamma) - p_m/\gamma + p_{vm}/\gamma$$

$$= \frac{p_{ap}/\gamma - p_{vp}/\gamma}{\lambda_l} + p_{vm}/\gamma \qquad (7.2-4)$$

减压箱中应控制的真空压力（即相似真空压力和真空表读数）计算公式如下：

$$p_{0m}/\gamma = p_{al}/\gamma - p_{am}/\gamma = p_{al}/\gamma - p_{vm}/\gamma - \frac{p_{ap}/\gamma - p_{vp}/\gamma}{\lambda_l} \qquad (7.2-5)$$

式中：p_{0m}/γ 为相似条件下减压箱中应控制的真空压力，m 水柱；p_{al}/γ 为试验时减压箱所在地的大气压力，m 水柱，每次试验时现场实测。

相似真空度的计算公式：

$$\eta_m = \frac{p_{0m}/\gamma}{p_{al}/\gamma} = 1 - \frac{p_{vm}/\gamma}{p_{al}/\gamma} - \frac{p_{ap}/\gamma - p_{vp}/\gamma}{\lambda_l p_{al}/\gamma} \qquad (7.2-6)$$

式中：p_{vm}/γ 为试验时减压箱内水体的饱和蒸汽压力，每次试验时根据实测水温查表求得；p_{vp}/γ 为原型水体的饱和蒸汽压力。

以上建立了在水流空化数相似的条件下减压箱内所要求环境压力的不同表达式，但为了寻求初生空化数或为了探求水工建筑物防止空化破坏的安全程度，减压试验中除了进行相似真空度试验外，往往还要进行不同真空度下的试验，如超相似真空度试验或低真空度试验，为此，引入相对相似真空度 η/η_m，即

$$\eta/\eta_m = \frac{p_0/\gamma}{p_{0m}/\gamma} \qquad (7.2-7)$$

式中：p_0/γ 为某一工况下减压箱中真空压力，m 水柱。

显然，当 $\eta/\eta_m > 1$ 时，为超相似真空度工况，用于测试是否有抗空化的裕量；当 $\eta/\eta_m = 1$ 时，为相似真空度工况；当 $\eta/\eta_m < 1$ 时，乃人为的欠真空度工况，用于测试背景噪声。

7.2.1.2 空化的判别方法

减压试验中，常用的空化判别方法有目测法、声压级差法、相对能量法及可能最低压力法等，现分述如下。

1. 目测法

目测法指用肉眼或相关仪器（频闪仪、摄影机）直接观测空化泡的方法。若每分钟空泡出现 3~5 次，则表明该部位已发生空化。

2. 声压级差法

通过水听器监测不同真空度下的水流噪声，并与背景噪声相对比，若频域 20~160kHz 的最大声压级差 $(\Delta SPL)_{max} > 5~10dB$，即认为空化发生。如图 7.2-1 所示为各种真空度时空化噪声频谱图，重点是比较"100%"相似真空度与背景噪声的 ΔSPL_1，而"103.1%"的超相似真空度与背景噪声的 ΔSPL_2，则用以判断是否有裕量。

3. 相对能量法

声压级的计算如下式：

$$SPL = 20\lg \frac{P}{P_{ref}} \qquad (7.2-8)$$

式中：SPL 为声压级，dB；P 为所测得的声压，μPa；P_{ref} 为参考声压，μPa，试验中取 $P_{ref} = 1\mu$Pa。

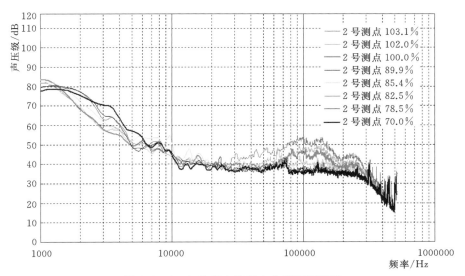

图 7.2 - 1　各种真空度时空化噪声频谱图

对频谱曲线进行能量积分：

$$E = \frac{1}{\rho C_0} \sum_{i=1}^{n} P^2(f_i) \Delta f_i \qquad (7.2-9)$$

式中：E 为噪声能量，$erg/(s \cdot cm^2)$；$P(f_i)$ 为频谱声压；Δf_i 为积分频带宽度，计算范围为 $35 \sim 160 kHz$；ρC_0 为水中的声阻抗，$\rho C_0 = 1.5 \times 10^5 g/(s \cdot cm^2)$。

设背景噪声能量为 E_0（即不存在空化噪声，仅为环境噪声和水流噪声的能量，通常可用 $\eta/\eta_m = 80\%$ 或 $\eta/\eta_m = 90\%$ 时的噪声频谱代替），不同相对真空度 η/η_m 的相对噪声能量计算式为

$$\frac{E}{E_0} = \frac{\sum_{i=1}^{n} P^2(f_i) \Delta f_i}{\sum_{i=1}^{n} P_0^2(f_i) \Delta f_i} \qquad (7.2-10)$$

同一组试验中，Δf_i 为常数，P_{ref} 为常数，求和范围为 $f_i = 35 \sim 160 kHz$，将式（7.2 - 9）代入式（7.2 - 10），整理得下式：

$$\frac{E}{E_0} = \frac{\sum_{i=1}^{n} 10^{\left(\frac{SPL(f_i)}{10}\right)}}{\sum_{i=1}^{n} 10^{\left(\frac{SPL_0(f_i)}{10}\right)}} \qquad (7.2-11)$$

根据不同相对真空度 η/η_m 下的噪声谱，用式（7.2 - 11）计算相对能量 E/E_0，绘制相对真空度 η/η_m 与相对能量 E/E_0 的关系曲线。利用曲线中噪声能量明显上升位置（常用 $E/E_0 = 2$ 作为临界值），判断原型水流是否发生空化。若 $E/E_0 = 2$ 位置处 $\eta/\eta_m > 1$，说明原型水流不发生空化；若该位置处 $\eta/\eta_m = 1$，说明原型水流初生空化；若该位置处 $\eta/\eta_m < 1$，说明原型水流已发生空化。也可以利用 $\eta/\eta_m = 1$ 对应的 E/E_0 值判断原型水流是否发生空化，若 $\eta/\eta_m = 1$ 位置处 $E/E_0 > 2$，说明原型水流已发生空化；若该位置处

$E/E_0 = 2$，说明原型水流初生空化；若该位置处 $E/E_0 < 2$，说明原型水流不发生空化。

4. 可能最低压力法

空化均是因水流局部出现低于水的饱和蒸汽压的负压而产生的，因此，若能准确测量或估算流道内的最低压力的大小，即可判断空化是否发生。在实际应用中，通常采用测量脉动压力的办法，用时均压力减去 3～6 倍脉动压力均方根值，近似作为可能最低压力，若该值（绝对压力）小于等于水的饱和蒸汽压，则认为会发生空化。

5. 锦屏一级泄洪洞试验采用的方法

由于掺气槽附近存在突扩或突跌，水花溅落及掺气导致水体白化，白化后的水体导致空化云的观测变得困难，因此，目测法难以应用；空化数判别可以应用常压的试验结果，但需要减压试验给出初生空化数。因此，锦屏一级泄洪洞对空化的判别采用噪声测试和空化数判别相结合的方法。

在此次试验中，水流初生空化的判别标准采用以下方法：当水流噪声在高频段的声压级增量（ΔSPL）达到 5.0～7.0dB（采用 20 次采样得到的历史平均值）时，同时结合水流噪声相对能量与真空度变化曲线，当 $E/E_0 - \eta$ 关系曲线的曲率发生突变，且 E/E_0 比值达到 2.0 左右时，满足以上两个条件之一作为判断水流发生初生空化的标准。

7.2.2 中闸室空化特性

中闸室减压模型试验比尺为 1:35，模型全部由有机玻璃制作。利用中闸室前的有压段进行流量控制。中闸室体型及水听器安装位置见图 7.2-2，为了对比，在中闸室下游

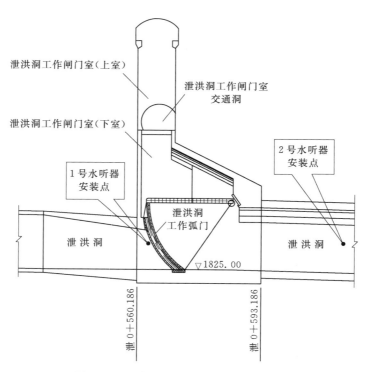

图 7.2-2 中闸室体型及水听器安装位置

洞壁安装了一个小突体（长×宽×高＝2.2cm×1.0cm×2.0cm）。鉴于水听器基于声学原理进行测量，其安装点周围一定距离的较大范围内，水流噪声或发生空化产生的噪声均不会遗漏地被捕捉到，水听器只需布置到所关注位置附近，具体点不称为"测点"，而改称为"水听器安装点"。

分析表明，中闸室校核工况为最不利情况，工作闸门平均流速21.5m/s，流速水头23.5m，门槽中部的相对压力为出口水深的一半；突体长2.2cm，宽1.0cm，高2.0cm，突体中部距离底板17cm，远离中闸室后的明流段，水流相对均匀，平均流速22.8m/s。门槽的水流空化数采用中闸室出口中部的水流相对压力和出口平均流速计算分析，突体的水流空化数采用突体所在位置水流相对压力和突体所在断面平均流速计算得到。中闸室门槽及突体的空化试验参数见表7.2-1。

表7.2-1　　　　　　　　　　　中闸室门槽及突体的空化试验参数

工况	水温 /℃	实验室大气压 p_{al}/kPa	饱和蒸汽压 p_{vm}/kPa	箱内真空压力 p_o/kPa	箱内绝对压力 p_a/kPa	箱内真空度 p_0/p_{al}/%	箱内相对相似真空度 $\eta/\eta_m=p_0/p_{0m}$/%	中闸室空化数	突体空化数
1	8.8	96.6	1.1	94.8	1.8	98.1	101.5	0.36	0.27
2	8.8	96.6	1.1	93.4	3.2	96.7	100.0	0.58	0.45
3	8.8	96.6	1.1	84.1	12.5	87.1	90.0	1.99	1.70
4	8.8	96.6	1.1	74.7	21.9	77.3	80.0	3.42	2.96

图7.2-3为门槽在不同η/η_m条件下的空化噪声频谱曲线。从图中可以看出，在空化发生的频率范围内（通常为$f_i=35\sim160$kHz），箱内相对相似真空度的上升并未造成声压级的明显上升，声压级差的最大值不超过3dB（小于临界标准5dB）。同时，从图7.2-4门槽η/η_m与相对能量关系曲线上也可看出，相似真空度下的相对能量虽然较背景噪声能量有所提高，但幅值较小，即使在超相似真空度条件下（$\eta/\eta_m=101.5\%$），相对能量未有大幅上升，仍小于2.0，可以判别原型门槽在校核工况下的水流空化数为0.58，不会发

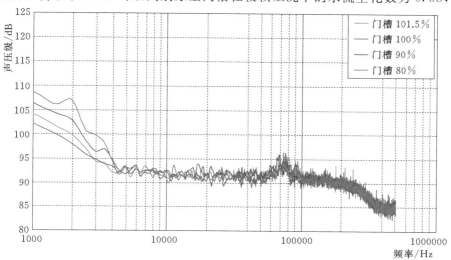

图7.2-3　门槽在不同η/η_m条件下的空化噪声频谱曲线

生空化，并且门槽初生空化数小于 0.36。

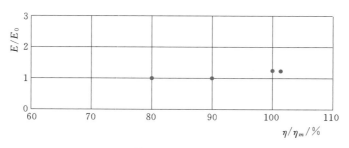

图 7.2 - 4　门槽 η/η_m 与相对能量关系曲线

　　将减压箱抽真空直至达到极限能力，中闸室未观测到空化，为消除试验疑虑而特意在远离试验范围的下游布置一个小突体，图 7.2 - 5 和图 7.2 - 6 为突体在不同 η/η_m 条件下的空化噪声频谱曲线和突体 η/η_m 与相对能量关系曲线。观测到在 $\eta/\eta_m=101.5\%$ 时有轻微空化，空化噪声频谱曲线在 $f_i=62\text{kHz}$ 附近较背景噪声有 6.7dB 的上升，已超过 5dB 的临界标准，相对能量关系曲线也表明了这一点。

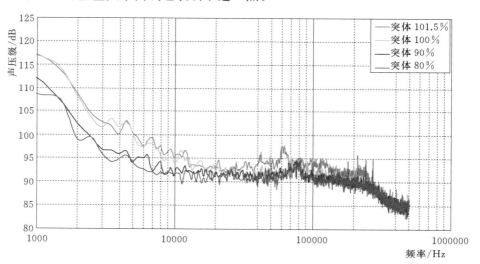

图 7.2 - 5　突体在不同 η/η_m 条件下的空化噪声频谱曲线

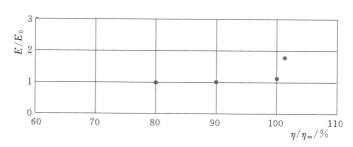

图 7.2 - 6　突体 η/η_m 与相对能量关系曲线

　　中闸室段不会发生空化，试验成果可信。对混凝土表面不平整度进行严格控制，不需要设置掺气设施，即可保证工程安全。

7.2.3 龙落尾段空化特性

1. 渥奇曲线段空化特性研究

渥奇曲线段底板为抛物线体型，流速沿程增大，故渥奇曲线段段底板水流空化数沿程降低，且随库水位的升高而减小。闸门全开，较低库水位（1850.00mm）泄流时，渥奇曲线段底板末端最小水流空化数为 0.40，库水位升高至 1880.00m 时，渥奇曲线段底板最小水流空化数降低至 0.31。

（1）水流空化噪声分析。水听器安装桩号为 1+007.556，位于渥奇段中部附近右边墙。减压箱内相似真空度为 93.9%。

闸门全开，当库水位分别在 1850.00m、1865.00m 和正常蓄水位 1880.00m 及校核水位 1882.60m 泄洪时，实测渥奇曲线段中部测点水流噪声在大于 30kHz 高频段的最大声压级差（ΔSPL）分别为 3.1dB、4.1dB、3.7dB 和 4.3dB；库水位为正常蓄水位 1880.00m 时，从水流噪声能量随真空度的变化曲线可知，在相似真空度时测点实测水流噪声能量与背景噪声能量的比值（E/E_0）在 1.85 左右。

闸门局部开启，开度分别为 3/4、1/2、1/3 和 1/4 时，当库水位分别在 1850.00m、1865.00m 和正常蓄水位 1880.00m 泄流时，测点水流噪声在高频段的最大声压级增量分别为 3.4~4.7dB、3.8~4.7dB、1.7~2.2dB 和 1.5~2.0dB；库水位为设计水位 1880.00m，闸门开度分别为 3/4、1/2 和 1/4 泄流时，测点在相似真空度时的水流噪声相对能量 E/E_0 值分别为 1.90、1.88 和 1.56。

无论是采用最大声压级差还是采用相对能量的判断标准，各工况下均判别渥奇曲线段不会发生空化。

（2）水流空化数分析。龙落尾渥奇曲线段计算的水流空化数大于其初生空化数，在严格控制施工工艺和表面不平整的情况下，不会发生空化，可不设置掺气设施。

2. 渥奇曲线以后段空化特性研究

（1）水流空化噪声分析。1 号水听器布置在龙落尾斜坡段高程 1751.40m 处，2 号水听器布置在龙落尾下平段高程 1698.00m 处，两个水听器均位于掺气坎下游约 45m 处。

从 2 个水听器测量得到的不同 η/η_m 条件下的空化噪声频谱曲线可以看出，在空化发生的频率范围内（通常为 $f_i=35\sim160kHz$），随着箱内相对相似真空度的增加，1 号水听器所测到的声压级有一定的上升，最大值约 3dB（尚小于临界标准 5dB），而 2 号水听器所测到的声压级差在不同相似真空度时几乎没有变化。根据减压试验，1 号水听器位置的初生空化数约 0.082，2 号水听器位置的初生空化数小于 0.087，两个水听器位置的空化试验参数见表 7.2-2。

（2）水流空化数分析。利用减压试验获得的初生空化数和常压试验获得的不同运行工况下的有关参数，可对泄洪洞龙落尾段的空化特性进行综合分析。

1 号水听器位置在不同工况时的水流空化数见表 7.2-3，在不同流速及不同闸门开启方式的情况下，水流空化数（最小为 0.124）均大于初生空化数（略小于 0.082），减压试验表明不会发生空化。

表 7.2 - 2　　　　　　　　　　两个水听器位置的空化试验参数

闸门开启方式	水温 /℃	实验室大气压 p_{al}/kPa	饱和蒸汽压 p_{vm}/kPa	箱内真空压力 p_o/kPa	箱内绝对压力 p_a/kPa	箱内真空度 p_0/p_{al}/%	箱内相对相似真空度 $\eta/\eta_m = p_0/p_{0m}$/%	1号坎空化数	2号坎空化数
全开	24.5	94.85	3.08	91.19	3.7	96.1	100.7	0.082	0.087
3/4 开度	24.5	94.85	3.08	90.56	4.3	95.5	100	0.116	0.119
1/2 开度	24.5	94.85	3.08	81.50	13.4	85.9	90	0.623	0.590
1/4 开度	24.5	94.85	3.08	72.45	22.4	76.4	80	1.125	1.056

表 7.2 - 3　　　　　　　1 号水听器位置在不同工况时的水流空化数

断面平均流速 /(m/s)	闸门开启方式	相对压力 /m	水流空化数	初生空化数	判别结果	备　注
42.96	全开	6.00	0.163		不空化	
45.56	3/4 开度	4.82	0.132	<0.082	不空化	相对压力和断面平均流速来源于常压试验，初生空化数来源于减压试验
45.50	1/2 开度	4.30	0.126		不空化	

　　2 号水听器位置的情况与 1 号水听器位置类似，在不同工况时的水流空化数见表 7.2 - 4，在不同库水位和不同闸门开启方式情况下，水流空化数（最小为 0.121）均大于初生空化数（小于 0.087），减压试验表明不会发生空化。

表 7.2 - 4　　　　　　　2 号水听器位置在不同工况时的水流空化数

断面平均流速 /(m/s)	闸门开启方式	相对压力 /m	水流空化数	初生空化数	判别结果	备　注
48.90	全开	7.00	0.124		不空化	
47.87	3/4 开度	4.60	0.115	<0.087	不空化	相对压力和断面平均流速来源于常压试验，初生空化数来源于减压试验
47.80	1/2 开度	4.30	0.105		不空化	

　　由此可见，龙落尾泄流段底板的最小水流空化数很小，仅为 0.105～0.163，虽然减压试验表明此段不会发生空化，但考虑到龙落尾斜坡及反弧段流速高，且水流空化数很小，已远小于 0.3，并结合现场实际混凝土施工条件，为充分保证泄洪安全，设置掺气减蚀设施保护过流表面是十分必要的。

7.2.4　燕尾挑坎空化特性

　　1. 水流空化噪声分析

　　根据常压试验成果，并参考类似工程的经验，在泄洪洞挑坎可能出现空化的部位布置了水听器，1 号、2 号水听器测点位于泄洪洞挑坎两侧，见图 7.2 - 7。

　　校核水位 1 号及 2 号测点（挑坎两侧）在相似真空度时，噪声频率在 20～100kHz 区间段的最大声压级差为 2.7dB，现场目测没有观察到空化泡，说明原型水流在校核水位泄洪时，挑坎段不会发生空化。正常水位、不同开度工况下的水流噪声频谱曲线与校核工况相似，在相似真空度时，最大声压级差为 2.5dB，小于 5dB，现场目测没有观察到空化

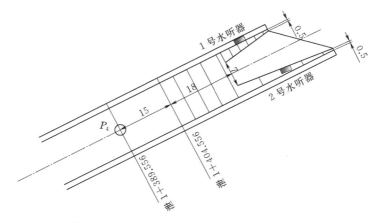

图 7.2-7　水听器测点布置示意图（单位：m）

泡，说明原型水流在该水位运行时挑坎段不会发生空化。

低水位（1850.00m）运行，在相似真空度时，最大声压级差为 3.5dB，小于 5dB，现场目测没有观察到空化泡，说明原型水流在该水位运行时挑坎段也不会发生空化。

2. 水流空化数分析

因试验过程中未发现挑坎段出现空化，因此，初生空化数是在空化最不利工况（校核水位 1/4 开度工况）超相似情况下计算得到的，校核水位 1/4 开度工况试验参数见表 7.2-5。将表 7.2-5 中的水的汽化压力 1.96kPa 作为 h_v、箱内最大绝对压力 2.97kPa 作为 h_a，即可算出上述试验条件下的水流空化数，计算结果见表 7.2-6 中的"初生空化数"一列。从表 7.2-6 可以看出，水流空化数均大于初生空化数，说明挑坎段不会发生空化，挑坎段不会发生空蚀破坏。

表 7.2-5　　　　　　　　　校核水位 1/4 开度工况试验参数

上游水位 /m	水温 /℃	实验室 大气压 /kPa	水饱汽化 压力 /kPa	最大真 空压力 /kPa	最大 真空度 /%	相似 真空压 /kPa	箱内最低 绝对压力 /kPa	最大相对相似真空度 /%
1882.60	17.4	96.20	1.96	93.23	96.91	92.63	2.97	100.65

表 7.2-6　　　　　　　　　　试验工况水流空化数及初生空化数

闸门开度	库水位 /m	参考断面平均流速 /(m/s)	水流 空化数	初生 空化数	备　　注
1/4 开度	1880.00	48.1	0.080		
	1882.06	48.2	0.080		
2/4 开度	1880.00	48.4	0.088	<0.054	参考断面平均流速来源于常压试验及水面线推算成果，初生空化数根据减压试验相关参数计算得到
	1882.06	48.5	0.089		
全开	1880.00	49.3	0.107		
	1882.06	49.5	0.107		
	1850.00	46.3	0.103		

7.3　掺气减蚀研究

掺气减蚀设施布置在易空蚀破坏区域的前部，设置掺气坎（槽）以形成通气空腔，利用通气空腔内的负压，迫使大量气体掺入水流中，形成压缩性较强的水气混合体，从而延缓或阻止空化的发生，保护下游过流面免受空蚀破坏。掺气减蚀的机理如下：

（1）掺气降低水中声速，削减固壁面上的空化荷载。空泡溃灭压强与介质中声速的平方成正比，而介质的声速随掺气浓度的增加而迅速降低，当掺气浓度达到 3％时，近壁空泡溃灭压强约缩小到 1/60。

（2）掺气改变近壁泡的溃灭过程，减小固壁受力。近壁层的液体掺气后就像在固壁表面盖了一层刚性很小的可变形层，它对溃灭空泡有排斥作用，使其远离固壁，并使溃灭泡的微射流改变射向。正是空泡溃灭过程的这一重要变化，使固壁不再承受由空泡溃灭微射流转化的最大溃灭压强，同时因溃灭泡远离固壁也大大削减了作用在固壁上的最大辐射压强，从而减轻了固壁的空蚀。

7.3.1　掺气减蚀技术发展

早在 20 世纪 30 年代，人们就已经认识到水流掺气可以减轻对过流表面的空蚀破坏。1937 年，穆松（Mousson）使用文丘里管型空蚀试验装置发现使水流掺气可减轻对过水面的空蚀破坏，随后，其他许多学者的试验也证实了这一成果。1945 年，美国垦务局（USBR）曾对波德（Boulder）坝泄洪隧洞进行过掺气减蚀的试验研究，但当时未付之于实践。把这一认识付诸工程实践则始于 1960 年，美国大古力坝（Grand Goulee Dam）的坝内泄水孔出口收缩段下游，由于原设计体型不当，在运用后发生了空蚀破坏，当年在泄水孔锥形管出口下游设置了掺气槽。随后，掺气减蚀在水工泄水建筑物中逐渐得以推广。国内第一个采用掺气减蚀技术的泄洪工程是冯家山水库泄洪洞。该泄洪洞于 1975 年设计，1980 年进行了掺气坎减蚀效果的现场试验，证明减蚀效果明显。从掺气减蚀被证明是解决空蚀破坏最有效的途径以来，掺气设施已越来越多地应用于很多工程，目前已在泄洪洞、溢洪道、陡槽等高水头、大单宽流量泄水建筑物中设置掺气槽强迫掺气，防止高速水流引起的空蚀破坏，取得了显著效果。

二滩水电站 1 号泄洪洞，在运行多年后 2 号掺气坎以下约 45m 范围内的两侧边墙出现了多处局部空蚀斑点或麻面。为加强对两侧边墙的掺气保护效果，于 2005 年第一次研发并实践了"突跌＋侧收缩"的全周边掺气型式。试验结果表明，这种"突跌＋侧收缩"掺气坎可以有效地增加坎后边墙一定范围内的近壁水流掺气浓度，明显改善坎后一定距离内边墙附近的水流掺气效果。运行多年后巡查边墙没有发生空蚀破坏，说明侧面水流掺气对边墙具有较好的减蚀保护作用，因此对 40m/s 高速水流还应关注边墙的掺气减蚀问题。随着泄洪建筑物运行水头和单宽流量越来越高，人们逐渐从仅重视底部掺气转变为底部掺气和侧墙掺气保护并重。因此，按照布置型式的不同，掺气设施可分为底掺气设施和全周边掺气设施（既有底部掺气设施又有侧墙掺气设施）两大类。

底掺气设施的工程型式包括挑坎式、跌坎式、槽式以及组合式（见图 7.3－1）等。

其中组合式是在工程中运用比较多的，它的形式有挑坎和槽组合，跌坎和槽组合，挑坎和跌坎组合，挑坎、槽和跌坎组合等。

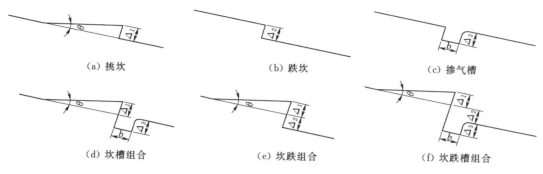

图 7.3 - 1　掺气设施的基本型式

全周边掺气可以分为三类：第一类为结合偏心铰式弧形闸门止水或液压密封框止水的突扩突跌设施；第二类为泄洪洞或溢洪道中结合常规底掺气坎，采用合理的侧墙掺气坎，通过边壁贴角突缩或突扩突跌实现掺气；第三类较为特殊，是圆形断面在底掺气的同时也实现了部分事实上的侧掺气。

掺气减蚀设施的进气系统主要有两类：一类是在边墙内埋设通气管直接向水流的负压空腔供气，这是封闭的通气方式；另一类是在边墙上开槽或利用闸墩尾端突扩形成与大气相通的空腔通气（图 7.3 - 2）。实际上，图 7.3 - 2 中（b）～（e）在提供进气通道的同时，也实现了水流侧掺气。

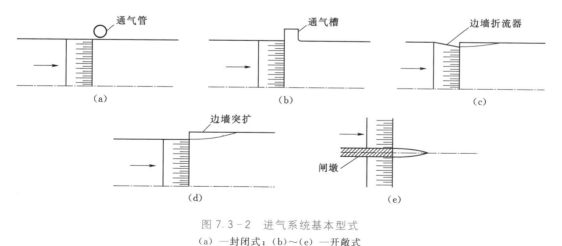

图 7.3 - 2　进气系统基本型式
（a）—封闭式；（b）～（e）—开敞式

7.3.2　掺气设施的水力特性衡量指标

为了预测掺气设施的水力指标，国内外学者综合理论分析、数值计算、原型观测和考虑比尺效应的模型试验进行了大量的研究探讨。

掺气设施的水力特性衡量指标主要包括空腔长度、通气量、掺气浓度及保护长度等。

目前，掺气设施水力特性衡量指标主要是通过模型试验获得，由于技术和经济条件的限制，大多数的水力学模型比尺较小，很难满足水流紊动强度、掺气水流气泡、表面张力、黏滞力、糙率、雷诺数（Re）等方面的相似，影响了对掺气设施水力特性衡量指标的评价，在模型试验时应重视比尺效应。首先，应尽可能采用大比尺模型，使模型流速达到 $6 \sim 7m/s$；其次，通过试验和原型观测资料总结出一些模型与原型掺气指标的换算关系；最后，掺气坎局部加糙，期望能在一定程度上消除比尺效应。

1. 空腔长度

空腔长度是通气坎下游掺气水流状态的主要特征尺度，它分为底空腔长度和侧空腔长度。研究资料表明，掺气坎后空腔长度与通气量成正比，较长的空腔长度是掺气坎效果优良的标志。一般来说影响空腔长度的因素有掺气坎前水力条件、空腔压力和掺气设施的体型、尺寸等。

底空腔长度的预测方法主要有以下四种：①建立在抛射体理论或水流一维运动方程基础上，经过适当简化处理而得到的半经验半理论公式；②利用因次分析结合试验数据得出的经验关系式；③根据射流下缘流体质点的运动方程，考虑空腔负压和出射角等修正因素，并经适当简化处理而得出空腔长度的计算公式；④通过数值模拟方法计算空腔长度。

大多数工程主要根据试验结果对计算成果进行修正，由于流经挑坎的射流侧缘气水掺混，试验中判定空腔长度除目测法外，还可用以下两种方法获得：①根据流场内水流掺气浓度分布来划定；②从底板上压力分布来划定。

2. 通气量

掺气减蚀设施应该具有稳定的通气空腔和足够的通气量。足够的通气量是充足掺气的前提条件。通气量的计算分为单一的底部掺气坎挟气量和突扩突跌底空腔及侧空腔挟气量。挟气量的预测比较复杂，其影响因素有掺气坎前水力条件、掺气和补气设施的型式、空腔负压及壁面糙率。空腔压力应保证空腔顺利进气。空腔内的负压值通常为 $-2 \sim -5kPa$。

（1）通气量计算。通气量的计算大多采用半理论半经验公式法。目前应用较多的是下式：

$$q_a = kVL \qquad (7.3-1)$$

式中：q_a 为单宽通气量；L 为空腔长度；V 为掺气坎前来流流速；k 为反映掺气影响的综合系数。不同的学者针对不同的工程提出了不同的 k 值，主要从原型观测资料和试验成果统计获得，一般 k 值为 $0.01 \sim 0.04$。

对突扩突跌掺气坎，底空腔单宽挟气量按式（7.3-1）计算时，掺气系数 k 取 0.022，L 取底空腔长度。侧空腔水舌挟气量的计算公式如下：

$$Q_2 = 0.011VL_2h \qquad (7.3-2)$$

式中：V 为侧空腔末端的水流流速；L_2 为侧空腔长度；h 为侧向水舌与侧墙交汇处的水深，可近似取掺气坎前水深。

（2）通气量原型观测及修正。国内外部分已建工程开展了通气量的原型观测，结合不同比尺模型试验的结果，对掺气减蚀试验的比尺效应进行了研究（见表 7.3-1）。表中原型与模型的相对掺气比 η 可用下式表示：

$$\eta = \frac{\beta_p}{\beta_m} = \frac{Q_{ap}}{Q_{wp}} \bigg/ \frac{Q_{am}}{Q_{wm}} = \frac{Q_{ap}}{Q_{am}\lambda_L^{2.5}} \qquad (7.3-3)$$

式中：β_p 和 β_m 分别为原型和模型的掺气比，即通气量和流量的比值；Q_{ap} 和 Q_{am} 分别为原型和模型的通气量；Q_{wp} 和 Q_{wm} 分别为原型和模型的流量；λ_L 为模型比尺。

表 7.3-1　　　　　　　　　　各工程不同比尺的相对掺气比

工程名称及泄水建筑物	模型比尺（$1:\lambda_L$）	原型与模型的相对掺气比 η
丰满溢流坝	1:10	1.0
	1:20	2.0~2.4
	1:30	2.4~2.6
白山溢流坝	1:20	2.1
	1:40	3.8
	1:70	14.7
乌江渡 2 号溢流孔	1:30	1.8~2.0
乌江渡左岸滑雪道	1:30	1.5
乌江渡右岸滑雪道	1:30	1.5~1.7
冯家山溢洪洞	1:40	3.3~5.0
契休斯考溢流坝	1:13	1.0
圣洛克溢洪道	1:25	1.1~1.5
麦克非溢流坝	1:36	2.0
福兹杜阿里亚溢洪道	1:50	3.0~4.0

可以看出：模型比尺越大，原型与模型的相对掺气比越小。丰满水电站对溢流坝段开展了系列模型试验，模型比尺为 1:30 时，相对掺气比为 2.4~2.6，模型比尺增至 1:10 时，相对掺气比为 1.0，即原型通气量和模型通气量满足重力相似准则。当模型比尺较小时，相对掺气比较大，如巴西的福兹杜阿里亚溢洪道的模型比尺为 1:50，相对掺气比为 3.0~4.0。白山溢流坝的模型比尺为 1:70，相对掺气比达到 14.7，即原型通气量和模型通气量不满足重力相似准则。从原型与模型的对比可以看出，当模型比尺达到 1:13 以上时，可以不考虑比尺效应，模型比尺小于 1:40 则无准确的试验成果，模型通气量按照重力相似准则换算为原型值后，还要乘以一个修正系数——相对掺气比，这就是掺气减蚀试验的比尺效应。

根据表 7.3-1，原型与模型的相对掺气比 η 与模型比尺 λ_L 的关系如图 7.3-3 所示，拟合公式为

$$\eta = \max(1, 0.56\mathrm{e}^{0.045\lambda_L}) \qquad (7.3-4)$$

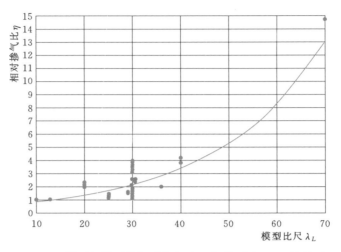

图 7.3-3 原型与模型的相对掺气比 η 与模型比尺 λ_L 的关系图

3. 掺气浓度及保护长度

临界免蚀掺气浓度不仅与水头有关，还与不平整突体的型式、高度、坡度及壁面材料强度有关，一般均是通过模型或原型试验而得到的经验值。有关文献提及，当流速为 $35\sim42\text{m/s}$，垂直凸体高度不大于 30mm 时，临界免蚀掺气浓度为 $3\%\sim4\%$；当不平整度小于 10mm 时，临界免蚀掺气浓度为 $1\%\sim2\%$。我国现行水电行业标准规定在保护范围内，邻近保护面的掺气浓度不应低于 $3\%\sim4\%$，要求特别高的部位不应低于 5%。但部分原型观测中，有掺气浓度小于 3% 而没有发生空蚀破坏的例子。还有人认为与气泡尺寸的大小有关，有关文献提出与掺气保护作用关系最密切的是单位体积内的气泡数量，而不是单纯掺气浓度，掺气减蚀作用主要依靠小尺寸气泡。由于比尺效应，一般情况下其原型相应点的水流掺气浓度将会大于模型水流掺气浓度。

掺气设施的保护范围是掺气减蚀研究中的难题，目前主要的研究手段是研究过流面的掺气浓度。有关文献对掺气设施的有效保护长度的定义是：掺气设施下游近壁的掺气浓度大于临界免空蚀的有效掺气浓度的范围。它主要取决于掺气设施的型式、尺寸和过流面的临界免空蚀掺气浓度以及沿过流面的掺气浓度递减率。其影响因素有来流的水流条件、混凝土强度和表面不平整度以及掺气坎下游底板坡度等。

根据苏联布拉茨克溢流坝沿程各断面的水流掺气量资料，得出陡坡段沿程单位距离内掺气量每米递减率为 $0.4\%\sim0.8\%$；反弧段由于受离心力作用使水中的空气逸出加剧，掺气量每米递减率为 $1.2\%\sim1.5\%$。按该工程的资料估算，陡坡直线段的掺气坎的保护长度为 100m 左右，若掺气挑坎下游接反弧段，保护范围将缩短。由于有效保护长度的影响因素复杂，目前还不能从理论上得到解决，只能从试验结果和实测资料得出经验公式，供工程设计参考。

有文献根据原型观测资料和模型试验结果得出了有效保护长度的计算公式：

$$L_p = 25\Delta(Fr-1)/\cos\alpha \qquad (7.3-5)$$

式中：L_p 为有效保护长度；Δ 为挑坎高度；Fr 为坎上水流的弗劳德数；α 为槽底坡角。

7.3.3　锦屏一级泄洪洞掺气坎布置

1. 掺气设施布置方案比选

第一道掺气设施应设置在可能发生空蚀的部位之前。我国现行行业标准规定，水流空化数小于 0.3 或流速大于 30m/s 时，应沿水流边壁加设掺气设施。当流速处于 20～30m/s 时，很多泄水建筑物上就设置了掺气设施，所以掺气设施位置的选择应根据工程具体特点综合比较，有条件时宜靠前设置第一道掺气设施，根据掺气坎的保护范围设置后续的掺气坎。

锦屏一级泄洪洞在渥奇曲线末端附近设置第一道掺气挑坎，通过水工模型试验，针对锦屏一级泄洪洞龙落尾段两种不同体型布置三道及四道掺气设施方案进行了分析研究。

设置三道掺气设施方案（方案一）：龙落尾段渥奇曲线方程为 $y = x^2/300 + 0.023x$。斜坡段坡角为 28°，反弧段半径为 300m，圆心角为 23.43°。在龙落尾段及以下的高速段设置三道掺气设施，掺气坎位置桩号分别为 1+080.969（渥奇曲线末端）、1+178.817 和 1+214.285，掺气坎间距分别为 110.8m、163.6m 和 115.6m，1 号掺气坎前（渥奇曲线末端）最大流速约 31.42m/s。

设置四道掺气设施方案（方案二）：龙落尾段体型与方案一相比有较大的变化，龙落尾段起点前移 24.716m，渥奇段曲线方程由原来的 $y = x^2/300 + 0.023x$ 调整为 $y = x^2/400 + 0.023x$，斜坡段坡角调整为 24.36°，反弧段半径为 300m，圆心角为 19.78°。同时，将原来的三道掺气设施调整为四道掺气设施，1 号掺气坎仍设在渥奇曲线末端，四道掺气坎位置桩号分别为 1+056.948、1+129.238、1+209.223 和 1+331.203，掺气坎间距分别为 80m、88.5m、128.6m 和 115.6m，1 号掺气坎前（渥奇曲线末端）最大流速约 30.89m/s。

试验结果表明，在闸门全开、正常蓄水位 1880.00m 泄流条件下，两种方案流态正常，沿程水深变化规律基本一致，洞顶余幅相差不大，三道掺气设施方案龙落尾段余幅范围为 38%～62%，四道掺气设施方案龙落尾段余幅范围为 36%～64%；两种方案不同部位掺气设施的底掺气空腔形态稳定，无明显积水现象，空腔长度均介于 22～27m。通风井通气风速和通气量的影响因素比较复杂，与水流流速、空腔形态及长度、底空腔的回水状况等有关，在空腔形态稳定、回水稀少、空腔长度差别不大的情况下，水流速度是决定通风量大小的主要因素。试验数据也表明，无论是三道还是四道掺气设施方案，受水流沿程速度增大的影响，下游掺气设施的通气量比其上游掺气设施的通气量明显增大。两方案反弧末端的桩号和高程相同，流速接近，掺气设施通气风速和通气量非常接近。两种方案最大的区别表现在底板的掺气浓度上，表 7.3-2 列出了两种方案龙落尾段实测最小掺气浓度值。从表 7.3-2 可以看出，方案二掺气设施下游最小掺气浓度相比方案一有明显的增大，这是因为方案二增设了掺气设施，缩短了掺气设施的间距，掺气设施保护范

表 7.3-2　两种方案龙落尾段实测最小掺气浓度　　　%

水位/m	方案一	方案二
1882.60	0.4	2.5
1880.00	0.9	1.6

围内有足够的掺气浓度，有利于增强对过流面的掺气减蚀保护。因此，泄洪洞龙落尾段推荐采用四道掺气设施方案（方案二）。

2. 反弧末端设置侧墙掺气设施的必要性

1号、2号掺气坎间距仅 80 余米，综合水力扰动、通气量、水流掺气效果和国内外工程破坏实例分析，第一道、第二道、第三道掺气坎可不设侧墙掺气措施。重点研究反弧末端设底掺气坎对水力特性的影响，考虑反弧末端是否需要设置侧墙掺气设施。

通过三维数值模型研究了反弧末端设底掺气坎布置型式的水力特性。反弧末端设置掺气坎除坎后形成掺气底空腔外，其主流流态与连续底板相近，但底空腔段形成水气界面发生掺气现象。掺气坎前后水流流速的分布没有明显的变化，反弧段形成的横向涡及二次流现象在掺气坎下游仍然存在，断面横向流动形态基本一致，如图 7.3-4 所示。

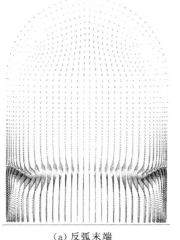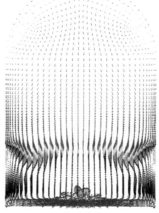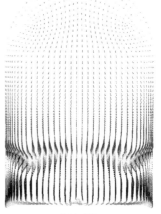

(a) 反弧末端　　　　　　(b) 反弧下游 10m　　　　　　(c) 反弧下游 25m

图 7.3-4　反弧断面矢量图

掺气坎后的空腔区动水压力急剧减小，甚至出现负压，由于水舌下缘脱开底板与空气相接，所以空腔区压力不再呈现上小下大的分布特点，而是整个水深方向均较小，且主流中间部位的动水压力略大于对应断面上、下部位的压力；在空腔末端，受水流跌落的冲击作用，动水压力迅速增大。挑跌组合掺气坎由于挑坎的壅水作用，在挑坎前压力局部增大，随后迅速减小。

反弧末端设置掺气坎后，边墙上的剪应力分布规律基本一致，最大剪应力位于水深的中间部位，这一特点与连续底板体型相同。在坎后底空腔段边墙上的剪应力仍呈增大趋势。总体来看，边墙剪应力的变化趋势基本一致，但相对连续底板型式的剪应力较大，且沿程变化梯度也较大。

综上分析，反弧末端设置挑跌组合掺气坎后，反弧末端附近边墙上压力梯度最大，沿程压力变化剧烈，其低压区范围最大；边墙上的壁面剪应力也有所增大，局部区域有突变现象。动水压力小、梯度大及壁面剪应力局部增大等因素都在不同程度上有促使产生水流空化的作用，侧墙局部范围计算的空化数小于 0.3，故在反弧末端设置底部掺气设施的同时，还需设置侧墙掺气设施，并开展侧墙掺气设施体型研究。

7.3.4 掺气设施体型

7.3.4.1 掺气设施体型设计原则

为了达到良好的掺气减蚀效果，锦屏一级泄洪洞掺气减蚀设施设计需满足以下要求：①掺气设施应该在较易产生空蚀破坏部位的上游设置，在运行的水头范围内，掺气空腔稳定，以保证通气顺畅；②设置掺气设施后，不应过分抬高水面线和恶化水流流态；③通气道应保证足够的进气量；④在保护长度范围内，掺气设施下游水流应有足够的掺气浓度；⑤掺气空腔内的负压不宜过大；⑥掺气设施的体型应力求简单，便于施工。

7.3.4.2 掺气坎体型研究

1. 底掺气坎体型研究

在各种运行条件下，挑坎后应保证足够长度的稳定空腔和较好的流态。掺气坎体型尺寸研究主要针对掺气挑坎的高度和坡度。一般挑坎高度的变化范围为 0.05~1.5m，挑坎坡度为 1∶5~1∶15。

适当增大挑坎高度，可增加空腔长度和通气量，但挑坎高度过大时，水舌入水角较大，容易产生回水淹没掺气空腔，减小通气量；同时还会抬高水面线，恶化水流流态，增加水舌冲击区的动水压强。合理的挑坎高度选择，与单宽流量、弗劳德数及下游底板坡度等因素密切相关，时启燧等根据国内外掺气减蚀工程的试验资料，总结了形成稳定掺气空腔的坎高计算公式：

$$\frac{\Delta}{R} \geq 23.5 \left(\frac{V}{\sqrt{gR}} \frac{1}{\cos\alpha\cos\theta} \right)^{-3} \tag{7.3-6}$$

式中：Δ 为挑坎高度；R 为坎上水力半径；V 为坎上水流速度；g 为重力加速度；α 为槽底坡角；θ 为挑坎挑角。

挑坎坡度对掺气效果的影响与挑坎高度基本相同，在一定范围内挑坎坡度越大，空腔长度和通气量越大，掺气效果越好。但当挑坎坡度过大时，会给水流流态、空腔稳定和底板稳定等带来不利影响。

锦屏一级泄洪洞的四道掺气底坎体型选用挑跌坎组合式进行试验研究，第一道掺气设施两侧设 1.2m×1.8m 的矩形封闭通气井，其余三道掺气设施两侧设 1.4m×2.0m 的矩形封闭通气井。在体型试验过程中重点观察掺气空腔形态、回水及水流流态情况。结果表明：掺气坎后空腔回水的形成与空腔末端挑射水舌冲击角有密切关系，试验中水舌冲击角大于 9°时，空腔内开始出现回水，冲击角越大，空腔回水深度越大，挑射水舌冲击角与掺气坎体型、泄槽底坡和来流水力条件等直接相关。

1 号掺气底坎，坎前计算流速为 30.53m/s，清水水深为 8.13m，空化数为 0.33，弗劳德数为 3.4，坎后泄槽坡度为 1∶0.469；2 号掺气底坎，坎前计算流速约 37m/s，清水水深为 7.7m，空化数为 0.26，弗劳德数为 4.2，坎后泄槽坡度为 1∶0.469；3 号掺气坎，

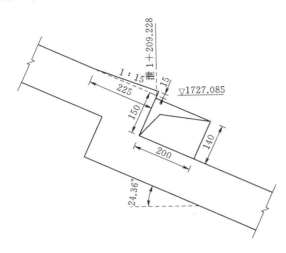

图 7.3-5 3号掺气坎选择体型
（尺寸单位：cm）

坝前计算流速约 47m/s，弗劳德数约 6.5，坎后泄槽坡度为 1：0.469；4 号掺气坎，坝前计算流速约 52m/s，弗劳德数约 7.5，坎后泄槽坡度为 1：0.08。对于 1 号、2 号掺气底坎，坎后泄槽底坡较陡，但弗劳德数不大，难以形成稳定的掺气空腔，因此做了多个体型研究。3 号掺气坎处流速高，弗劳德数较高，掺气坎能形成稳定的掺气空腔，基本无回水，掺气效果较好。3 号掺气坎采用坎高 0.15m，相对坡比 1：15，3 号掺气坎选择体型如图 7.3-5 所示。4 号掺气底坎初定坎高 0.1m，相对坡比 1：12，还需结合侧墙掺气进一步联合研究。

通过试验重点研究 1 号、2 号掺气坎体型。其中 1 号掺气坎研究 5 个体型，2 号掺气坎研究 3 个体型，各挑坎体型主要特征参数见表 7.3-3。1 号掺气坎挑坎坎高是指渥奇曲线终点以上的挑坎高度。

表 7.3-3　　　　　　　　　　各挑坎体型主要特征参数

挑坎	体型	挑坎坎高/m	挑坎长度/m	相对坡比	跌坎高度/m	通风井断面/(m×m)
1	1	0.15	1.5	1：7.092	1.5	1.8×1.2
	2	0.3	2.4	1：5.964		
	3	0.5	5	1：6.766		
	4	0.5	4	1：5.855		
	5	0.5	3	1：4.754		
2	1	0.15	2.25	1：15	1.5	2×1.4
	2	0.3	3	1：10		
	3	0.4	4	1：10		
3		0.15	2.25	1：15	1.5	2×1.4
4		0.1	1.2	1：12	1.5	2×1.4

试验观察发现，掺气坎后的空腔形态和水流掺气效果主要受高水位、大流量泄流工况控制，故以闸门全开、正常水位 1880.00m 的运行条件为主，兼顾局部开启运行情况，对 1 号掺气坎和 2 号掺气坎进行了优化比较试验。

对 1 号掺气坎比较了 5 种体型，在正常蓄水位 1880.00m 闸门全开工况下，1 号掺气底坎掺气水力特性见表 7.3-4。5 种体型的空腔形态及通气风速如下：

体型 1：各种运行工况下掺气坎后能够形成稳定的底空腔，闸门全开、正常水位 1880.00m 泄流时实测底空腔长 15m，但空腔内回水严重，回水前峰有时达到跌坎附近，部分堵塞进气口，减小了进气口的有效面积。水流掺气不够充分，实测通风井风速为12.6m/s。

体型2：各种运行工况下掺气坎后能够形成稳定的底空腔，闸门全开、正常水位1880.00m泄流时实测底空腔长18.8m，底空腔内回水依然比较严重，但与体型1相比明显减弱，回水前峰偶尔达到通气孔口下缘，对供气通道无明显阻塞，水流掺气有所改善，实测通风井风速为17.5m/s，空腔长度和通气风速依然偏小。

体型3：各种运行工况下掺气坎后能够形成稳定的底空腔，闸门全开、正常水位1880.00m泄流时实测底空腔长19.5m，空腔内回水较体型2弱小，回水最大上溯距离为13.5m，实测通风井风速为23.0m/s，水流掺气较体型1和体型2充分；库水位1880.00m、闸门50%开度的泄流条件下掺气坎后空腔形态稳定，实测底空腔长25.8m，空腔内无积水，水流掺气充分，实测通风井风速为24.6m/s。

体型4：各种运行工况下掺气坎后能够形成稳定的底空腔，闸门全开、正常水位1880.00m泄流时实测底空腔长20.6m，空腔内回水比体型3减弱，回水最大上溯距离为9m，实测通风井风速为24.1m/s，水流掺气效果相比体型3有进一步改善；库水位1880.0m、闸门50%开度的泄流条件下掺气坎后空腔形态稳定，实测底空腔长27m，空腔内无积水，水流掺气充分，实测通风井风速为25.2m/s。

体型5：各种运行工况下掺气坎后能够形成稳定的底空腔。闸门全开、正常水位1880.00m泄流时实测底空腔长25.5m，底空腔内回水弱小，掺气设施供气系统通气顺畅，水流掺气充分，实测通风井风速为24.9m/s；库水位1880.00m、闸门50%开度的泄流条件下掺气坎后空腔形态稳定，实测底空腔长27.8m，空腔内无积水，水流掺气充分，实测通风井风速为27.42m/s。

综上所述，在闸门全开、正常水位1880.00m泄流时，就底空腔形态、长度、回水状况、通风井风速及掺气效果等进行综合比较，见表7.3-4，1号掺气坎5种体型中以体型5最优，体型5底空腔形态稳定，底空腔长度最长，回水最弱，实测通风井风速最大，水流掺气最为充分。在闸门相对开度50%、正常水位1880.00m泄流时，体型5底空腔形态均稳定，底空腔长都大于25m，底空腔内均没有回水，通风井供气系统通畅，水流掺气充分。故最终选择体型5作为1号掺气坎推荐体型，如图7.3-6所示。

表7.3-4 1号掺气底坎掺气水力特性

体型	挑坎坎高 /m	相对坡比	空腔长度 /m	通风井风速 /(m/s)	回 水 情 况
1	0.15	1：7.092	15	12.6	回水严重，部分堵塞通气孔
2	0.3	1：5.964	18.8	17.5	回水较重，偶尔达到通气孔下缘
3	0.5	1：6.766	19.5	23.0	空腔内回水较体型2弱小，回水最大上溯距离为13.5m
4	0.5	1：5.855	20.6	24.1	空腔内回水比体型3减弱，回水最大上溯距离为9m
5	0.5	1：4.754	25.5	24.9	回水弱，通气顺畅

图 7.3-6　1号掺气坎推荐体型

（尺寸单位：cm）

对 2 号掺气坎主要比较了 3 种体型，在正常蓄水位 1880.00m 闸门全开工况下，2 号掺气底坎掺气水力特性见表 7.3-5。试验结果如下：

体型 1：各种运行工况下掺气坎后能够形成稳定的底空腔。闸门全开、正常水位 1880.00m 泄流时实测底空腔长约 18.3m，底空腔内有积水，积水回流不稳定，时多时少，积水对供气系统进气无明显影响，实测通风井风速为 17.3m/s。

体型 2：各种运行工况下掺气坎后能够形成稳定的底空腔。闸门全开、正常水位 1880.00m 泄流时实测底空腔长约 22.5m，底空腔内基本无回水，水流掺气效果良好，实测通风井风速为 24.62m/s，通风井风速大于体型 1 的通风井风速。

表 7.3-5　　　　　　　　　　　　2 号掺气底坎掺气水力特性

体型	挑坎坎高/m	相对坡比	空腔长度/m	通风井风速/(m/s)	回水情况
1	0.15	1:15	18.3	17.3	回水不稳定，底部有积水
2	0.3	1:10	22.5	24.62	基本无回水
3	0.4	1:10	27	26	无回水

体型 3：各种运行工况下掺气坎后能够形成稳定的底空腔。闸门全开、正常水位 1880.00m 泄流时实测底空腔长约 27m，掺气坎后能够形成稳定的底空腔，底空腔形态稳定，积水稀少，水流掺气效果好，实测通风井风速为 26m/s。下游水流比较顺畅，水流整体比较稳定。

3 种体型的水流流态相近，通过底空腔形态、长度、回水状况及通风井风速等进行综合比较，2 号掺气坎选择体型 3 作为推荐体型，如图 7.3-7 所示。

2. 侧墙掺气体型研究

（1）侧墙掺气空腔变化规律。侧墙掺气设施体型参数是影响侧空腔长度的重要因素，底掺气坎对侧空腔也存在一定的影响，此外，水力参数也会对侧空腔长度造成影响。

1）侧空腔长度与侧墙掺气坎体型尺寸的关系。侧墙掺气设施的体型参数有侧墙

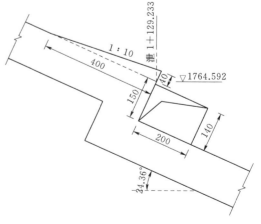

图 7.3-7　2号掺气坎推荐体型

（尺寸单位：cm）

掺气设施的挑坎高度、起挑坡度。模型试验结果表明，侧空腔长度随侧墙贴角挑坎高度、起挑坡度尺寸的增加而增大。

2）侧空腔长度与底部掺气跌坎尺寸的关系。随着底部跌坎高度的增加，其底空腔长度也相应增加，射流落水点远，动水压力较大区靠后，侧空腔长度也增加。可见，底部掺气坎的体型尺寸对侧空腔长度也有很重要的影响。

3）水力参数对侧空腔长度的影响。影响侧空腔长度的水力参数在模型试验中变化不大，因此考虑在不同的流量条件下弗劳德数 Fr 对侧空腔长度的影响。试验研究表明，对于相同体型的侧墙掺气设施，侧空腔长度有随弗劳德数 Fr 的增大而增大的趋势。

4）底空腔与侧空腔的关系。在特定的条件下，底空腔对侧空腔有较大的影响。试验中观测到，当侧空腔长度较底空腔长度大时，存在水翅现象，形成的侧空腔不稳定；当侧空腔长度较底空腔长度小时，这时所形成的侧空腔较为稳定，水流流态也较好，在工程应用中应避免侧空腔长度比底空腔长的情况。

综上，侧墙掺气设施体型设计宜遵循以下原则：①侧墙掺气坎后应保证水流流态稳定，并能够形成形态稳定的掺气空腔；②侧空腔长度小于底空腔长度；③侧空腔下部长度不小于上部长度；④有足够的通气空间保证水流供气需要，可设侧通气槽加强侧面水流通气畅通；⑤设置侧墙掺气坎后不能影响底部水流掺气效果。

（2）侧墙掺气体型。4 号掺气坎处流速约 52m/s，流速很高，当掺气底坎高度为 0.1m 时就能形成稳定的掺气空腔，基本无回水，底部掺气效果较好。通过对侧墙掺气空腔变化规律的研究，为进一步改善泄洪洞反弧末端边墙的掺气减蚀保护，研究了在反弧末端的边墙上设置贴角突缩式掺气坎，即在反弧末端的第 4 道掺气坎的两边加设折流掺气坎，与底掺气坎结合形成全周边掺气，底掺气挑坎高度为 0.1m，相对坡比为 1:12，侧墙掺气挑坎高度为 0.2m，顺水流向挑坎起坡段长度为 4.0m，相对坡比为 1:20，侧墙掺气挑坎后设掺气竖井。

（3）侧墙掺气对底板掺气效果影响分析。在设置侧墙掺气设施后，洞内主流掺气底坎下游中心的掺气浓度降低。后经多次试验观察后分析原因如下：当设置侧墙掺气坎时，坎后沿两侧边墙形成侧掺气空腔，受其影响，坎下游底部的气水混合体向两侧移动的趋势比较明显，从而导致中间部位底部水流掺气量减少，掺气浓度降低。

为增大掺气坎下游底板的掺气浓度，经试验优化研究选择采用"凸形掺气底坎＋侧墙贴角突缩式掺气坎"全周边掺气体型（图 7.3-8）。掺气底坎中部坎高0.2m，两侧边坎高 0.1m，之间采用斜坡连接。4 号掺气坎掺气特性对比试验成果见表 7.3-6。从试验数据分析可知，采用此体型可以有效增加底部水流掺气效果，在各种工况下，洞内水流平稳，最小掺气

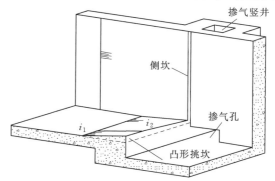

图 7.3-8　4 号掺气坎边墙折流掺气坎
及凸形掺气底坎体型三维示意图

浓度为 3.1％，侧墙最小掺气浓度为 14.2％。因此对位于反弧段末端的 4 号掺气坎，在不影响底部水流掺气效果的前提下设置侧墙掺气设施，能加强对整个过流面的掺气减蚀保护。

表 7.3－6 4 号掺气坎掺气特性对比试验成果

侧墙掺气选择	水流流态	掺 气 效 果
无侧墙掺气坎 底坎坎高 0.1m	各工况下，洞内水流均顺畅、平稳	4 号掺气底坎能形成稳定空腔； 底部最小掺气浓度为 3.95％，侧墙掺气浓度很小
有侧墙掺气坎 底坎坎高 0.1m	各工况下，洞内水流主流平稳	4 号掺气底坎能形成稳定空腔； 底部最小掺气浓度为 2.31％，侧墙最小掺气浓度为 14％
有侧墙掺气坎 底坎采用凸形坎	各工况下，洞内水流主流平稳	底部最小掺气浓度为 3.1％，侧墙最小掺气浓度为 14.2％

减压试验研究表明：4 号掺气坎后底空腔长度稳定，侧空腔通气顺畅，不同泄流工况下实测水流噪声最大声压级增量均小于 5.0dB，其相对噪声能量远低于初生空化临界判别值，表明 4 号掺气底坎和侧坎组合布置设计体型不会引起水流空化。

3. 通风补气洞设置

（1）设置通风补气洞必要性分析。由于大型泄洪洞一般设置在岩石条件较好的山体内部，埋深大，掺气设施大多是由洞内补气。实际上，高速运动的水流不仅会带动上部有限空间内气流运动，而且水—气界面会发生变形、失稳而破碎，使泄洪洞内水—气没有清晰的分界面，形成夹带雾化水滴、气泡的复杂两相流，这必然会影响掺气设施的补气效果，进而影响掺气空腔长度、掺气浓度等水力参数。

明流泄洪洞高速水流除拖曳余幅空气运动形成气流外，水流掺气也挟带部分气体向下游输移，故明流泄洪洞正常运行状态下供气量由余幅气流量和水流掺气挟带的气流量两部分组成。水流对余幅内空气的动力拖曳作用主要与高速水流紊动引起的自由水面波动粗糙程度和激溅跃移水滴（或散射水股）状况有关，水气交界的流速和紊动状态是决定水流对空气拖曳力大小的主要因素。水流流速越高，自由表面紊动越强，对余幅内空气的拖曳作用也就越大。同时，余幅气流部分卷入水流中形成掺气水流，跃移水滴受气流裹挟，水与空气相互掺混、相互干扰。在水气交界面层气流流速与水流流速相差较大，气流对水流产生扰动而影响表层水流稳定。长距离"龙落尾"布置方式的明流泄洪洞高流速、强紊动水流集中于渥奇段下游，该段高流速区域的挟气能力控制余幅内气流量大小。高位明流洞段水流流速相对较小，水流紊动弱，从而对余幅内空气的拖曳作用也相对较小。另外，"龙落尾"段流速高，水流空化数小，就其水流条件而言是容易诱发空化水流的部位，因此需要设置掺气减蚀设施以防止空蚀破坏，这种掺气设施运行所需的气流量取自于余幅气流，进一步加大了"龙落尾"段的供气总量。

常规明流泄洪洞的进气洞一般与进口闸门井结合布置在隧洞的起始端，这种供气方式对于洞线长度大于 1000m 的泄洪洞可能会带来以下问题：①由于余幅气流速度取决于高速水流的拖曳作用，为满足尾部高速水流洞段余幅气流的需气量，应使低流速段的余幅气流处于高速运动状态，气流流速大于水流流速，相互剪切扰动自由水面形成不稳定流动。②自由表面附近气流与水流的速度梯度越大，剪切扰动越强，会加剧激溅跃移水滴现象，增大余幅内气流的含水度；气流从进口至高流速段随着流程增长阻力增大，长距离气流输移可能降低余幅内的环境压力。③由于掺气设施供气气源来自洞顶余幅内的气流，这些因素必然会减弱掺气设施的通气效果。因此，根据水流流速变化在需气量大的部位分段增设通气洞，使得余幅气流速度与水流流速相匹配，减弱水流与气流的相互扰动及波动，不仅可以增强水气流动的稳定性，而且改善了掺气减蚀设施的掺气效果，有利于泄洪洞的安全运行。

（2）补气洞方案研究。锦屏一级泄洪洞在"龙落尾"段布置了四道掺气设施，根据泄洪洞沿程水流流速变化状况和掺气设施的位置，在洞顶余幅布置了 3 条补气洞。其中，1 号补气洞位于中闸室内，为直径 5.0m 的圆形断面，2 号补气洞位于"龙落尾"起始段流速迅速增大的部位，即第一道掺气设施上游侧，3 号补气洞位于第三道掺气设施上游侧，2 号、3 号补气洞均为矩形断面，断面尺寸为 9m×4m（长×宽）。通过模型试验验证，该补气设施布置起到了良好的效果。

在试验研究过程中，研究了 2 条补气洞（即 1 号、2 号补气洞）和 3 条补气洞（1 号、2 号、3 号补气洞）两个方案，主要从通气井风速、掺气量和水流掺气浓度等方面进行比较。其中，各补气洞和通风井的闸门全开通气风速比较见表 7.3 - 7。根据试验结果可知，闸门全开、水位 1880.00m 时，当增设 3 号补气洞以后，1 号和 2 号补气洞的风速和补气量相应减小，但泄洪洞总补气量明显增大，增大幅度达 50% 左右；四道掺气设施通气井内的风速和通气量有不同程度的增加；4 号掺气坎下游近底水流最小掺气浓度从 3.05% 增加到 3.78%。

表 7.3 - 7 闸门全开通气风速比较（闸门全开、水位 1880.00m）

建筑物部位	通气风速/（m/s）		通气量/（m³/s）	
	2 条补气洞方案	3 条补气洞方案	2 条补气洞方案	3 条补气洞方案
1 号补气洞	30.80	25.06	605	492
2 号补气洞	33.41	27.93	1203	1006
3 号补气洞		28.76		1035
1 号通风井	25.47	26.33	110	114
2 号通风井	24.08	24.37	122	122
3 号通风井	35.12	36.66	197	205
4 号通风井	31.77	33.96	252	269

由此可见，采取根据流速变化分段设置补气洞的供气系统，可以使余幅供气更加充分，从而提高余幅环境气压，改善水流的掺气效果。

4. 掺气效果分析

（1）掺气空腔。闸门全开，校核洪水位 1882.60m、正常蓄水位 1880.00m 和库水位 1865.00m 泄流条件下，实测的掺气底空腔长度见表 7.3 - 8，四道坎在不同水位下的实测最小空腔长度达 22.5m。

正常蓄水位闸门全开工况下，1～4 道掺气坎后水流冲击区的实测最大动水压强分别为 135.60kPa、146.20kPa、172.10kPa、105.30kPa，1～4 道掺气坎后空腔区实测最小动水压强分别为 2.05kPa、-5.52kPa、-3.71kPa、-6.86kPa。随着库水位降低，同一点的压强基本上在减小，但水位降低不会引起龙落尾段非空腔区产生负压。

表 7.3 - 8　　　　　　　　　　　　闸门全开掺气底空腔长度　　　　　　　　　　　单位：m

部位	校核洪水位 1882.60m		正常蓄水位 1880.00m		库水位 1865.00m	
	左侧	右侧	左侧	右侧	左侧	右侧
1 号掺气坎	27.5	27.5	25.5	25.5	24.0	24.0
2 号掺气坎	27	27.3	27.0	27.0	27.0	27.0
3 号掺气坎	23.8	24	22.8	23.4	24	25.4
4 号掺气坎	24.2	24.7	24.0	24.6	23.4	24.0

（2）通气风速及通风量。闸门全开、正常蓄水位 1880.00m 工况下，通气风井和补气洞内的通气风速及进气量见表 7.3 - 9，由表 7.3 - 9 可见，在正常蓄水位时 3 条补气洞最大风速为 28.76m/s，4 个通气井内实测最大风速为 36.66m/s。

表 7.3 - 9　　　　　　　　　　　　闸门全开通气风速及进气量

部位	正常蓄水位 1880.00m		库水位 1865.00m	
	风速/(m/s)	进气量/(m³/s)	风速/(m/s)	进气量/(m³/s)
1 号补气洞	25.06	492	22.95	451
2 号补气洞	27.93	1006	27.93	1006
3 号补气洞	28.76	1035	27.66	996
1 号通风井	26.33	114	18.07	78
2 号通风井	24.37	122	23.28	59
3 号通风井	36.66	205	33.27	186
4 号通风井	33.96	269	32.04	254

（3）掺气浓度。模型试验成果表明：在正常蓄水位 1880.00m、闸门全开的情况下，1 号掺气坎后底部水流实测最小掺气浓度为 2.1%，而两侧边墙的主流区域水流掺气效果较差，实测掺气浓度为 0.3%～0.8%。2 号掺气坎后底部水流实测最小掺气浓度为 2.6%，底空腔下游边墙近壁水流掺气浓度大于 1.0%。3 号掺气坎下游底部水流实测最小掺气浓度为 1.6%，边壁实测最小掺气浓度为 2.1%。4 号掺气坎下游底部水流最小实测掺气浓度为 3.1%，边壁实测最小掺气浓度为 14.2%，掺气浓度明显增加。库水位 1865.00m、闸门全开泄流时，1 号掺气坎后底部水流实测最小掺气浓度为 0.6%，在两侧边墙的主流区域内实测最小掺气浓度为 0.2%。2 号掺气坎后底部水流实测最小掺气浓度为 1.4%，底空腔下游边墙近壁水流最小掺气浓度为 0.6%。3 号掺气坎后底部水流最小实测掺气浓度为 0.8%，边墙主流区的近壁水流最小实测掺气浓度大于 1.4%。4 号掺气坎后底部水流最小实测掺气浓度为 2.3%，边墙主流区的近壁水流最小实测掺气浓度大于 18.4%。

7.4　原型观测成果分析

7.4.1　掺气减蚀原型观测

通过泄洪洞运行时洞内掺气浓度观测成果，分析验证泄洪洞掺气减蚀效果。

1. 观测仪器布置

泄洪洞内掺气浓度观测共计 11 个测点，分别位于泄洪洞有压段、无压上平段、斜坡段、反弧段以及出口斜坡段，其中 6 个测点位于两侧边墙 1～2.1m 高处，其余 5 个测点位于底板中心线上。泄洪洞掺气测点布置见表 7.4－1，各底板、边墙测点断面横剖面如图 7.4－1 所示。工况为正常蓄水位，闸门相对开度 8％、25％、50％、75％、全开。

表 7.4－1 泄洪洞掺气测点布置

序号	仪器编号	桩　号	部　位
1	FA3	1＋099.00	底板中心线
2	FA4	1＋127.00	左边墙（距底板 1.1m）
3	FA5	1＋127.00	右边墙（距底板 2.1m）
4	FA7	1＋147.00	左边墙（距底板 1.1m）
5	FA8	1＋147.00	右边墙（距底板 2.1m）
6	FA9	1＋147.00	底板中心线
7	FA10	1＋265.00	底板中心线
8	FA12	1＋329.00	左边墙（距底板 1.1m）
9	FA13	1＋329.00	右边墙（距底板 2.1m）
10	FA17	1＋346.00	底板中心线
11	FA18	1＋352.00	底板中心线

桩号泄 1＋099.00　　　　桩号泄 1＋127.00、泄 1＋147.00、泄 1＋329.00、泄 1＋346.00

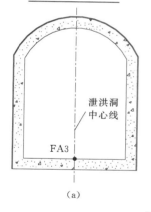
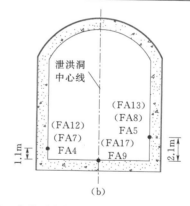

图 7.4－1 各底板、边墙测点断面横剖面图

2. 观测成果

在各闸门开度工况下，泄洪洞掺气浓度观测结果见表 7.4－2。

表 7.4－2 泄洪洞掺气浓度观测结果　　　　　　　　　　　　　　　　　　　　%

测点	相对开度 8％	相对开度 25％	相对开度 50％	相对开度 75％	全　开
FA3	29.49	32.4	31.56	29.15	26.51
FA4	37.68	12.36	2.78	1.91	1.48
FA5	80.82	57.91	7.59	3.61	2.91

测点	相对开度 8%	相对开度 25%	相对开度 50%	相对开度 75%	全　开
FA7	49.53	27.89	20.44	20.73	11.68
FA8	85.25	71.37	11.96	1.76	0.7
FA9	51.68	41.31	67.45	67.98	63.71
FA10	12.09	11.73	10.95	9.39	8.52
FA12	79.28	6.2	3.9	3.07	2.55
FA13	96.86	52.27	7.2	5.94	4
FA17	94.75	63.81	70.5	84.39	77.51
FA18	60.06	42.44	50.39	48.14	27.87

FA3、FA4 和 FA5 三个测点位于 1 号掺气坎与 2 号掺气坎之间，FA3 位于 1 号掺气坎下游 43m 处，处于空腔后，掺气浓度为 20%～30%，掺气效果良好。FA4 测点位于 1 号掺气坎末端，掺气浓度在 8% 闸门相对开度下为 37.68%。此时，由于水深较浅，主要以表面掺气为主，而后随着水深的增加，该点表面掺气减弱，主要依靠底部掺气，掺气浓度下降至 1.48%。FA5 测点与 FA4 测点位于同一断面，处于 1 号掺气坎末端，距 2 号掺气坎仅 2m。同样，在 8% 和 25% 闸门相对开度下，水位未达到该测点，处于气域范畴，而后，随着闸门开度的增大，水位升高，掺气方式由以表面掺气为主转变为以底掺气为主，掺气浓度也随即下降至 3% 左右。

FA7、FA8 和 FA9 三个测点位于 2 号掺气坎下游 18m 处的同一断面，FA9 在整个泄水过程中掺气浓度值均处于较高水平，随着闸门开度的增大，掺气坎后的掺气空腔也随即增大，该测点由开始的掺气空腔末端进入掺气空腔内部，进入气域范畴。FA7 测点随着水深的增加，掺气浓度下降，由前期的薄水舌的两侧掺气转变为底部空腔卷吸掺气，掺气浓度也由开始的 49.53% 降至 11.68%，掺气效果良好。FA8 测点在 8% 和 25% 闸门相对开度下，处于气域范畴，而后进入挑流水舌内部，掺气浓度降至 0.70%。

FA10、FA12 和 FA13 三个测点分布在 3 号掺气坎和 4 号掺气坎之间，其中，FA10 测点距 3 号掺气坎 56m，FA12、FA13 测点位于同一断面上，距 4 号掺气坎 2m。FA10 测点掺气浓度介于 8.52%～12.09%，随闸门开度的增大而减小。FA12 和 FA13 测点均是由前期的气域范畴变换到主要由底部掺气的过程，两侧点掺气浓度最小值均在 3% 左右。

FA17 和 FA18 测点处于 4 号掺气坎下游，其中，FA17 测点距 4 号掺气坎 15m，FA18 测点距 4 号掺气坎 21m。FA17 测点全程基本处在空腔内部，并且在 25% 闸门相对开度后，随着闸门开度的增大，空腔长度也呈现增大现象，在 75% 闸门相对开度和闸门全开工况下处于相对稳定状态。FA18 测点也应该位于空腔内。

3. 成果分析

（1）掺气浓度规律分析。

1）在 8% 闸门相对开度工况下，各个边壁测点均暴露于空气中，完全属于气域范畴；底板中心线上的测点也比其他工况掺气浓度值高，主要是由于在此工况下水深较小，掺气形式主要由表面掺气和底部掺气共同组成，加大了水流尤其是掺气保护末端水流的掺气浓度，符合一般自然规律。

2）根据《溢洪道设计规范》(DL/T 5166—2002)的规定，近壁掺气浓度临界值为 3%～5%，由此来看，多数测点的掺气浓度都是达标的，但在 1 号掺气坎保护末端和 3 号掺气坎保护末端均出现了小于 3% 的掺气浓度测点，从两次试验过后的现场勘查结果来看，无空蚀现象发生，结合两年水听器所采集的数据分析结果来看，也没有空化发生，属于安全范畴。就此问题，可以用国内很多专家提出的小泡理论来解释，即在强烈紊动的水流中，很多大气泡逐渐破碎成更多的小气泡，在多数气泡溢出水面后，留下来的气泡虽总体浓度不高，但是气泡数量依然众多，在一定程度上，也能很好地起到减蚀的作用，故在掺气坎保护末端出现较低的掺气浓度，但也并没有对建筑物表面进行侵蚀破坏。

3）掺气浓度在各掺气坎间沿程衰减，其中，桩号 1+099.00～1+127.00 平均衰减率为0.357%/m，桩号 1+265.00～1+329.00 掺气浓度衰减率均值为 0.255%/m。在闸门开度不断变大的工况下，掺气浓度随闸门开度的增大而减小，符合掺气的一般规律。

（2）与模型试验成果对比分析。将原型观测值与模型试验值进行对比分析，见表7.4-3 和表 7.4-4。

表 7.4-3 闸门相对开度 50% 工况下泄洪洞各测点掺气浓度原型观测值与模型试验值对比表

桩　号	模型试验值	原型观测值	桩　号	模型试验值	原型观测值
1+097.00	6.8%		1+265.00		10.95%
1+099.00		31.56%	1+346.00	91.40%	70.50%
1+147.00	65.50%	67.45%	1+352.00		35.02%
1+259.00	1.90%		1+353.50	50.39%	

表 7.4-4 闸门相对开度 100% 工况下泄洪洞各测点掺气浓度原型观测值与模型试验值对比表

桩　号	模型试验值	原型观测值	桩　号	模型试验值	原型观测值
1+097.00	5.3%		1+346.00	91.90%	77.51%
1+099.00		26.51%	1+352.00		27.87%
1+259.00	2.60%		1+353.50	79.10%	
1+265.00		8.52%			

通过对表 7.4-3 和表 7.4-4 进行分析，在原型观测掺气浓度值与模型试验掺气浓度值对比中可以发现，水流中原观试验所测数据在一定程度上要较模型试验所测数值偏大，这也证实了模型试验存在一定的缩尺效应，原型水流紊动强度比模型大，挟气能力强，模型试验值要小于原观值。另外，在泄洪洞运行后检查过程中，没有发现衬砌结构出现空蚀破坏的情况。因此，掺气设施布置及体型合理，对泄洪洞起到了保护作用。

7.4.2 泄洪洞空蚀空化原型观测

1. 水听器布置及空化观测结果分析

泄洪洞空化原型观测将闸门尚未开启时测得的空化噪声功率谱作为背景噪声基准，通过与水听器在不同闸门开度下测得的空化噪声功率谱相对比，判别空化现象是否产生。在此次原型观测中，以 10dB 的 SPL（噪声声压级）增量来判别空化产生。如果与背景噪声功率谱比较，各工况均未达到 10dB 的 SPL 差值，则评定该处没有产生空化现象。

泄洪洞中共布置了 7 个水听器，泄洪洞水听器观测测点布置见表 7.4-5。

表 7.4-5　　　　　　　　　　　　　泄洪洞水听器观测测点布置

传　感　器	桩　号	位　置
FK1	1+060.00	左边墙（距底板 2.1m）
FK2	1+147.00	左边墙（距底板 3.1m）
FK3	1+147.00	右边墙（距底板 2.1m）
FK4	1+147.00	底板中心线
FK5	1+346.00	左边墙（距底板 3.1m）
FK6	1+346.00	右边墙（距底板 2.1m）
FK7	1+346.00	底板中心线

根据各水听器实测资料，泄洪洞在正常蓄水位泄洪时，各测点在不同闸门开度下的空化噪声功率谱与背景噪声功率谱相比，均未达到 10dB 的 SPL 差值，因此洞身未发现空化现象。

2. 空蚀计布置及空蚀观测结果分析

泄洪洞中共布置了 15 个空蚀计，分别布置在泄洪洞的底板和边墙上，泄洪洞空蚀计观测测点布置见表 7.4-6。

表 7.4-6　　　　　　　　　　　　　泄洪洞空蚀计观测测点布置

传　感　器	桩　号	位　置
C1	泄 1+020.00	底板
C2	泄 1+050.00	边墙（距底板 5.0m）
C3	泄 1+099.00	边墙（距底板 3.0m）
C4	泄 1+118.00	底板
C5	泄 1+127.60	边墙（距底板 3.0m）
C6	泄 1+166.00	边墙（距底板 3.0m）
C7	泄 1+188.00	底板
C8	泄 1+209.22	边墙（距底板 3.0m）
C9	泄 1+234.00	底板
C10	泄 1+248.00	边墙（距底板 3.0m）
C11	泄 1+299.00	边墙（距底板 3.0m）
C12	泄 1+328.00	边墙（距底板 3.0m）
C13	泄 1+362.00	底板
C14	泄 1+378.50	边墙（距底板 3.0m）
C15	泄 1+433.16	边墙（距底板 1.0m）

此次观测并未发现空蚀现象。

7.4.3 补气及通气效果观测

1. 观测仪器布置

2号、4号掺气挑坎后的两侧掺气竖井内均布置有1个风速仪，共计4个风速测点；在1号、2号、3号补气洞分别安装了3个平均风速仪、1个脉动风速仪以及1个噪声传感器。泄洪洞内距出口3.5m处（桩号1+386.00）左边墙10m高处布置2个平均风速仪和1个噪声传感器，见表7.4-7。

表7.4-7　　　　　　　　　　　风速、噪声及空气低频振动测点

序号	仪器编号	桩　号	部位	安装传感器	观测位置
1	FS1	1+127.00	左侧掺气竖井内（距底板3.5m）	风速仪	泄洪洞出口观测房
2	FS2	1+127.00	右侧掺气竖井内（距底板3.5m）		
3	FS3	1+334.00	左侧掺气竖井内（距底板3.5m）		
4	FS4	1+334.00	右侧掺气竖井内（距底板3.5m）		
5	FSa1	1号补0+180.00	补气洞内左（距底板0.35m）	平均风速仪	1号补气洞外平台
6	FSa2	1号补0+190.00	补气洞内右（距底板0.45m）		
7	FSa3	1号补0+190.00	补气洞内左（距底板0.45m）		
8	FSm1	1号补0+180.00	补气洞内（比底板中心线高0.9m）	脉动风速仪	
9	FKz1	1号补0+180.00	补气洞内左（距底板0.35m）	噪声传感器	
10	FSa4	2号补0+006.00	补气洞内左（距底板1.35m）	平均风速仪	2号补气洞外7号公路旁
11	FSa5	2号补0+059.00	补气洞内右侧（距底板1.4m）		
12	FSa6	2号补0+059.00	补气洞内左侧（距底板1.4m）		
13	FSm2	2号补0+010.00	补气洞内（比底板中心线高0.9m）	脉动风速仪	
14	FKz2	2号补0+006.00	补气洞内左（距底板1.35m）	噪声传感器	
15	FSa7	3号补0+006.00	补气洞内左（距底板1.35m）	平均风速仪	2号尾水平台观测房
16	FSa8	3号补0+030.00	补气洞内右侧（距底板1.4m）		
17	FSa9	3号补0+030.00	补气洞内左侧（距底板1.4m）		
18	FSm3	3号补0+007.00	补气洞内（比底板中心线高0.9m）	脉动风速仪	
19	FKz3	3号补0+006.00	补气洞内左（距底板1.35m）	噪声传感器	
20	FSa10	1+386.00	泄洪洞出口	平均风速仪	出口观测房
21	FSa11	1+386.00	泄洪洞出口		
22	FKz4	1+386.00	泄洪洞出口	噪声传感器	
23	FSa12	—	泄洪洞工作闸室	手持风速仪	泄洪洞工作闸室
24	FKz5	—	泄洪洞工作闸室	手持噪声仪	

2. 观测结果

（1）掺气竖井内风速。分别于2014年10月10日及2015年9月26日进行了两次泄洪洞掺气竖井原型观测，应用采集的数据分别计算两次观测中各测点的平均风速，见表7.4-8和表7.4-9。

表 7.4 - 8   第一次观测的各工况泄洪洞掺气竖井平均风速   单位：m/s

测点	测点部位	相对开度 25%	相对开度 35%	相对开度 50%	相对开度 70%	相对开度 75%	全开
FS1	2 号掺气坎左	56.50	63.27	69.23	77.51	81.65	86.09
FS2	2 号掺气坎右	52.48	60.66	67.06	76.14	78.75	79.32
FS3	4 号掺气坎左	48.67	57.55	69.97	77.92	78.48	79.66
FS4	4 号掺气坎右	46.37	54.42	66.42	73.59	74.94	76.38

表 7.4 - 9   第二次观测的各工况泄洪洞掺气竖井平均风速   单位：m/s

测点	测点部位	相对开度 8%	相对开度 25%	相对开度 50%	相对开度 75%	全开
FS1	2 号掺气坎左	29.40	54.43	68.00	82.07	89.31
FS2	2 号掺气坎右	28.50	50.07	65.54	74.48	79.88
FS3	4 号掺气坎左	25.34	45.72	67.00	73.62	78.54

（2）补气洞及泄洪洞内通风风速。2015 年进行了泄洪洞掺气竖井原型观测，各平均风速测点观测结果见表 7.4 - 10。

表 7.4 - 10   各平均风速测点观测结果

风速/(m/s)		相对开度 8%	相对开度 25%	相对开度 50%	相对开度 75%	全开
1 号补气洞	FSa1	12.34	30.53	42.91	58.76	49.14
	FSa2	14.2	30.95	33.99	44.11	37.02
	FSa3	19.51	32.19	46.66	61.11	52.17
2 号补气洞	FSa4	20.1	36.06	45.9	54.67	—
	FSa5	27.4	55.74	74.29	88.65	—
	FSa6	23.76	44.01	54	61.31	62.47
3 号补气洞	FSa7	17.92	30.55	39.38	50.4	63.75
	FSa8	22.6	38.18	51.81	62.8	80.38
	FSa9				11.78	15.72
泄洪洞出口	FSa10	—	20.21	—	—	—
	FSa11	—	4.53	43.82	—	—
工作闸室	FSa12	2.72	4.98	6.27	7.52	6.78

3. 掺气竖井通气量分析

（1）通风量及规律分析。根据掺气竖井断面尺寸及掺气竖井平均风速，可计算得出 2 号、4 号掺气坎处竖井的平均通风量（表 7.4 - 11 和表 7.4 - 12），掺气竖井内的平均风速及通风量与闸门开度正相关，即随闸门开度的增大而增大。最大平均风速为 89.31m/s，发生于 2 号掺气坎左侧掺气竖井内，对应工况为闸门全开。2 号掺气坎的掺气竖井断面尺寸为 2.0m×1.4m，4 号掺气坎的掺气竖井断面尺寸为 2.2m×1.8m，经计算其通风量大于 2 号掺气坎掺气竖井。最大平均通风量为 315.44m³/s，发生于 4 号掺气坎左侧掺气竖井内，对应工况为闸门全开。

从整体上看，2 号掺气坎左侧掺气竖井内的风速最大。2 号掺气坎右侧掺气竖井与 2 号掺气坎左侧掺气竖井内的风速较为接近，4 号掺气坎的两个掺气竖井风速情况一致，说明水流流态及空腔分布较为稳定。

表 7.4-11　第一次观测的各工况泄洪洞掺气竖井平均通气量　　　　　单位：m³/s

测点部位	相对开度 25%	相对开度 35%	相对开度 50%	相对开度 70%	相对开度 75%	全开
2 号掺气坎左	158.20	177.15	193.85	217.02	228.62	241.05
2 号掺气坎右	146.94	169.84	187.77	213.20	220.50	222.10
4 号掺气坎左	192.72	227.89	277.09	308.57	310.78	315.44
4 号掺气坎右	183.61	215.50	263.03	291.43	296.77	302.45

表 7.4-12　第二次观测的各工况泄洪洞掺气竖井平均通气量　　　　　单位：m³/s

测点	测点部位	相对开度 8%	相对开度 25%	相对开度 50%	相对开度 75%	全开
FS1	2 号掺气坎左	82.31	152.41	190.39	229.79	250.07
FS2	2 号掺气坎右	79.80	140.19	183.53	208.54	223.66
FS3	4 号掺气坎左	100.36	181.04	265.31	291.54	311.01

（2）与模型成果对比分析。将两次原型观测的结果与 1:30 大比尺模型测量结果进行对比，见表 7.4-13。其中，风速为掺气坎左右两侧掺气竖井的风速平均值，通气量为掺气坎左右两侧掺气竖井的平均通气量。通过对比可知，正常蓄水位下闸门全开掺气竖井平均风速及通气量的原型观测结果为模型值的 2～3 倍，这充分体现了在通气量指标分析中水工模型的缩尺效应。

表 7.4-13　正常蓄水位下闸门全开掺气竖井平均风速及通气量的模型值与原型值

部位	风速/(m/s)		总通气量/(m³/s)	
	2 号掺气竖井	4 号掺气竖井	2 号掺气竖井	4 号掺气竖井
模型值	24.4	34	68	134.5
第一次原型值	82.69	79.52	231.58	308.94
第二次原型值	84.6	78.54	236.86	311.01

4. 补气洞、泄洪洞通气量分析

（1）通气量及规律分析。1 号补气洞最大平均风速达 61.11m/s，出现在 75% 相对开度下的 FSa3 测点。在 75% 相对开度下，水流流速较 8%、25% 和 50% 相对开度大，而洞顶余幅较全开时大。综合来说，风速随水流流速的增大而增大，当增大到 75% 相对开度时，受洞顶余幅制约，补气洞通风量减小，同时结合上平段水流在 75% 相对开度下较全开时水流脉动程度高，综合来看符合一般规律。1 号补气洞在闸门不同开度下的平均风速值如图 7.4-2 所示。

2 号补气洞平均风速最大值出现在 FSa5 测点，风速值达到 88.65m/s，75% 相对开度后 FSa4 和 FSa5 两传感器工作异常，经试验后现场查看，发现传感器被异物砸弯损坏，严重变形，判断为补气洞外异物被风吹入撞击传感器而致其损坏不能正常工作，但从 FSa6 测点的趋势来看，FSa4 和 FSa5 测点在全开时风速也应变化不大，基本持平，故最大平均风速应在 90m/s 左右，2 号补气洞在闸门不同开度下的平均风速值如图 7.4-3 所示。

3 号补气洞最大平均风速出现在 FSa8 测点，风速值为 80.38m/s，其中，FSa9 测点在 8%、25% 和 50% 相对开度下由于风速数值太小，没有达到传感器量程下限，主要原因是该测点附近有轮胎和机械等杂物，在此形成绕流，风速较小，3 号补气洞在闸门不同开度下的平均风速值如图 7.4-4 所示。

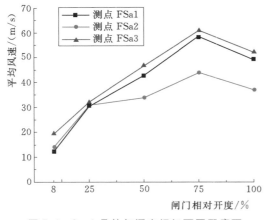

图 7.4-2　1 号补气洞在闸门不同开度下的平均风速值

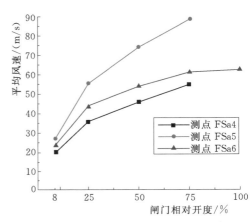

图 7.4-3　2 号补气洞在闸门不同开度下的平均风速值

泄洪洞出口共布置了两个平均风速测点，在 8% 相对开度下由于水流较小，风速较低，未达到传感器量测范围下限，在 50% 相对开度下 FSa11 测点风速达到 43.82m/s，而后传感器停止工作，经试验过后现场查验，断定为传感器被浪击毁。

泄洪洞工作闸室布置了一个平均风速测点，采用手持风速仪进行数据采集观测，测点位于工作闸室交通洞，最大平均风速出现在 75% 相对开度，风速值为 7.52m/s，同样，风速随着闸门开度的增大而增大，到 75% 相对开度后开始下降，泄洪洞工作闸室在闸门不同开度下的平均风速值如图 7.4-5 所示。

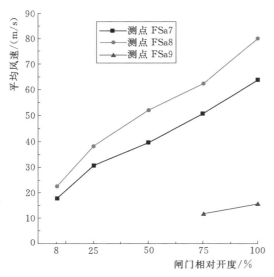

图 7.4-4　3 号补气洞在闸门不同开度下的平均风速值

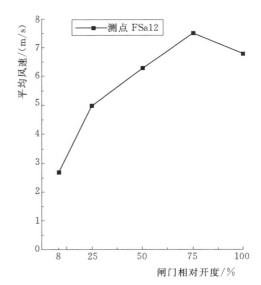

图 7.4-5　泄洪洞工作闸室在闸门不同开度下的平均风速值

根据风速计算得到的补气洞通气量结果见表 7.4 - 14。

表 7.4 - 14　　　　　　　　　　补气洞通气量结果　　　　　　　　　单位：m^3/s

风速/(m/s)		相对开度 8%	相对开度 25%	相对开度 50%	相对开度 75%	全开
1 号补气洞	FSa1	261.93	648.04	910.82	1247.26	1043.07
	FSa2	301.41	656.96	721.49	936.30	785.80
	FSa3	414.13	683.28	990.42	1297.15	1107.38
2 号补气洞	FSa4	723.60	1298.16	1652.40	1968.12	
	FSa5	986.40	2006.64	2674.44	3191.40	
	FSa6	855.36	1584.36	1944.00	2207.16	2248.92
3 号补气洞	FSa7	645.12	1099.80	1417.68	1814.40	2295.00
	FSa8	813.60	1374.48	1865.16	2260.80	2893.68
	FSa9				424.08	565.92

（2）与模型成果对比分析。将原型观测值与 1：30 模型试验结果进行对比，见表 7.4 - 15。通过对比可知，正常蓄水位下闸门全开时补气洞平均风速及通气量的原型观测结果比模型试验结果大得多，由表 7.4 - 15 可知，原型观测结果为模型试验结果的 2～3 倍，这充分体现了在通气量指标分析中水工模型的缩尺效应。

表 7.4 - 15　　正常蓄水位下闸门全开补气洞平均风速及通气量的模型值与原型值

部位	风速/(m/s)			通气量/(m³/s)		
	1 号补气洞	2 号补气洞	3 号补气洞	1 号补气洞	2 号补气洞	3 号补气洞
模型值	25.1	27.9	28.8	492	1006	1035
原型值	61.8	63.6	55.2	1212	2293	1985

5. 泄洪洞总气量分析

通过对泄洪洞 3 个补气洞以及泄洪洞出口风速的观测分析，得出泄洪洞总进气量与泄洪洞出口出气量之间的关系。对于补气洞通气量的计算，采用原型观测与模型数据结合的方式。由于出口处风速数据不全，所以只开展了 25% 相对开度通气量守恒分析，泄洪洞出口水深采用模型实测数据。泄洪洞补气洞及泄洪洞出口通气量见表 7.4 - 16，表中以泄洪洞进气量为正，出气量为负。

表 7.4 - 16　　　　　泄洪洞补气洞及泄洪洞出口通气量　　　　　　单位：m^3/s

工况	1 号补气洞	2 号补气洞	3 号补气洞	工作闸室	泄洪洞出口	差值
相对开度 25%	933.79	1547.75	989.77	276.08	-3378.3	369.08
相对开度 50%	1258.7	1993.05	1242.03	347.59	-6932.32	-1913.92

在 25% 相对开度下，泄洪洞进气量与出气量差值为 369.08m³/s，为水流挟气量，进而得单宽挟气量为 28.39m³/(s·m)。在 50% 相对开度下，泄洪洞出口余幅空腔已经有大量水汽弥漫，所测风速的空气密度已经大幅改变，不能实际确定，故出现泄洪洞出口出气量过大、泄洪洞进出气不平衡的现象。

6. 补气设计方法初探

高流速泄洪洞根据水流流速变化在需气量大的部位分段增设补气洞。由以上分析可知，原型观测补气和通气量比模型试验成果大 2～3 倍。在后续类似工程前期设计中可在模型试验成果的基础上，采用工程原观总结的经验计算方法进行补气量复核，以充分保证泄洪洞的运行安全。

泄洪洞正常运行状态下需气量由余幅气流量 Q_a 和水流掺气挟带的气流量两部分组成，水流掺气挟带的气流量包括水流表面自掺气携气量 Q_z 和掺气坎强迫掺气量 Q_k。根据泄洪洞内水流流速变化在需气量大的部位分段设置 n 个补气洞，$n=1,2,\cdots,i-1,i$，以保证水流流态稳定，并改善掺气减蚀设施的掺气效果。

根据气量平衡原理，第 i 个补气洞的补气量 Q_i 为对应明流泄水洞控制气量部位的需气量减去前 $i-1$ 个补气洞的总补气量，根据本书第 6 章的分析，第 i 个补气洞控制气量位置的水流表面自掺气携气量 Q_z 可通过霍尔公式估算；掺气坎强迫携气量 Q_k 根据锦屏一级原观经验，可按泄量的 5%～20% 取值（流速一般为 30～50m/s；流速大者取大值）。明流泄水洞水面以上余幅的最大携气量 Q_a 由于水气两相流研究的复杂性较难准确计算，参考相关文献，水面以上的气流流动主要是由水面的拖曳力、洞的进出口压力梯度和重力三种作用力所引起的，文献中冯家山溢洪洞的原观洞顶余幅气流的流速分布近似三角形分布，因此，设计人员在工程应用中估算最大需气量时，在洞顶余幅设计合理的情况下，可假定：

$$Q_a = kvbh_y \tag{7.4-1}$$

其中：v 为不掺气水流流速；b 为洞宽的一半；h_y 为不掺气水流以上洞内余幅平均高度；k 为修正系数（取 0.9～1.2），洞顶余幅偏大者取小值。

根据上述理论及经验计算方法，得到锦屏一级泄洪洞 3 条补气洞的补气量，见表 7.4-17。计算值与原观成果（表 7.4-15）比较接近。

表 7.4-17　　　　　　　锦屏一级泄洪洞 3 条补气洞补气量计算成果　　　　　　单位：m^3/s

部位	Q_a	Q_z	Q_k	计算和（$Q_a+Q_z+Q_k$）	Q_i（补气量计算值）
1 号补气洞	780	264	0	1044	1044
2 号补气洞	1976	662	660（1 号、2 号掺气坎）	3298	2254
3 号补气洞	3026	1325	1155（3 号、4 号掺气坎）	5506	2208

注　计算中修正系数 k 均取 1。

第 8 章

泄洪洞出口消能

8.1 泄洪洞出口消能难点

锦屏一级水电站泄洪洞上下游水位落差大，最大落差达 240m，出口流速高，泄洪流量大，设计/校核工况流量 3254/3311m³/s；泄洪功率大，能量集中，但下游河道狭窄，枯期入水区水面宽度仅 60m，且泄洪洞轴线与下游河道斜交，交角约 23°，不利于水流顺畅衔接，下泄水流的巨大能量与狭窄河道消能承载能力之间矛盾突出，对下游岸坡淘刷严重，消能防冲任务十分艰巨。

高速水流泄洪洞下泄水流的巨大能量需采用恰当的方式使其安全转换为不具破坏力的能量形式。根据泄洪水流与下游河道的衔接方式，基本泄洪消能方式可分为底流消能、面流消能、挑流消能。由于泄洪洞出口一般远离枢纽建筑物，因此在有足够高差时常采用挑流消能的方式，即通过在泄水建筑物的出口端修建某种类型的挑流鼻坎，使高速水流在挑流鼻坎的作用下顺利导入下游河床。由于高速水流本身的巨大动能，水流出坎后在空中有一个抛射过程，在这个过程中水流本身产生扩散，水流与空气产生混掺又进一步扩散，消散部分能量，然后进入下游河道通过水体间强剪切及紊动消能。若扩散及消能不足，就会对河床及岸坡产生一定的冲刷，此时若冲刷深度较大或位置靠近岸边，就可能引起岸坡失稳破坏，严重时可引起滑坡等。

泄洪洞出口采取挑流消能，可充分利用高速水流流向的可导性和挑射水股形状的可变性。挑流鼻坎的体型优化思路是：适应下游河道工程地质、地形、水文等条件，一方面要使出挑水流顺利归槽；另一方面要尽量增大出挑水流扩散程度，以加大水流在空中的掺混、紊动、摩擦消能以及减小水舌入水单位面积上的流量以达到降低水流对下游河道的冲刷能力，另外出口水流应尽量避免淘刷本岸、冲刷对岸。

8.2 泄洪洞出口挑坎型式

8.2.1 泄洪洞出口挑坎型式研究现状

不同的鼻坎型式，使挑流水舌呈现不同的形态，对应的消能效果也不同。由于工程实际的地质、地形条件的差别，以及泄洪洞泄洪流量及出口处水流速度的不同，挑流鼻坎体型也在不断变化以满足工程需要，其主要型式有连续挑坎、差动挑坎、扩散挑坎、舌形挑坎、斜切挑坎、扭曲挑坎、窄缝挑坎等。舌形挑坎、扩散挑坎等意在促使水舌归槽和增大水舌横向扩散度，窄缝挑坎等意在增大水舌纵向扩散度，斜切挑坎、扭曲挑坎、差动挑坎等意在横向和纵向的混合拉伸。

连续挑坎是一种连续实体坎，是最基本的挑坎型式，其余的挑坎都是在它基础上变化而来的，其本身结构较简单，出挑水流分布均匀，水舌纵向分散度基本没有，横向分散度较小，所以水舌挑距比较接近，水舌入水区较集中。主要适用于下游河道地质条件好、水头较低的挑流消能。工程中使用连续挑坎挑流消能的有丹江口溢流坝（其末端挑角为

30°）、松涛水库溢洪道（其末端挑角为 15°）等。

差动挑坎是在挑坎末端设置相间高低不同的坎，高坎称为齿坎，低坎称为齿槽。差动挑坎具有连续挑坎的优点，更重要的是齿坎和齿槽能使通过挑坎的水流分成上下两层，垂直方向有较大的扩散，水舌入水区较连续挑坎更分散些，可以减轻对河床的冲刷，其挑距也因不同齿坎处的水流出射角度不同而不同。差动挑坎适用于下泄流量较大的工程，可以使冲刷深度比连续挑坎减少 50% 左右。柘溪水电站溢流坝采用鱼尾型差动挑坎，梅山、乌江渡、下会坑等都采用了差动挑坎。

扩散挑坎主要是在连续挑坎的基础上，通过改变挑坎侧墙或底板体型，从而使水舌在空中横向扩散，增大水舌在空中的掺气面积，水舌入水区呈横向带状，可减小单位面积的入水量，降低水流对下游河道的冲刷能力。扩散挑坎适用于下游比较宽阔的河道。例如，20 世纪 50 年代初修建的佛子岭水库泄洪道以及二滩 2 号泄洪洞出口都采用了扩散挑坎。

舌形挑坎是将挑坎出口末端的直线断面改为弧形曲线，结合挑坎水流方向的曲率，加大横向水流的扩散挑坎。它的体型特点是挑坎出口为没有棱角的空间连续曲面，因而不易被磨蚀和空蚀。水流经过舌形挑坎后形成横向扩散的圆弧面水舌薄片，其入水区呈月牙状，从而使水流在横向和纵向两个方向均充分扩散，大大减小入水单宽流量。舌形挑坎主要适用于下游较宽的河槽。舌形挑坎在我国的溪洛渡、小湾拱坝表孔出口以及二滩 1 号泄洪洞出口都得到很好的应用。

斜切挑坎是把出口断面垂直于轴线改为斜交于轴线，形成一侧导墙长一侧导墙短的挑坎结构型式。斜切挑坎水舌主要有两方面的特点：一方面，可将水舌导向主河槽；另一方面，由于长短导墙末端挑角不一致，高低挑角的明显不同可以拉大水舌的横向和纵向扩散度，减小水舌入水的单宽流量。斜切挑坎主要用于岸边泄水建筑物，主要解决与河流方向不一致的问题，通过灵活变动两侧挑角，实现水流归槽。

扭曲挑坎是水流轴线在纵向和横向上都有曲率，同时挑坎底板面是一个双向扭曲面的挑坎型式，扭曲挑坎水舌在挑流过程中转向变形，以使水舌落入规定的河道范围内，实现水流的归槽和防止岸坡的冲刷问题。有时也通过在挑坎底槽一侧设置扭曲贴角来实现水流的转向变形。扭曲挑坎的水舌出挑形态与挑坎的扭转角变化有较大关系，当扭转角较大时水舌有时会产生翻卷现象。瀑布沟水电站的左岸溢洪道就采用扭曲挑坎，实现水舌翻卷和归槽。

窄缝挑坎是在溢洪道末端用边墙急剧收缩而形成的窄而深的缝隙挑坎，从而迫使水流纵向拉伸扩散的挑坎型式。水流进入窄缝挑坎的收缩段内发生横向收缩，水深沿程壅高，同时受高速水流冲击波的作用，水面形成中间低、两侧高的"凹"状。出坎水舌纵向扩散效果好，在空中形成扫帚状，对下游冲刷较小。窄缝挑坎本身也存在一些水力学问题：一方面，窄缝挑坎的纵向水舌是由于挑坎边墙的急剧收缩而形成的，因此在收缩段产生冲击波，冲击波对挑坎边墙产生较大的动水压力和脉动压力。且窄缝挑坎的水舌纵向扩散效果虽好，但冲击波交汇形成的水花飞溅，方向近乎垂直，落在消能工附近，可能会引起建筑物附近的冲刷。另一方面，窄缝挑坎的理想水舌形态是扫帚状，这需要一定的水头，当水头小于某一数值时，在收缩段内将产生强迫水跃，发生强烈的旋滚，旋滚水流极不稳定，在水平方向不断震荡，在竖向激起断续的水股，从而无法顺利使水舌挑出形成扫帚状水舌形态。我国东江、东风、水布垭等电站均采用了窄缝挑坎，经原型观测证明是成功的。

8.2.2　泄洪洞出口挑坎型式选择

锦屏一级工程通过泄洪洞水力学模型试验和数值分析，开展了大量的方案比选研究，泄洪洞出口采用挑流消能方式。利用高速水流流向的可导性和挑射水股形状的可变性，提出了几种适应锦屏一级窄河谷条件下的岸边泄洪洞的新型挑坎并进行深入研究，为工程消能设计提供支撑。

由于泄洪洞出口面临下游河道狭窄、水头较高、单宽流量较大等问题，采用横向扩散式挑坎受到一定的限制，此时纵向扩散性挑坎就成为出口泄洪消能方式的首选。针对锦屏一级水电站泄洪洞的特点，模型试验重点研究了 4 种纵向扩散性水舌的代表性挑坎体型。

8.2.2.1　窄缝挑坎

在水流纵向扩散消能工中，窄缝消能工不失为一种较好的消能工，由于出口流速量级为 50m/s，因此出口泄槽采用二次收缩型窄缝挑坎，才能保证在不同泄洪条件下出口均能形成稳定的窄缝水舌，水舌纵向扩散比较充分，顶部水冠弱小，形态比较稳定。挑坎出口为俯角，泄槽底板为顺坡，其有 3 种平面布置方式：①对称收缩；②偏左收缩；③偏右收缩。区别在于挑流水舌的主流方向略有不同，对称收缩型出口射流方向与泄洪洞轴线基本一致。偏左收缩型出口射流方向略偏于左侧，加大主流方向与左岸交角，对左岸的顶冲较对称收缩时严重。偏右收缩型出口射流方向略偏于右侧，可略微减小主流方向与左岸交角，对左岸的顶冲相对较轻。

为进一步调整出口水舌入水位置和落点，在偏右收缩型式后的泄槽末端设置局部导向设施。收缩段末端右侧采用圆弧导墙，右侧前缘向上游倾斜，右边墙为圆弧导墙，相应地窄缝出口底板向下游延伸，底板突出部分呈扇形。左侧三角楔形贴体顶部向上游延伸一定长度，使窄缝水舌底部向左边偏转，顶部向右边偏转，形成一种扭曲的窄缝水舌。从而使水流基本沿河道纵向扩散，有效调整水舌的入水区域和主流方向。二次收缩型窄缝挑坎体型示意图如图 8.2-1 所示。

8.2.2.2　正向斜切挑坎

正向斜切挑坎由底板和沿底板两侧竖立的侧墙构成，其特征在于山体一侧的侧墙和底板长度长于靠近河流一侧的侧墙和底板长度，使位于两侧墙端头间的底板边缘形成一斜边。出口边线形式可由一段或多段组成，或水平线、或斜线、或曲线设计。通过优化左右出口位置、挑角大小、反弧半径及出口边界轮廓，灵活调整水舌入水区域。根据斜切挑坎的特点、泄洪洞出口的地形条件及水流条件，对挑流鼻坎采用大错距、大挑角差、折线型出口前沿的异型斜切挑坎型式，尽可能加大挑坎左右出口前后错距和挑流出射角度差值，使下泄水流沿河道纵向拉开。水舌形态类似于窄缝水舌，其入水区域呈"一"字形，主要沿纵向拉伸，而很少横向扩展。正向斜切挑坎体型示意图如图 8.2-2 所示。

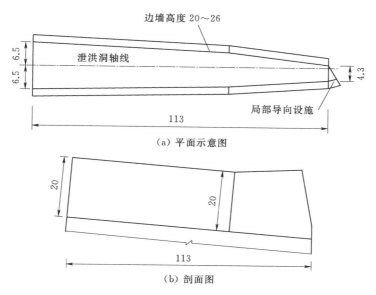

图 8.2-1　二次收缩型窄缝挑坎体型示意图（单位：m）

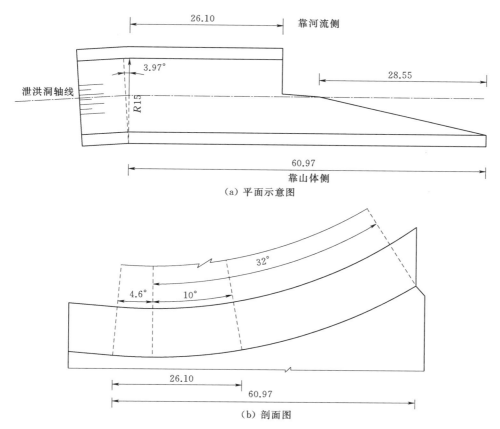

图 8.2-2　正向斜切挑坎体型示意图（单位：m）

8.2.2.3 反向斜切挑坎

反向斜切挑坎由底板和沿底板两侧竖立的侧墙构成，其特征在于山体一侧的侧墙和底板长度短于靠近河流一侧的侧墙和底板长度，使位于两侧墙端头间的底板边缘形成一出口边线。出口边线形式可由一段或多段组成，或水平线、或斜线、或曲线设计。该斜切挑坎的侧墙可选择为直线或曲线；底板可选择为等曲率的曲面或扭曲面，后者还可选择为等宽或不等宽。反向斜切挑坎既可在靠近河流一侧侧墙的作用下，减小水流与对岸的夹角，从而减弱水流对河流对岸的冲击，又可增大靠近山体一侧水流在水下到达对岸的距离，从而增大能量消耗，并且使靠近河流一侧的水流直冲河底，在河中心形成一道水墙，阻止另一部分水流流向对岸，从而减弱水流对河流对岸的冲刷，保障对岸河堤的安全。反向斜切挑坎体型如图8.2-3所示。

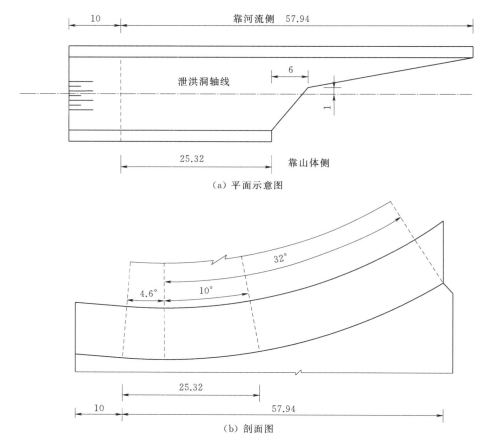

(a) 平面示意图

(b) 剖面图

图8.2-3 反向斜切挑坎体型（单位：m）

8.2.2.4 燕尾挑坎

燕尾挑坎是在常规连续挑坎的基础上，在挑坎出口段底板中间开口，形成缺口突跌陡槽，缺口前端开口宽度小，后端及挑坎末端处开口宽度大，从而使挑坎在平面上呈"燕尾"形状，故名。挑流结构可为左右对称式、正向斜切式或反向斜切式。燕尾挑坎体型示意图如图8.2-4所示。

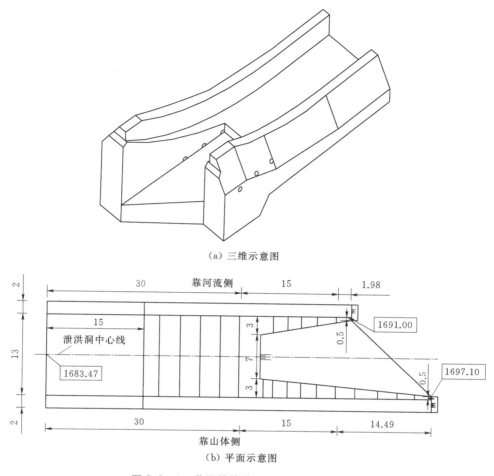

（a）三维示意图

（b）平面示意图

图 8.2-4　燕尾挑坎体型示意图（单位：m）

　　利用射流冲击原理，出挑水流首先从缺口突跌陡槽前端开口射出，缺口突跌陡槽两侧挑流结构底板上的没有出射的水流沿着挑流结构底板继续向前流动。缺口突跌陡槽前端开口处水流射出后，对两侧的水流而言在中间形成一个临空面，因此两侧水流在继续向前流动过程中，不断从缺口突跌陡槽左右边墙顶沿程射出，最后剩余少量水流从缺口突跌陡槽末端开口两侧顶部挑射。由于缺口突跌陡槽左右边墙顶沿程挑角不断加大，故沿程水舌挑距均匀增长。水流经缺口突跌陡槽前端开口射流、缺口突跌陡槽左右边墙顶沿程射流、缺口突跌陡槽末端开口两侧顶部挑射而形成的四股水舌在空中上下洒开、汇心相冲撞、纵向拉开扩散，从而形成与窄缝挑流结构类似的纵向拉伸片状水舌。

8.2.2.5　出口挑坎方案选择

　　根据水工模型试验成果，对以上 4 种体型从水舌形态、入水位置、对河道冲刷及岸坡冲击程度、涌浪高度、雾化影响等方面进行对比分析，并结合超高速水流对挑坎结构的适应性等各方面进行综合分析，锦屏一级水电站泄洪洞出口采用不对称燕尾挑坎体型。

　　（1） 4 种挑坎水舌的扩散均较充分，水流对左岸的冲击压力最大波动幅值相当，其中窄缝挑坎、燕尾挑坎冲坑深度相对较浅，冲坑最低高程为 1610.00m，冲坑位于河道中心。另外，燕尾挑坎岸边波浪爬高最低，且水舌对左岸岸坡的冲击最弱，因此，从消能防冲角度考虑，燕尾挑坎较优。

（2）从挑坎结构对锦屏一级泄洪洞出口的适应性分析可知，燕尾挑坎较优，其优点如下：

1）窄缝水流是强迫挤压的产物。其纵向拉伸水舌是由两侧边墙的收缩约束作用强迫形成的，因此水流会对边墙造成强大的冲击作用，边墙附加很大的动水压力，在大泄量时可能达到总水头的 40%～60%。试验实测窄缝挑坎边墙瞬时最大压强为 402.95kPa。由于两侧边墙的收缩约束作用使水沿程壅高，挑坎内最大水深达 24m，从而导致高边墙结构。由于挑坎内高速水流流态稳定的要求，即收缩比的限制，故窄缝挑流消能结构沿纵向长度较长，顺水流长度布置达 113m。另外，高速水流可能诱发高边墙振动，对边墙结构刚度要求也较高。因此，窄缝挑坎的长度、边墙高度、厚度以及钢筋配置量均较大。

2）燕尾挑坎的水舌是因势利导的结果，其水流不断从缺口突跌陡槽前端开口及缺口突跌陡槽左右边墙顶沿程射流，使挑坎内水流不断减少，挑坎内水深降低，边墙无过大的附加动水压力且高度较低，模型试验测得挑坎内最大水深为 5.6m，边墙最大压强仅62.95kPa，且其顺水流长度布置仅需 60m，因此体型较简单，其施工及投资造价大大优于窄缝消能工。另外，缺口突跌陡槽左右边墙内均设有与大气相通的通气孔，可向槽内充分通气，保证槽内水舌稳定，不会形成紊流等造成空蚀破坏。

燕尾挑坎能够很好地适应锦屏一级水头高、单宽流量大、下游河道狭窄、地质条件较差、泄洪洞出口布置受限的工程特点。

8.3 燕尾挑坎水力特性

燕尾挑坎水舌形态如图 8.3－1 和图 8.3－2 所示。存在以下明显的三个区域：

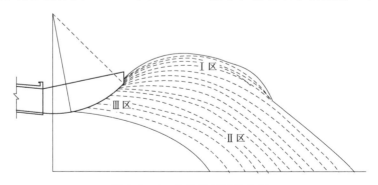

图 8.3－1 水舌纵剖面示意图

图 8.3－2 水舌平面示意图

　　Ⅰ区为缺口突跌陡槽末端开口两侧顶部少量出挑水舌。由于挑角较大，故挑射高度也较大。但由于空气中阻力的影响，不会沿挑流结构末端大挑角沿抛物线射出，而是一定程度时就会散落、冲撞在主水舌上，在水舌外缘形成一条乳白色的条带。如果缺口突跌陡槽末端开口宽度不够大，则会使Ⅰ区范围较大、水量较多，从而使整个水舌入水区前端水量较集中，冲刷能力较强。

　　Ⅱ区为整体扩散区。在水舌出坎后，水流的中下部密度较大，水舌呈整体扩散状水股。随距挑坎出口末端距离的增大，扩散度和掺气量不断增加。这个区域随水头升高和缺口突跌陡槽末端开口宽度增大而增大，是水舌的主流区，也是水舌入水范围与均匀性的控制区。

　　Ⅲ区为水舌离开挑坎后的充分扩散区。缺口突跌陡槽左右边墙水舌从两侧向中间一起出射并将大量空气带入，从而掺气充分，水流呈整体扩散，而当水舌离开挑坎一定距离后水流呈一定分散的细股。

　　根据对挑坎水舌流态的分析，通过调整优化缺口突跌陡槽的长度、挑角、开口宽度这些参数，既能使出挑水流的纵向拉伸范围较大，也能使出挑水舌的水量分布较均匀，从而大大减小入水单宽流量，减少对河床的冲刷。

　　对称燕尾挑坎结构体型示意图如图8.3-3所示。本书通过模型试验为主、数值分析为辅的研究方法，设计了多种体型，其设计原则是在保持挑坎某一或多种

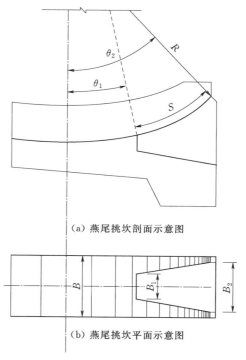

(a) 燕尾挑坎剖面示意图

(b) 燕尾挑坎平面示意图

图 8.3-3　对称燕尾挑坎结构体型示意图

θ_1—缺口前端挑角；θ_2—缺口末端挑角；B_1—缺口前端开口宽度；B_2—缺口末端开口宽度；B—挑坎内侧宽度；R—挑坎反弧半径；S—缺口弧长

体型参数不变情况下，变化其他体型参数，从而研究各参数变化对水舌形态的影响规律，为挑坎的体型优化设计方法和实际工程应用提供一定的依据。

　　体型参数对挑坎水舌的影响规律主要从以下几个方面进行探讨研究：

　　(1) 在挑坎反弧半径 R 固定时，先设定挑坎缺口末端挑角 $\theta_2 = 45°$，再改变缺口前端挑角 θ_1 的值，从而研究挑坎缺口前端挑角 θ_1 的变化对水舌纵向拉伸度的影响规律，并找出能使挑坎出挑水舌基本形成纵向拉伸较好水舌形态的适宜 θ_1 值。

　　(2) R 一定时，分析在缺口挑角 θ_1 和 θ_2 相同情况下，缺口前端开口宽度 B_1 对水舌扩散均匀性的影响规律，从而确定相应体型时 B_1 的一个适宜的取值范围。

　　(3) 再根据试验需要，R 一定时，固定挑坎缺口前端挑角 θ_1，适当改变缺口末端挑角 θ_2 的值，从而分析挑坎缺口末端挑角 θ_2 的变化对水舌纵向拉伸度的影响规律。

　　(4) R 一定时，分析在缺口前端和末端挑角差值 $\Delta\theta$ 相同情况下，开口区域位置对水

舌流态的影响规律。

（5）分析在相同缺口开口区域情况下，不同挑坎反弧半径 R 对水舌扩散度与形态的影响规律。

8.3.1 试验装置和数值模拟

1. 试验装置

燕尾挑坎体型研究模型结合锦屏一级水电站 1：100 泄洪洞水工模型改建而成。模型采用有机玻璃制作。主要是在原泄洪洞出口挑坎处安置对称燕尾挑坎，进而研究其不同体型下的水舌特性。

该试验经过多次尝试，最终决定利用光学原理来测量水舌挑出挑坎后的空中形态。沿挑坎轴线将挑坎出口 2m 范围分成 10 个断面，每个断面设前后两根直尺，然后在一侧同一位置用相机拍摄挑坎水舌上下边缘线对应的直尺读数。同一断面位置处，水舌上边缘读数取前后直尺读数的平均值，下边缘读数也取前后读数的平均值。根据各断面水舌上下边缘读数，可以准确画出水舌的空中扩散图。为保证水舌上下边缘轮廓线的连续性和清晰度，在拍摄过程中需要注意以下两点：①在拍摄水舌时需用三脚架固定相机，并采用慢速快门和适当曝光以获取高质量水舌图片；②为避免光线造成的误差，拍摄时尽量使相机正前方对准空中水舌的中部。测量水舌布置示意图如图 8.3 - 4 和图 8.3 - 5 所示。

图 8.3 - 4　测量水舌布置示意图（一）　　　图 8.3 - 5　测量水舌布置示意图（二）

2. 数值模拟

在此研究中，通过摄像技术能清晰记录不同挑坎体型下水舌的空中形态，通过物理方法可测量出水舌的空中轮廓线，从而显示不同挑坎体型下水舌的扩散程度以及入水长度 L 的一个数字衡量值。但出挑水舌在不同高程剖面处的水量分布情况却无法测量，此时采用数值模拟方法可直观显示其不同高程断面处的水量分布，可用来衡定体型的适宜性。

根据大量数值模拟经验，计算采用不可压缩流体，标准 $k-e$ 双方程湍流模型，其主要基于湍流动能和扩散率，它假定流场完全是湍流，分子之间的黏性可以忽略。在多相流模型上采用了 VOF（Volume of Fluid Model）模型，通过求解单独的动量方程和处理穿过区域的每一流体的体积分数（volume fraction）来模拟两种或三种不能混合的流体，并且只适合于模型中只存在一种可压缩流体的模拟。它设每个控制容积中所有流体相体积和为 1。在计算中设函数 F，当区域里全是水时为 1，全是空气时为 0，当 $0<F<1$ 时，区域里既有水也有空气。定义 a 为区域中水的体积分数，则空气为 $1-a$，这样水气交界面的控制方程为

$$\frac{\partial a}{\partial t}+u_i\frac{\partial a}{\partial x_i}=0 \tag{8.3-1}$$

式中：a 为空间和时间的函数，通过 a 的值能确定相应的位置。

最后速度压力耦合求解方法采用了 PISO（Pressure-Implicit with Splitting of Operatoss）算法，以控制网格弯曲给模型计算带来的误差。

计算区域取挑坎前后区域，X 轴范围从 $-100m$ 到 $250m$，Y 轴范围从 $-41.9m$ 到 $42m$，Z 轴范围从 $-13m$ 到 $13m$。重点网格在水舌出挑后空中区域，并以挑坎起点为原点，原点在实际工程的高程为 1681.60m，挑坎中轴线为 X 轴，Y 轴方向为竖直方向，Z 轴根据笛卡尔坐标系定义。最终建立三维计算模型，如图 8.3-6 所示。为得到较好的水舌空中形态，网格划分时在挑坎横向即 Z 轴方向最小网格尺寸达到 0.15m，最终网格总数都在 55 万个左右，并且全部采用结构化网格。

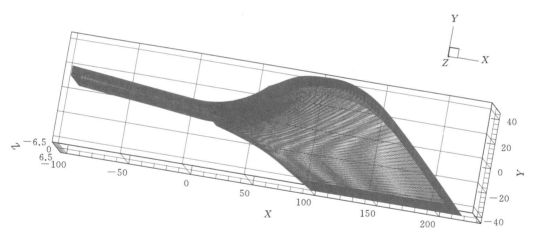

图 8.3-6　数值模拟三维计算模型图

计算时进口给定流量边界条件，出口采用压力边界条件，水舌在空中各面均与大气接触，所有壁面边界条件均定义为无滑移边界，对黏性底层采用壁面函数进行处理。

8.3.2　体型参数对挑坎水舌的影响规律

8.3.2.1　缺口前端挑角 θ_1 对水舌的影响

试验研究采用了 1880.00m（$Q=3123.5m^3/s$）、1865.00m（$Q=2560.4m^3/s$）、1855.00m（$Q=2019.8m^3/s$）和 1845.00m（$Q=1210.6m^3/s$）4 个水位，挑坎反弧半径 R 取 90m、70m、50m。试验中固定缺口末端挑角 $\theta_2=45°$，$B_2=12m$。在每个挑坎反弧

半径试验中，在改变 θ_1 的同时，也会伴随缺口前端开口宽度 B_1 的变化。

1. θ_1 对水舌扩散流态影响的试验研究

随着挑坎缺口前端挑角 θ_1 的减小，水舌空中扩散效果逐渐变好。在挑坎反弧半径为 90m 时，挑坎缺口前端挑角 θ_1 基本上要小于等于 20°才能形成与窄缝挑坎类似的扫帚状水舌形态，即缺口前后挑角差 $\Delta\theta$ 要大于等于 25°才能使出挑水舌在空中的扩散较好。与半径 90m 的挑坎相比，半径为 70m 和 50m 时挑坎缺口前端挑角 θ_1 基本上要小于等于 15°才能形成与窄缝挑坎类似的扫帚状水舌形态。在特别低水位 1845.00m 时，θ_1 基本要小于 5°。

对称燕尾挑坎在低水位时，要形成纵向拉伸较好的水舌形态，挑坎缺口前端挑角 θ_1

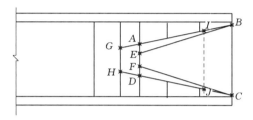

图 8.3-7 大小流量下挑坎缺口面积示意图

应比高水位时更小，这是因为挑坎的某一体型的开口区域只适合于一定流量的扩散。当流量减小时，相应所需的缺口开口面积要缩小才能使水舌均匀拉伸。结合图 8.3-7 大小流量下挑坎缺口面积示意图来分析，如假定在大流量下挑坎的适宜开口区域为 $ABCD$，当流量减小时一方面需要的缺口面积减小，另一方面起挑角小一些。假如小流量时只需要 $EBCF$ 这么大的

区域就能使水舌扩散，那可以通过适当减小缺口前端开口宽度 B_1，在小流量时能保证稳定出挑。也可以减小挑坎缺口前端挑角 θ_1，等于开口区域前移为 $GIJH$，从而使小流量出挑的有效面积减小并向挑坎前端靠近，因此能有效拉伸水舌。

2. θ_1 对水舌挑距和入水长度 L 的影响

衡量对称燕尾挑坎水舌扩散性的重要指标就是水舌的入水长度。若水舌入水长度 L 较大，且入水区水量分布较均匀，则能大大减小水舌入水的单宽流量。图 8.3-8 是各半径下水舌入水长度 L 随缺口前端挑角 θ_1 的变化曲线。随着挑坎缺口前端挑角 θ_1 的减小，水舌空中扩散度逐渐变好，水舌入水长度 L 也不断增大，水舌最远挑距和最近挑距不断减小。水位 1880.00m，$\theta_1 = 20°$、$B_1 = 6m$、$B_2 = 12m$ 时，最远挑距为 187.2m，最近挑距为 142.6m，入水长度为 78.2m。而到 $\theta_1 = 0°$、$B_1 = 4.4m$、$B_2 = 12m$ 时，最远挑距为 139.5m，最近挑距为 83.5m，入水长度为 119.8m。同时在同一挑坎体型下，水舌最远挑

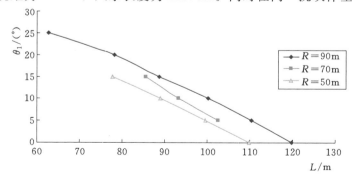

图 8.3-8 各半径下水舌入水长度 L 随缺口前端挑角 θ_1 的变化曲线

距随着水位、流量的减小而减小，但最近挑距在高水位、大流量和低水位、小流量时的差别不是很大。以 $\theta_1=5°$、$B_1=4.4m$、$B_2=12m$ 体型为例，水位 1880.00m 时最近挑距为 92.5m，水位 1865.00m 时最近挑距为 92.7m，水位 1855.00m 时最近挑距为 93.1m，水位 1845.00m 时最近挑距为 93.6m，四者的差值为 0.3%~1%。

3. 小结

（1）在同一挑坎反弧半径，固定挑坎末端挑角 $\theta_2=45°$，保证水舌水量分布均匀的情况下，水舌空中纵向分散性随缺口前端挑角 θ_1 的减小而变好，入水长度 L 也随着缺口前端挑角 θ_1 的减小而增大。

（2）在挑坎流量较大、$R=90m$、$\theta_2=45°$ 时，缺口前后挑角差 $\Delta\theta$ 大于等于 25°时才能形成纵向均匀拉伸的水舌。由于挑坎体型适用的挑坎流量有一定的范围，当挑坎流量减小时，水舌要形成较好的纵向拉伸扩散的水舌形态，可以将缺口前端挑角 θ_1 减小，使水舌出挑的有效缺口面积减小，从而使小流量水舌能有效拉伸扩散。

8.3.2.2 B_1 对水舌的影响

对称燕尾挑坎缺口前端开口宽度 B_1 的变化会影响挑坎出挑水量的分布，从而影响挑坎出挑水舌的扩散性。因此，每一个挑坎开口体型的 B_1 值都有一个适宜的取值范围。

1. 模型试验研究 B_1 对水舌的影响

对缺口末端挑角 $\theta_2=45°$、缺口前端挑角 θ_1 小于等于 20°的挑坎体型，采用不同的 B_1 值进行试验，用以分析缺口前端开口宽度 B_1 对水舌扩散的影响规律。

（1）在 $\theta_2=45°$、θ_1 不断减小的情况下，随着 θ_1 的减小挑坎缺口前端开口宽度 B_1 的适宜取值也应不断减小。因为当 θ_1 减小后如果 B_1 值不减小，则从缺口两侧挑坎底板上出流的水量就相对减少，从而导致挑坎末端出挑水量很小，甚至没有。这样就会影响水舌的前端拉伸效果，从而大大减小水舌的入水长度。

（2）在适宜的取值范围内，B_1 值越小，水舌入水区前端水量越容易集中，水舌最近挑距也较小，此时水舌入水长度 L 相对长一些；B_1 值较大时，水舌入水区水量分布相对较均匀，同时入水长度 L 较小。例如，$\theta_1=20°$、$B_1=6m$、7m、8m 时，入水长度 L 分别为 86.3m、83.2m、75.2m。因此在选择缺口前端开口宽度 B_1 的值时，一方面要考虑水舌入水长度，另一方面要考虑水舌入水的均匀性。可以根据表 8.3-1 的取值范围，选择适宜的 B_1 值使水舌入水的单宽流量相对较小。

表 8.3-1　　　　　　　　　　开口宽度 B_1 取值范围表

θ_1	半径 90m		半径 70m		半径 50m	
	B_1 的绝对值 /m	比率 ($B_1/13$)	B_1 的绝对值 /m	比率 ($B_1/13$)	B_1 的绝对值 /m	比率 ($B_1/13$)
20	7~8	0.54~0.62				
15	6~7	0.46~0.54	7±0.5	0.54±0.04	8±0.5	0.62±0.04
10	5.2~6	0.4~0.46	7±0.5	0.54±0.04	7±0.5	0.54±0.04
5	4.4~5.2	0.34~0.4	6.4±0.5	0.49±0.04	6.6±0.5	0.51±0.04
0	3.6~4.4	0.28~0.34			6±0.5	0.46±0.04

（3）从试验中还发现，B_1 的适宜取值还与挑坎反弧半径有关，同样 θ_1 和 θ_2 时，挑坎反弧半径越小，B_1 的适宜取值越大些。例如，试验中挑坎反弧半径 $R=90\text{m}$ 与 $R=50\text{m}$ 的缺口开口范围同为 $\theta_1=15°$，$\theta_2=45°$ 时，$R=50\text{m}$ 的 B_1 的适宜取值比 $R=90\text{m}$ 的 B_1 的适宜取值大。因为 $R=50\text{m}$ 时同样开口范围下，$R=50\text{m}$ 的缺口弧长 S 小于 $R=90\text{m}$ 的缺口弧长，因此需要增大缺口前端开口宽度 B_1，从而增大水舌扩散的缺口面积，以使同样流量下水舌都能较好地沿纵向拉伸扩散。

2. 数值模拟结果分析

计算了 $R=50\text{m}$、$\theta_1=15°$、$\theta_2=45°$ 下，$B_1=6\sim12\text{m}$ 的各种工况。水舌入水区示意图如图 8.3-9 所示。当 $B_1=6\text{m}$ 时，水舌总入水长度为 94m 左右，但大部分水量分布在 $180\sim230\text{m}$ 的区间，有效扩散长度为 50m；当 $B_1=7\text{m}$ 时，水舌总入水长度为 85m 左右，但大部分水量分布在 $170\sim225\text{m}$ 的区间，有效扩散长度为 55m；当 $B_1=8\text{m}$ 时，水舌总入水长度为 75m 左右，但大部分水量分布在 $160\sim220\text{m}$ 的区间，有效扩散长度为 60m。虽然总入水长度的计算值与试验值差了 5m 左右，但不影响水舌规律分布。$B_1=8\text{m}$ 的水舌有效入水长度大于 $B_1=6\text{m}$ 和 $B_1=7\text{m}$ 的水舌有效入水长度，并且相比较而言，$B_1=8\text{m}$ 的水舌入水区前端水量没有 $B_1=6\text{m}$ 和 $B_1=7\text{m}$ 的水舌入水前端水量集中。水舌前端呈箭头的两侧水量是由于计算模型的误差所致，在实际试验中，两侧底板上的水流集中在中部，不会分散到两侧。

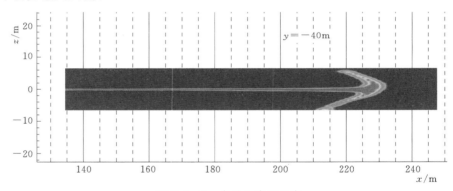

图 8.3-9 水舌入水区示意

3. 小结

缺口前端开口宽度 B_1 对水舌的影响，主要是对水舌扩散均匀性、入水范围水量分布均匀性的影响。通过试验和数值模拟的结果发现，每个挑坎体型下，缺口前端开口宽度 B_1 有一个适宜的取值范围，这样才能保证出挑水舌具有较大入水长度和较均匀的水舌入水区水量分布，以减小水舌入水的单宽流量。结论主要有以下两点：

（1）根据试验和数值模拟结果的分析，归纳了三个半径下各体型 B_1 值的适宜取值范围，表 8.3-1 为开口宽度 B_1 取值范围表。表中只有半径为 90m 时体型才有范围，半径为 70m 和 50m 时为具体值，可在参考时取具体值加减 0.5。表 8.3-1 只是一个大概的范围，挑坎在运用于具体工程时，需要结合具体的模型试验才能确定最优的 B_1 值。

（2）根据表 8.3-1 还可得出：①当挑坎反弧半径 R 固定、缺口末端挑角 $\theta_2=45°$、缺口前端挑角 θ_1 不断减小时，挑坎缺口前端开口宽度 B_1 的适宜取值应随 θ_1 的减小而适当减小；②当三个挑坎反弧半径下的缺口开口区域相同时，B_1 的适宜取值应随挑坎反弧半径 R 的减小而适当增大。

8.3.2.3 θ_2 对水舌的影响

在挑坎应用时，缺口前端挑角 θ_1 由实际地质条件和工程经济方面决定，既要保证出挑水舌不冲刷挑坎的地基，又要使工程经济最优。而当 θ_1 固定时：①如果挑坎内水流流速较小，从而使水流无法达到末端 45°处，此时 θ_2 需要小于 45°；②同样的缺口范围，即 $\Delta\theta$ 相同时，如果放在挑坎前端相比放在挑坎末端对水舌影响不大或者前端更好，这时考虑工程经济，θ_2 可以取小于 45°。在该试验中对 θ_2 的值进行变化，研究适当减小 θ_2 的值对水舌的影响。首先在挑坎反弧半径 $R=90\text{m}$ 时，所有试验体型都将 θ_1 固定为 0°，然后改变缺口末端挑角 θ_2。为了试验的完整性，在挑坎反弧半径为 70m 时，取挑坎缺口前端挑角 $\theta_1=5°$，然后改变缺口末端挑角 θ_2。采用了数值模拟对挑坎反弧半径 $R=70\text{m}$ 下的体型进行分析，以便能直观地展示挑坎缺口末端挑角 θ_2 改变后水舌入水区水量的分布情况。

1. 试验结果分析

在挑坎反弧半径 $R=90\text{m}$，缺口开度 B_1 和 B_2 相同，缺口前端挑角 $\theta_1=0°$ 时，适当改变缺口末端挑角 θ_2 的值对水舌的空中流态影响不大，都能很好地形成纵向拉伸的扫帚状水舌形态。水舌入水长度 L 的值随 θ_2 的减小而适当减小，但减小幅度较小。当挑坎反弧半径 $R=70\text{m}$ 时，θ_2 的减小对水舌的空中流态影响也不大，入水长度相对 $R=90\text{m}$ 时减小幅度稍大一些，但也不是很明显。

在该试验条件下，当挑坎反弧半径 R 一定、缺口开度 B_1 和 B_2 相同、缺口前端挑角 θ_1 固定且较小时，将挑坎缺口末端挑角 θ_2 的值由 45°减小为 35°，对出挑水舌的扩散性和入水长度影响都不大。根据这一结论，当 $\theta_1=0°$ 时缺口末端挑角 θ_2 可以取 35°，此时水舌的扩散性就能达到 θ_2 取 45°时的效果，能大大节约工程量和减小工程施工难度。

2. 数值模拟结果分析

挑坎反弧半径 $R=70\text{m}$ 下，当固定 $\theta_1=5°$ 时，$\theta_2=45°$、40°、35°的入水长度分别为 106m、103m、96m，与试验值偏差不大，三者的入水长度相差不大，且入水范围形状类似，前端水量有点集中。且 $\theta_2=35°$ 的入水长度虽然较小，但水舌入水区水量分布显得更加均匀。因此也可以得出和试验相当的结论，即当 $\theta_1=5°$ 时，适当改变缺口末端挑角 θ_2 的值，对水舌的扩散性和入水长度方面影响不大。

8.3.2.4 缺口前后挑角差 $\Delta\theta$ 相同时水舌的变化规律

在保证挑坎缺口前后挑角差 $\Delta\theta$ 相同的前提下，把缺口前端挑角 θ_1 固定，改变 θ_2 的体型，与缺口末端挑角 θ_2 固定，改变 θ_1 的体型进行比较。从而研究在同样缺口前后挑角差 $\Delta\theta$ 的情况下，缺口前端开口位置对水舌流态的影响规律。

1. 试验结果分析

在挑坎其他体型参数相同的情况下，即缺口前端开口宽度 B_1 相同、缺口末端开口宽

度 B_2 相同、挑坎反弧半径 R 相同，当缺口前后挑角差 $\Delta\theta$ 相同时，从水舌水量分布的均匀性和入水长度的角度而言，缺口前端挑角 θ_1 越小越好，即挑坎开口区域靠近挑坎前端优于后端。与此同时，θ_1 越小，水舌整个落水点越靠近挑坎端，θ_1 较小时水舌抛射最高点低于 θ_1 较大时的水舌。

2. 从抛体理论角度分析试验结果

对称燕尾挑坎水舌挑距计算简图如图 8.3 - 10。

根据式（3.4 - 5），当挑坎反弧半径 $R = 90\mathrm{m}$、$\theta_1 = 0°$ 时，$\Delta_1 = 41\mathrm{m}$、$u = 46.5\mathrm{m/s}$，计算得到 L_1；当 $\theta_2 = 35°$ 时，$\Delta_2 = 57.26\mathrm{m}$、$u = 42.93\mathrm{m/s}$，计算得到 L_2。入水长度 L 按下式计算：

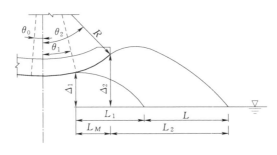

图 8.3 - 10 对称燕尾挑坎水舌挑距计算简图

$$L = L_2 + L_M - L_1 \tag{8.3-2}$$

计算结果见表 8.3 - 2。

表 8.3 - 2 $\qquad\qquad\Delta\theta = 35°$ 时水舌理论计算值

起止挑角	挑角 θ	速度 $v/(\mathrm{m/s})$	Δ_1 或 Δ_2/m	$g/(\mathrm{m/s^2})$	挑距 L_1 或 L_2/m	L_M/m	入水长度 L/m
θ_1	$0°$	46.50	41.00	9.81	134.44		
θ_2	$35°$	42.93	57.26	9.81	237.37	51.60	154.53
θ_1	$10°$	46.21	42.37	9.81	176.04		
θ_2	$45°$	40.57	67.34	9.81	219.29	47.99	91.25

8.3.2.5 R 对水舌扩散影响规律的分析

1. 试验结果分析

为研究挑坎反弧半径 R 对水舌扩散的影响规律，分别取 $\theta_2 = 45°$、$B = 12\mathrm{m}$ 时，$50\mathrm{m}$、$70\mathrm{m}$、$90\mathrm{m}$ 三个半径下的 θ_1 等于 $15°$、$10°$、$5°$ 的体型比较其水舌入水长度。图 8.3 - 11 为三个 θ_1 值下水舌入水长度 L 随挑坎反弧半径 R 的变化曲线图。

当对称燕尾挑坎前后挑角 θ_1 和 θ_2 相同时，挑坎反弧半径 R 对水舌扩散性的影响规律主要有以下两点：

（1）从半径 $50\mathrm{m}$、$70\mathrm{m}$、$90\mathrm{m}$ 的试验结果来看，在保证水舌水量分布较均匀时，水舌入水长度 L 的值随着挑坎反弧半径 R 的增大而增大。

（2）在该实验条件下还发现，在挑坎前端挑角 θ_1 较小时，水舌入水长度 L 由半径 $70\mathrm{m}$ 到半径 $90\mathrm{m}$ 增大的值明显大于由半径 $50\mathrm{m}$ 到 $70\mathrm{m}$ 增大的值，并且这种趋势随着 θ_1 的减小越来越明显。

2. 数值模拟结果分析

在水舌扩散较均匀的情况下，三个半径下的水舌入水区前端相对较集中，但水舌入水区拉伸度较大。$R = 90\mathrm{m}$ 时，入水长度 $L = 110\mathrm{m}$ 左右，$R = 70\mathrm{m}$ 时，入水长度 $L = 105\mathrm{m}$

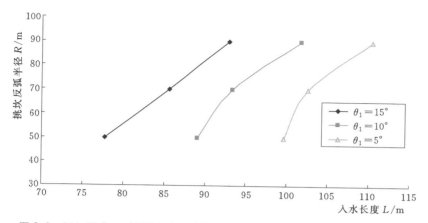

图 8.3 - 11　三个 θ_1 值下水舌入水长度 L 随挑坎反弧半径 R 的变化曲线图

左右，$R=50\mathrm{m}$ 时，入水长度 $L=102\mathrm{m}$ 左右，比试验值稍大一点，但水舌入水长度变化规律与试验结果一致。当挑坎缺口前、末端挑角 θ_1 和 θ_2 分别相等，即开口区域相同时，水舌入水长度 L 随挑坎反弧半径 R 的增大而适当增大。

8.3.3　燕尾挑坎体型设计方法及优化规律

1. 设计原则和设计步骤

燕尾挑坎体型设计原则为：下游端尽量将水流挑远，上游端根据地形地质条件和其他建筑物决定落点，然后调整开口形状使水舌入水分配均匀。设计步骤如下：

（1）根据落点大致位置，寻找燕尾挑坎开口起始位置。

（2）初步确定开口位置，求出该处的流速和挑角，然后对挑角修正得到出流角。出流角为燕尾开口处底板的挑角 θ_1 减去挑角修正值 $\Delta\theta_s$。根据模型试验资料拟合的挑角修正值 $\Delta\theta_s$ 的计算公式为

$$\Delta\theta_s = 60° - (9.28 - 6.05 B_1/B) Fr \tag{8.3-3}$$

式中：Fr 为开口起始断面弗劳德数，反映水流惯性与重力的影响，当弗劳德数越大时，$\Delta\theta_s$ 的绝对值越小，表明需要修正的角度越少；反之，则需要修正的角度越多。开口比 B_1/B 越大，则需要修正的角度越多，反之亦然。

（3）初步确定缺口末端位置，求出该处的流速和挑角，此处出流角可直接取用挑角，流速计算要考虑出口位置高程和急变流的影响。

（4）根据开口位置流速、出流角、跌落高差等可计算近端挑距位置，根据缺口末端流速、出流角、跌落高差等可计算远端挑距位置，从而验证落点位置。

（5）开口上、下游端的宽度通过试验确定，使入水的沿程分布达到均匀。

2. 设计优化规律

通过前述物理模型试验和数值计算模拟，提出了燕尾挑坎中涉及的体型参数（包括缺口前端挑角 θ_1、缺口前端开口宽度 B_1、缺口末端挑角 θ_2、挑坎反弧半径 R 等）的设计优化规律。

（1）在同一挑坎反弧半径，固定缺口末端挑角 $\theta_2=45°$，保证水舌水量分布均匀的情况下，水舌空中纵向分散性随缺口前端挑角 θ_1 的减小而变好，入水长度 L 也随着缺口前端挑角 θ_1 的减小而增大。在挑坎流量较大，$R=90m$、$\theta_2=45°$ 时，缺口前后挑角差 $\Delta\theta$ 要大于等于 25° 才能基本形成出挑水舌较均匀地纵向拉伸的水舌形态，当挑坎流量减小时，水舌要形成较好的纵向拉伸扩散的水舌形态，可以将缺口前端挑角 θ_1 减小，使水舌出挑的有效缺口面积减小，从而使小流量水舌能有效拉伸扩散。

（2）缺口前端开口宽度 B_1 主要是对水舌扩散均匀性具有影响，当挑坎反弧半径 R 固定、缺口末端挑角 $\theta_2=45°$、缺口前端挑角 θ_1 不断减小时，挑坎缺口前端开口宽度 B_1 的适宜取值应随 θ_1 的减小而适当减小。当缺口开口区域相同时，B_1 的适宜取值应随挑坎反弧半径 R 的减小而适当增大。

（3）在挑坎反弧半径 R 一定，缺口前、末端开口宽度相同且缺口前端挑角 θ_1 小于 5° 时，缺口末端挑角 θ_2 由 45° 减小为 35° 的过程中，出挑水舌的空中扩散流态和入水长度变化不大。

（4）在挑坎缺口前端开口宽度 B_1 相同、缺口末端开口宽度 B_2 相同、挑坎反弧半径 R 相同的条件下，当缺口前后挑角差 $\Delta\theta$ 相同时，缺口前端挑角 θ_1 越小，挑坎开口区域靠近挑坎前端水舌水量分布的均匀性和入水拉伸效果越好。与此同时，θ_1 越小，水舌整个落水点越靠近挑坎端，θ_1 较小时水舌抛射最高点低于 θ_1 较大时的水舌。

（5）挑坎反弧半径 R 的变化对水舌扩散性的影响规律主要有两点：①在保证水舌水量分布较均匀时，水舌入水长度 L 随着挑坎反弧半径 R 的增大而增大；②试验发现，在缺口前端挑角 θ_1 较小时，水舌入水长度 L 由半径 70m 到半径 90m 增大的值明显大于由半径 50m 到半径 70m 增大的值，并且这种趋势随着 θ_1 的减小越来越明显。

8.3.4 锦屏一级燕尾挑坎的参数选择及效果分析

锦屏一级泄洪洞出口采用不对称燕尾挑坎，缺口前端挑角 θ_1 为 17.3°，缺口末端挑角 θ_2 为 41°～43°，缺口前端开口宽度 B_1 为 7.0m，挑坎反弧半径 R 为 30m。

图 8.3-12 试验水舌流态

在泄洪洞出口段，经模型试验验证，泄洪洞无论在何种工况下运行，挑坎均能形成稳定的挑流，水舌在纵向拉伸较长，挑距合理，试验水舌流态如图 8.3-12 所示。模型试验实测水位 1880.00m 时，水舌挑距为 84～204m，最大波浪高度约为 3m，水流不顶冲左岸。河道的左半侧多为正向流速，对左岸的最大冲击流速达 8.13m/s，右半侧回流流速最大达 6.86m/s

（表 8.3-3）。但在下游冲刷达到冲淤平衡后，下游河道流速将显著减小。在泄洪洞泄洪时，未对上游河道水流产生较大的扰动，泄洪洞泄洪未对电站尾水产生较大影响。各工况下冲坑最深点约位于河道中心偏右侧，冲坑最深点高程约为 1612.00m，燕尾挑坎岸边水面线如图 8.3-13 所示，图 8.3-14 为模型试验高程 1880.00m 冲坑等值线图。

表 8.3-3　　　　　　　　　　　　　不同挑坎下游岸边流速及波浪高度

桩号	库水位 1880.00m			库水位 1865.00m		
	左岸流速/(m/s)	右岸流速/(m/s)	左岸浪高/m	左岸流速/(m/s)	右岸流速/(m/s)	左岸浪高/m
1+260.00	6.58	−6.42	0.9	6.43	−6.42	1.2
1+290.00	8.13	−5.74	1.2	7.90	−5.94	1.2
1+320.00	7.36	−3.76	2.1	7.59	−6.86	2.1
1+350.00	−5.03	7.27	3.3	−5.42	6.13	2.1
1+380.00	−6.58	7.67	2.4	−6.82	5.42	2.25
1+410.00	2.17	5.94	2.4	2.79	6.13	2.1
1+440.00	2.71	9.27	1.5	2.75	6.68	1.2
1+470.00	2.63	9.07	0.9	3.60	7.27	1.2
1+500.00	5.93	10.00	0.9	6.07	8.74	0.45
1+530.00	4.34	8.40	0.6	4.54	8.04	0.3
1+560.00	7.15	7.27	0.6	7.36	5.94	0.45
1+600.00	6.47	5.94	0.45	6.58	5.74	0.45

注　表中负值表示回流。

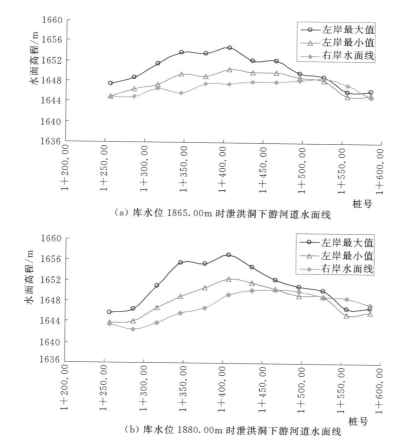

（a）库水位 1865.00m 时泄洪洞下游河道水面线

（b）库水位 1880.00m 时泄洪洞下游河道水面线

图 8.3-13　燕尾挑坎岸边水面线

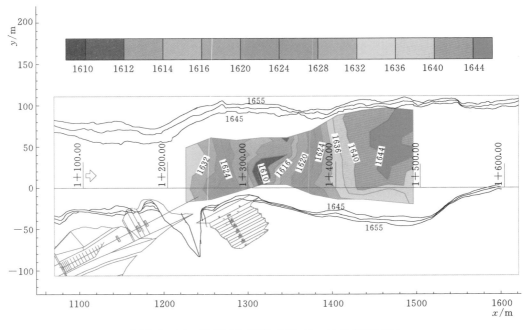

图 8.3 - 14　模型试验高程 1880.00m 冲坑等值线图

8.4　原型观测成果分析

1. 出口挑流流态及冲坑

泄洪洞运行时，出口挑流水舌纵向拉伸，水流流态好（图 8.4 - 1）。从 2015 年泄洪后实测冲坑形态分析，最大挑距 240m，冲坑最低高程 1618.00m，高于模型试验测得的冲坑最低高程 1612.00m，模型试验冲坑等值线图参见图 8.3 - 14，2015 年泄洪洞泄洪后实测水下地形图如图 8.4 - 2 所示。

泄洪洞经 2014 年、2015 年两次泄洪后，下游河岸防护防冲效果良好，泄洪后检查混凝土护岸未见破坏发生。

将原型观测与模型试验的结果进行对比，冲坑等值线见表 8.4 - 1。

图 8.4 - 1　锦屏一级水电站泄洪洞泄洪

表 8.4 - 1　　　　　　　　　　　　　冲　坑　等　值　线

研究方法	冲坑高程/m	堆丘高程/m
原型观测	1617.85	1643.18
模型试验	1612.00	1644.00

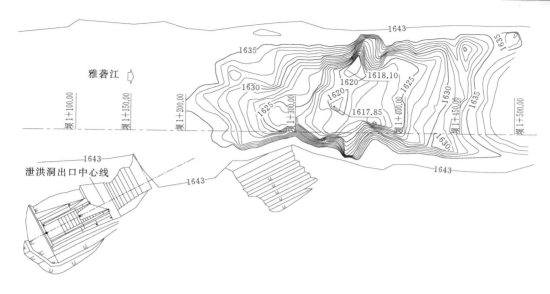

图 8.4 - 2　2015 年泄洪洞泄洪后实测水下地形图

通过对图 8.3 - 14、图 8.4 - 2 及表 8.4 - 1 分析可知：

（1）从冲坑形态看，原型观测中的冲坑最深点位于河道中部，同时左岸也出现了一定深度的冲坑。在模型试验中，冲坑最深点位于河道中部并略偏向左岸。

（2）水下地形观测的冲坑高程比模型试验浅了 5.85m，而两者的堆丘高程较为接近。冲坑最深位置在泄水前的原高程为 1635.00～1636.00m，由此可计算冲坑最大深度为 17.15～18.15m。

2. 出口挑坎振动位移原型观测及分析

2015 年泄洪洞运行时进行振动位移观测，观测成果表明：在正常蓄水位下进行泄洪时，其底板及边墙的振动程度与工作闸门开度呈正相关关系，即闸门开度越大，底板和边墙的振动程度也越大。

在闸门全开时，明流隧洞段末端（观测断面桩号为泄 1＋371.00）和出口挑坎处（观测断面桩号为泄 1＋406.50）边墙的水平振动幅度明显增大，对应的双幅值分别为 48.25μm 和 71.44μm，均方根分别为 7.59μm 和 9.43μm，在结构振动正常范围内。

第 9 章

结语

锦屏一级水电站位于极为狭窄的深山峡谷地区，大坝高度305m，为世界第一高混凝土拱坝，枢纽校核洪水流量为15400m³/s，枯水期河谷水面宽度仅60~80m；泄洪雾化区高陡边坡地质条件复杂，左岸雾化区边坡稳定性差，山体内分布有深部裂缝，断层破碎带发育，雾化降雨是边坡整体稳定性的主要影响因素；泄洪洞上下游水位差240m，洞内最大流速约52m/s。枢纽泄洪消能、泄洪雾化及高速水流带来的空蚀空化等问题极为突出。

锦屏一级水电站枢纽泄洪设施由坝身4个表孔、5个深孔、2个放空底孔、坝后水垫塘以及右岸1条有压接无压泄洪洞组成。枢纽泄洪设施布置及水力学设计采用理论分析、数值模拟、模型试验、原型观测、工程类比相结合的方法，深入开展了锦屏一级枢纽泄洪消能与泄洪雾化防护关键技术的研究，提出了特高拱坝坝身表深孔水舌空中无碰撞消能新方式，研发了坝身表孔闸墩收缩底板折坡布置新体型，开展了水垫塘水弹模型稳定性分析，预测了泄洪雾化的影响范围，并提出了"清挖结合、分区防护、立体排水、按需锚固"的泄洪雾化边坡综合防护技术；试验提出了复杂地形环境泄洪洞进口的消涡透水导墙，分析了超高流速泄洪洞各部位的空化特性，研发了泄洪洞全周边高效掺气减蚀成套技术、高水头大泄量长隧洞的补气技术，创新提出泄洪洞出口燕尾式挑流消能技术，解决了复杂地质条件下的特高坝泄洪消能与减雾、超高流速泄洪洞水流控制与空化减蚀等世界级技术难题，促进了高坝水力学的科技进步。

高拱坝坝身表、深孔双层无碰撞布置方式是首创的泄洪消能新型式，适合窄河谷、大流量、地质条件复杂的高拱坝泄洪消能工程。泄洪洞出口燕尾式挑流鼻坎具有结构型式简单、受力条件好、水舌纵向拉伸效果好、起挑流量小、对地形条件适应性强的特点，应用前景广阔。

随着我国能源结构的调整，水电建设还将持续开发，这些工程大多位于西部高山峡谷地区，如规划设计的雅砻江孟底沟、牙根二级，金沙江上游旭龙，怒江松塔、马吉等水电高拱坝工程，高坝泄洪消能技术研究具有广泛的技术需求和良好的发展前景，在今后的研究工作中，还需重视并关注以下问题：

（1）高坝泄洪消能技术的基础性理论研究还待加强。目前该学科的基础理论研究相对较薄弱，基础理论与实践还有一定的差距，需进一步开展高速水流水气两相流、空化空蚀、岩石冲刷、泄洪雾化、流激振动等工程理论问题研究，推进水力学的技术发展。

（2）水力学数值分析研究中普遍采用国外的Fluent等通用性大型商业软件，但该软件在解决高速水流特殊现象和工程问题时存在不少困难，需要继续开发适应高速水流特性的专门计算软件。

（3）高坝泄洪将产生大量雨雾导致河道水体产生溶解性气体过饱和等问题，需重视与泄洪消能研究相关的泄洪雾化预测及对下游生态的影响。

（4）需高度重视对巨型水电工程泄洪安全与运行调度方式等的研究，进一步完善泄水建筑物的水力学安全监测技术。

（5）需重视对水力学原型观测的实施方法和反馈分析的研究，加强原型观测、模型试验及数值模拟的融合研究，不断提高各专项的理论和技术水平，为泄洪设施的安全运行提供有效的保障。

参 考 文 献

［1］ 朱伯芳，高季章，陈祖煜，等. 拱坝设计与研究［M］. 北京：中国水利水电出版社，2002.

［2］ 窦国仁. 紊流力学［M］. 北京：高等教育出版社，1981.

［3］ 夏毓常，张黎明. 水工水力学原型观测与模型试验［M］. 北京：中国电力出版社，1999.

［4］ 黄继汤. 空化与空蚀的原理及应用［M］. 北京：清华大学出版社，1991.

［5］ 练继建，杨敏，等. 高坝泄流工程［M］. 北京：中国水利水电出版社，2008.

［6］ 水电规划设计总院，中国水力发电工程学会水工水力学专业委员会. 高水头泄水建筑物收缩式消能工［M］. 北京：中国农业科技出版社，2000.

［7］ 李建中，宁利中. 高速水力学［M］. 西安：西北工业大学出版社，1994.

［8］ 李瓒，陈飞，郑建波，等. 特高拱坝枢纽分析与重点问题研究［M］. 北京：中国电力出版社，2011.

［9］ 林秉南，龚振瀛，潘东海. 高坝溢洪道反弧的合理形式［J］. 水利学报，1982，13（2）：1-8.

［10］ 吴持恭. 明槽自掺气水流的研究［J］. 水力发电学报，1988（4）：23-32.

［11］ 谢省宗，陈文学. 掺气水流掺气浓度缩尺影响的估计［J］. 水利学报，2005，36（12）：1420-1425.

［12］ 李乃稳，许唯临，周茂林，等. 高拱坝坝身表孔和深孔水流无碰撞泄洪消能试验研究［J］. 水利学报，2008，39（8）：927-933.

［13］ 刘沛清，许唯临. 高拱坝挑流跌流非碰撞水垫塘消能形式研究［J］. 水利学报，2010，41（7）.

［14］ 罗铭. 掺气减蚀设施后沿程掺气浓度的数学模拟［J］. 水利学报，1987（9）：17-24.

［15］ 杨永森，吴持恭. 通气槽挑射水流掺气特性的研究［J］. 水利学报，1992（4）：1-7.

［16］ 李忠义. 高水头溢流面体型的研究［J］. 水利学报，1982，13（9）：1-10.

［17］ 苑明顺. 掺气槽下游二维含气浓度分布计算［J］. 水利学报，1991（12）：9-16.

［18］ 戴光清，杨永全，吴持恭. 水垫塘多层淹没射流数值模拟及消能研究［J］. 水利学报，1996（1）：13-19.

［19］ 刘沛清. 高拱坝下游水垫塘底板块稳定性设计［J］. 水利学报，1999（2）：5-12.

［20］ 李桂芬，高季章，刘清潮. 窄缝挑坎强化消能的研究和应用［J］. 水利学报，1988（12）：1-7.

［21］ 崔陇天. 掺气挑坎下游的含气浓度分布［J］. 水利学报，1985（1）：45-50.

［22］ 王鹏举. 明渠气水两相混合物掺气浓度分布的计算［J］. 水利学报，1997（2）：73-78.

［23］ 李乃稳，许唯临，张法星，等. 高拱坝宽尾墩流道内水流特性的数值模拟研究［J］. 四川大学学报（工程科学版），2008，40（2）：19-25.

［24］ 刘宣烈，安刚，姚仲达. 泄洪雾化机理和影响范围的探讨［J］. 天津大学学报，1991（S1）：30-36.

［25］ 袁银忠，向进军. 掺气挑坎下游气泡输移的研究［J］. 河海大学学报，1988，16（1）：26-33.

［26］ 李乃稳，许唯临，田忠，等. 高拱坝表孔宽尾墩体型优化试验研究［J］. 水力发电学报，2009，28（3）：132-138.

［27］ 刘清朝，李桂芬. 明流泄水洞通气量的数学模型［J］，水利水运科学研究，1989（3）：25-32.

［28］ 黄国情，吴时强，陈惠玲. 高坝泄洪雾化模型试验研究［J］. 水利水运工程学报，2008（4）：91-94.

［29］ 李福田，刘沛清，马宝峰. 高拱坝宽尾墩三维流场数值模拟［J］. 水科学进展，2005，16（2）：185-188.

［30］ 周辉，吴时强，陈惠玲. 泄洪雾化降雨模型相似性探讨［J］. 水科学进展，2009，20（1）：58-62.

［31］　杨永森，杨永全. 掺气减蚀设施体型优化研究［J］. 水科学进展，2000，11（2）：144－147.

［32］　刘超，杨永全. 泄洪洞反弧末端掺气减蚀研究［J］. 水动力学研究与进展，2004，19（3）：375－382.

［33］　李福田，刘沛清，许唯临，等. 高拱坝表孔宽尾墩跌流水舌运动特性研究［J］. 水利水电技术，2003，34（9）：23－25.

［34］　杨敏，彭新民. 高坝水垫塘底板上举力特性与预测方法［J］. 水利水电技术，2003，34（9）：29－31.

［35］　刘沛清. 消力池或水垫塘底板稳定性设计与防护［J］. 水力发电，2001（10）：53－55.

［36］　庞昌俊，苑亚珍. 大型"龙抬头"明流泄洪洞的体形设计［J］. 水力发电，1992（8）：61－66.

［37］　Chanson P. Study of Air Entrainment and Aeration Devices ［J］. Journal of Hydraulic Research，Vol. 27，NO. 3，1989.

［38］　Ball J W. Cavitation from Surface Irregularities in High Velocity Flow ［J］. Journal of the Hydraulics Division ASCE，1976，108（9）：1283－1297.

［39］　Lakshmana Rao N S，Gangadharaiah T. Self － Aerated Flow Characteristics in Wall Region ［J］. Proc. ASCE，Hydr. Div. Vol. 97，NO. HY9，1971.

［40］　Straub L G，Anderson A G. Experiments On Self － Aerated Flow in Open Channels ［J］. Proc. ASCE，hydr. Div. Vol. 84，NO. HY7，1984.

索　引

《大国重器　中国超级水电工程·锦屏卷》
编辑出版人员名单

总责任编辑　　　营幼峰

副总责任编辑　　黄会明　　王志媛　　王照瑜

项目负责人　　　王照瑜　　刘向杰　　李忠良　　范冬阳

项目执行人　　　冯红春　　宋　晓

项目组成员　　　王海琴　　刘　巍　　任书杰　　张　晓　　邹　静

　　　　　　　　李丽辉　　夏　爽　　郝　英　　李　哲

《窄河谷高拱坝枢纽泄洪消能关键技术》

责任编辑　　王照瑜　　刘向杰
文字编辑　　王照瑜
审稿编辑　　柯尊斌　　李忠良　　刘向杰
索引制作　　游　湘
封面设计　　芦　博
版式设计　　吴建军　　孙　静　　郭会东
责任校对　　梁晓静　　张伟娜
责任印制　　崔志强　　焦　岩　　冯　强
排　　版　　吴建军　　孙　静　　郭会东　　丁英玲　　聂彦环

Contents

Gongping, Zhou Zhong and Liu Shanjun, Chapter 5 by Zhang Gongping, Xu Weilin and Zhou Zhong, Chapter 6 by You Xiang, Deng Jun, Liu Yue and Zhang Min, Chapter 7 by Xu Weilin, You Xiang, Meng Fuqiang and Yang Jing, Chapter 8 by You Xiang, Deng Jun, Zhang Min and Lu Yi and Chapter 9 by Zhou Zhong. Zhou Zhong organizes to plan and review this book, the professor level senior engineer Xiao Baiyun checks the draft. You Xiang and Zhang Min takes charge of the final compilation and editing of this book of which the figures and tables are prepared by Zhang Min and Zhang Gongping.

This book summarizes the design and special study achievements completed during the feasibility study and bidding & construction drawings design of Jinping – 1 Hydropower Station. Units participating in the feasibility study include Sichuan University, Nanjing Hydraulic Research Institute, China Institute of Water Resources and Hydropower Research, Tianjin University and other famous universities and research institutes in China. The scientific research project for construction of Jinping – 1 Hydropower Station is funded by Yalong Hydropower Development Co., Ltd., and all achievements are greatly supported by the competent departments at all levels, China Renewable Energy Engineering Institute and Yalong Hydropower Development Co., Ltd., the owner of Jinping – 1 Hydropower Station. Hereby, we would like to express my sincere thanks to these units!

The preparation of this book receives great support from the leaders and colleagues at all levels of Power China Chengdu Engineering Corporation Limited and China Water & Power Press has also made great efforts for the publication of this book. We would like to express our heartfelt gratitude to them!

Due to our limited knowledge in writing this book, there might be some mistakes and flaws in this book, and your suggestions would be appreciated.

Authors
December 2020

vation achievements, summarizes key technologies in a systematical way, including flood discharge and energy dissipation design for high arch dam hub in a narrow valley. It is organized in 9 chapters. In Chapter 1, the technical status and main problems of flood discharge and energy dissipation of high arch dam hub projects in China and abroad are described briefly. In Chapter 2, the layout principle for flood discharge and energy dissipation structure is proposed, the layout scheme is analyzed and demonstrated, and the key technical problems in flood discharge and energy dissipation are put forward. In Chapter 3, the flood discharge and energy dissipation technology of multiple outlets without collision at dam body is innovatively proposed using such methods as theoretical analysis, model test and numerical simulation. In Chapter 4, the energy dissipation mechanism and hydraulic characteristics of plunge pool are described, and the stability of plunge pool is studied through hydroelastic model test and theoretical calculation. In Chapter 5, the formation mechanism and characteristics of flood discharge and atomization are analyzed, and the scope and protective measures for flood discharge and atomization are predicted and put forward. In Chapter 6, according to the layout conditions of the spillway tunnel, the basic hydraulic characteristics of the pressure tunnel and non–pressure tunnel connection are studied, and the reasonable layout and shape design of the inlet, pressure tunnel and non–pressure tunnel are put forward. In Chapter 7, according to the potential cavitation risk of ultra–high velocity spillway tunnel, the cavitation characteristics of spillway tunnel are analyzed, and the corresponding aeration and erosion reduction measures are put forward. In Chapter 8, the difficulties in energy dissipation at the outlet of spillway tunnel are analyzed, various forms of outlet flip bucket are compared, and a new technology of energy dissipation with dovetail – shaped flip bucket is proposed for the first time. In Chapter 9, main achievements of flood discharge and energy dissipation of the hydroproject are summarized, and the problems that should be paid attention to and considered in the flood discharge and energy dissipation technology of high dams are put forward.

In this book, Chapter 1 is prepared by You Xiang and Zhou Zhong, Chapter 2 by You Xiang, Zhou Zhong and Zhang Gongping, Chapter 3 by Zhou Zhong, Zhang Gongping, Xu Weilin and Tang Zhongmin, Chapter 4 by Zhang charge, energy dissipation and atomization, minimize the effect of atomization during flood discharge through surface spillways and deep level outlets, and re-search and summarize the high – speed hydraulic problems caused by spillway tunnels with a high waterhead and large flow, which are necessary and of great significance to the development and construction of hydropower projects.

The flood discharge facilities of the Jinping – 1 Hydropower Station hub are composed of 4 surface spillways, 5 deep level outlets, 2 bottom discharge out-lets, a plunge pool behind the dam and 1 spillway tunnel of connecting pressur-ized section and unpressurized section type on the right bank. Jinping – 1 Hy-dropower Station is located in an alpine and gorge region with complicated geo-logical conditions. The atomized zone on left bank is developed with fault zones and deep cracks and the river valley has surface width of only 60m. With the maximum height as 305m, the dam is the highest arch dam in the world, with a check flood flow of 15400m³/s. The difference between the upstream water level and the downstream water level of the spillway tunnel is 240m, with the maximum flow velocity in the tunnel being 52m/s approximately. Great diffi-culties are involved in the flood discharge and energy dissipation of dam body, atomization protection, cavitation and erosion of spillway tunnel and converging flow into the river channel. Therefore, according to the engineering require-ments, the special research on such key technologies as flood discharge energy dissipation and atomization minimization of super high arch dam hub has been performed via various methods such as model test, numerical analysis and engi-neering prototype observation, which have achieved abundant research re-sults. The first batch of units of Jinping – 1 Hydropower Station were put into operation in August 2013 and prototype observations were conducted in 2014 and 2015 upon multiple flood periods and flood discharge with full supply water level. The observation results show that the flood discharge and energy dissipa-tion structures of the hub and the both bank slopes in atomization area have have been operated normally, which fully verifies the rationality of the innovative ideas, methods and measures in the design of flood discharge and energy dissi-pation through surface spillways and deep level outlets of high arch dam body with nappes not colliding and high – flow velocity spillway tunnel.

This book, based on the engineering design, research and prototype obser-

With the continuous development of hydropower projects in alpine and gorge regions of western China, the project scale has been huge and the dam height has reached 300m approximately, which brings more difficulties to the flood discharge and energy dissipation of hub. Generally, ski–jump energy dissipation and overfall energy dissipation are preferred for high arch dams. The energy dissipation by stratified discharge through spillways and deep level outlets, collision between upper nappe and lower nappe, and plunge pool, can effectively relieve the concentration intensity of water jets and reduce the energy dissipation load of plunge pool. Such energy dissipation technology, which is characterized by small flow impact and good energy dissipation performance, has already been widely applied in high arch dam projects such as Ertan, Xiaowan, Xiluodu and Goupitan. The operation practices of such high arch dam projects as Ertan for many years indicate that the energy dissipation technology by collision can solve the problem involved in flood discharge and energy dissipation of high arch dams. However, the flood discharge atomization endangers the normal operation of power plants and E&M equipment and affects the safety and stability of bank slope in the atomization area downstream the dam. With the large flood discharge of the hydroproject, the increasing number of spillway tunnel projects, the scale & flow velocity have been improved, and an increasing number of difficulties are involved in the flood discharge control, outlet energy dissipation, cavitation and erosion for projects with a water flow velocity over 50m/s, which determines the success or failure of the projects and affects their safe operation. Therefore, for the high arch dam hub project of hydropower station in a narrow valley or any region with complicated geological conditions, carry out deeply study the flood discharge and energy dissipation mode of high arch dam body, properly deal with the relation among flood dis-

I am glad to provide the preface and recommend this series of books to the readers.

Zhong Denghua
Academician of the Chinese Academy of Engineering
December 2020

mental protection. All these have technologically supported the successful construction of the Jinping – 1 Hydropower Station Project.

The Jinping – 1 Hydropower Station Project is located in an alpine and gorge region with steep topography, deep river valley, faults development, high in – situ stress, limited space and scarce social resources. I have led the team of TianjinUniversity to study on the "Key Technologies in Modeling and Analysis of Hydropower Engineering Geology" in the feasibility study stage of the Jinping – 1 Project. We have researched the theoretical method to model and analyze the hydropower engineering geology based on such engineering technical issues as complex geological structure, great amount of information, real – time analysis and quick feedback in accordance with the engineering design and construction of major hydropower projects. Moreover, we have proposed a 3D unified modeling technology for hydropower engineering geology by coupling multi – source data, which wins the Second National Prize for Progress in Science and Technology. We have studied the "concrete construction quality and real – time control system for construction progress for high arch dam", proposed a dynamic acquisition system of dam construction information and a real – time control system for high arch dam concrete construction progress and an integrated system for high arch dam concrete construction information, and established a dynamic real – time control and warning mechanism for quality so that the dam construction quality and progress are always under control, providing technical support for the efficient and high – quality construction of Jinping – 1 Hydropower Station. I have visited the construction site for many times and remember the experience here vividly. Seeing the successful construction of Jinping – 1 Hydropower Station, I am deeply impressed by the hardships during the construction of Jinping – 1 Hydropower Station and proud of the great achievements.

This series of books, as a set of systematic and cross – discipline engineering books, is a systematic summary of the technical research and engineering practice of Jinping – 1 Hydropower Station by the designers of Chengdu Engineering Corporation Limited. I do believe that the publication of this series of books will be beneficial to the hydropower engineering technicians and make new contributions to the hydropower development.

charge and energy dissipation for high arch dam hub in narrow valley, safety monitoring analysis of high arch dams, and technical difficulties in research on and practice of aquatic ecosystem protection. Also, these books study the influ-ence of deep cracks in the left bank on dam construction conditions, and establi-shes a rock body quality classification system under the influence of deep cracks. Moreover, the researchers propose the deformation stability analysis method for arch dam foundation controlled by the deformation coefficient of arch end, take measures to reinforce the arch dam resistance body, and also put forward the design concept and method for crack prevention of the arch dam structure. The researchers adopt the dissipated energy analysis method for sur-rounding rock stability, expanding analysis method for surrounding rock failure and long-term stability analysis method, reveal the evolutionary mechanism of progressive failure of surrounding rock of underground powerhouse and evaluate the long-term stability and safety of underground cavern surrounding rocks. For flood discharge and energy dissipation of high arch dams, the re-searchers propose and realize the energy dissipation technology by means of outflowing by multiple outlets without collision, which significantly reduces the effects of flood discharge atomization, and develop the method to mitigate aera-tion through super high-flow spillway tunnels and dissipate energy through dovetail-shaped flip buckets. The feedback analysis is performed for the work-ing behavior safety monitoring of high arch dams and safety evaluation is con-ducted for the deformation and stress behavior during the operation period. Al-so, a safety monitoring system is established for the working behavior of the super high arch dam during the initial impoundment period and operation period. Jinping-1 Hydropower Station sets up the environmental protection consciousness of "ecological priority without exceeding the bottom line", adheres to the social consensus of "harmonious coexistence between human-beings and the nature", coordinates the relationship between hydropower devel-opment and ecological protection and plans the ecological optimization and scheduling, long-term tracking monitoring and dynamic adjustment of coun-termeasures, which solves the difficulties in the significant hydro-fluctuation reservoir and protection of aquatic organisms in the Yalong River bent section, and actively promotes the sustainable development of ecological and environ-

Such hydropower projects with high arch dams were designed and completed at the beginning of the 21st century, including Jinping – 1, Xiludu and Dagangshan ones. In addition, the high arch dams of Yebatan and Mengdigou were designed. Among them, the Jinping – 1 Hydropower Station, with the highest arch dam all over the world, is faced with quite complex engineering geological conditions and the greatest difficulty in foundation treatment. Also, the Xiludu Hydropower Station is provided with the most flood discharge outlets on the dam body and the largest flood discharge capacity and the greatest difficulty in the design of arch dam structure. The seismic fortification horizontal acceleration of Dagangshan Project is 0. 557g, which is the most difficult in seismic design of arch dam. PowerChina Chengdu Engineering Corporation Limited has a complete set of core technologies in the design of arch dam shape, anti – sliding stability of arch abutment, aseismic design of arch dam, foundation treatment and design of arch dam under complex geological conditions, flood discharge and energy dissipation design of hub, temperature control and structure crack prevention design and three – dimensional design. It is bestowed with the international – leading design technology of high arch dams.

The Jinping – 1 Hydropower Station, with the highest arch dam all over the world, is located in a region with complex engineering geological conditions. Thus, it is faced with great technical difficulty. Chengdu Engineering Corporation Limited is brave in innovation and never stops. For the key technical difficulties involved in Jinping – 1 Hydropower Station, it cooperates with famous universities and scientific research institutes in China to carry out a large number of scientific researches during construction, make scientific and technological breakthroughs, and solve the major technical problems restricting the construction of Jinping – 1 Hydropower Station in combination with the on – site construction and geological conditions. In the series of books under the National Press Foundation, including *Great Powers – China Super Hydropower Project (Jinping Volume)*, the researchers summarize the major engineering geological difficulties in Jinping – 1 Hydropower Station, key technologies for design of super high arch dams, surrounding rock failure and deformation control for underground powerhouse cavern group, key technologies for flood dis-

The Yalong River extends for thousands of miles and the construction of high dams is vigorously developing. The Yalong River originates from the snow – covered mountains of the Qinghai – Tibet Plateau and flows into the deep valleys and ravines of the folded belt of the Hengduan Mountains after joining with many streams and rivers. It rushes down with majestic grandeur and magnifi- cence and meets the world's highest dam in the great river bay of Jinping Mountains on Panxi Region, forming an area with high gorges and flat lakes, which is known as the Jinping – 1 Hydropower Station. Among the existing dam types, the arch dam transmits the water thrust to the mountains on both sides of the river through the pressure arch by making full use of the high compres- sive strength of concrete. It has a good loading and adjustment ability, which, to some extent, can adapt to the changes of complex geological conditions, structural form and load case. The arch dam is featured by good anti – seismic property, small work quantities and economical investment as well as strong overload capacity and favorable economic security. Jinping – 1 Hydropower Sta- tion is located in an alpine and gorge region, the rock body of dam foundation rock is dominated by marbles and the upper elevation part of left bank is com- posed of sandstones and slates, with the width – to – height ratio of the valley being 1. 64. Therefore, a concrete double – arch dam is the best choice.

Currently, the design and construction technology of high arch dams has gained rapid development. PowerChina Chengdu Engineering Corporation Lim- ited designed and completed the Ertan and Shapai High Arch Dams at the end of the 20th century. The Ertan Dam, with a maximum dam height of 240m, is the first concrete dam reaching 200m in China. The roller compacted concrete dam of Shapai Hydropower Station, with a maximum dam height of 132m, was the highest roller compacted concrete arch dam all over the word at that time.

arch dam hub in narrow valley, safety monitoring analysis of high arch dams, and design & scientific research achievements from the research on and practice of aquatic ecosystem protection. These books are deep in research and informative in contents, showing theoretical and practical significance for promoting the design, construction and development of super high arch dams in China. Therefore, I recommend these books to the design, construction and management personnel related to hydropower projects.

Ma Hongqi
Academician of the Chinese Academy of Engineering
December 2020

and warning system during engineering construction, water storage and opera-
tion period. Aquatic ecosystem protection in the development and construction
of hydropower stations, especially which of Yalong River Bent Section at
Jinping Site, is of great significance. This research elaborates the ecological and
environmental protection issues including the maintenance of eco – hydrological
process, the influence of water temperature in large reservoirs, water intake by
layers, fish enhancement and releasing, the protection of fish habitat in Yalong
River Bent at Jinping site, and the ecological operation of cascade power
station. The main technological research achievements of Jinping – 1 Hydro-
power Station reach the international leading level. The engineering design and
scientific research project of Jinping – 1 Hydropower Station have won one Na-
tional Award for Technological Invention, 5 National Prizes for Progress in Sci-
ence and Technology, 16 first or special prices at provincial or ministerial level
for progress in science and technology, and 12 first prizes at provincial or minis-
terial level for excellent design. Jinping – 1 Hydropower Station was awarded
the title of "highest dam" by Guinness World Records in 2016, and won Zhan
Tianyou civil engineering award in 2017, FIDIC Project Awards for
Outstanding Achievements in 2018, and the National Quality Engineering Gold
Award in 2019. The Jinping – 1 Hydropower Station has been operating safely
for 6 years, and its innovative technological achievements have been popularized
and applied in many hydropower projects such as Dagangshan, Wudongde,
Baihetan and Yebatan ones. Jinping – 1 Hydropower Station is considered as a
new milestone in the construction of high arch dams, especially those with a
height of about 300m.

As the leader of the expert group under the special advisory group for the
construction of Jinping – 1 Hydropower Station, I have witnessed the whole
construction progress of Jinping – 1 Hydropower Station. I am glad to see the
compilation and publication of the National Press Foundation – *Great Powers –
China Super Hydropower Project (Jinping Volume)*. This series of books
summarize the study on major engineering geological difficulties in Jinping – 1
Hydropower Station, key technologies for design of super high arch dams, sur-
rounding rock failure and deformation control for underground powerhouse cav-
ern group, key technologies for flood discharge and energy dissipation for high

River Bent where the geological conditions are extremely complex. It encounters with major engineering geological challenges like regional stability, influence of deep cracks on the dam construction conditions, selection of engineering geological characteristics and parameters of rock body, stability of super high arch dam foundation rock and deformation & failure of underground cavern. The dam foundation is developed with lamprophyre vein and multiple large – scale faults and other fractured weak zones. The rock body on left bank is strongly unloaded due to the influence of specific structure and lithology. The large unloading depth and the development of deep cracks bring unprecedented challenges to the deformation control of arch dam foundation, reinforcement treatment and structural crack prevention design. The researchers put forward the optimize method of arch dam shape under complex geological conditions, propose the dam foundation reinforcement design technology of deformation resistance coefficient at arch end, and analyze and evaluate the influence of long – term deformation of side slope on arch dam structure. For the underground powerhouse cavern, this research focuses on the failure of surrounding rock and time – dependent deformation caused by extremely low strength – stress ratio and poor geological structure, and analyzes the rock characteristics of triaxial loading – unloading and rheology, reveals the evolutionary mechanism of progressive failure of surrounding rock of underground power-house, and proposes a complete set of technologies to stabilize and control the deformation of surrounding rock of underground cavern group. The flood discharge and energy dissipation of high arch dam through collision has solved the difficulty involved in flood discharge and energy dissipation for high arch dam. However, the flood discharge atomization endangers the normal operation of E & M equipment and the stability of side slope. The research puts forward the energy dissipation technology by means of outflowing by multiple outlets without collision, which significantly reduces the effects of flood discharge atomization on bank slope. Under such complex environments as high waterhead, high seepage pressure, continuous deformation of high side slope at the dam abutment on the left bank and complicated geological conditions, the difficulties in safety monitoring and warning technology exceeds those in the existing projects at home and abroad. The research has been completed for safety monitoring

Arch dams are famous for their reasonable structure, beautiful shape, high safety capacity and small work quantities. When the geological conditions permit, an arch dam is usually preferred where a high dam is built over a narrow valley with a width – to – height – ratio less than 3. From the construction of Meishan Multi – arch Dam in 1950s to the end of the 20th century, China had completed 11 concrete arch dams with a height of more than 100m, accounting for half of the total arch dams in the world, ranking first all over the world. The Ertan Double – arch Dam completed in 1999 with a dam height of 240m ranks the fourth throughout the world, indicating that Chinese high arch dams have reached the international advanced level in terms of design & construction. Hydropower works in China have been rapidly developed in the 21st century. Currently, a number of high arch dams with a height of about 300m have been available, including Xiaowan Project with a dam height of 294.5m, Jinping – 1 Project with a dam height of 305.0m and Xiluodu Project with a dam height of 285.5m. These projects not only have the characteristic of high dam height, large reservoir and large dam body volume, but also the flood discharge power and installed capacity scale are among the best in the world, which indicates that China's high arch dam design & construction technology has reached the international leading level.

The Jinping – 1 Hydropower Station is one of the most challenging hydropower projects, and developing Yalong River Bent at Jinping site has been the dream of several generations of Chinese hydropower workers. Jinping – 1 Hydropower Station is characterized by alpine and gorge region, high arch dam, high waterhead, high side slope, high in – situ stress and deep unloading. It is a huge hydropower project with the most complicated geological conditions, the worst construction environment and the greatest technological difficulty, ranking the first in the world in terms of arch dam height, complexity of super high arch dam foundation treatment, energy dissipation without collision between surface spillways and deep level outlets, deformation control for underground cavern group under low ratio of high in – situ stress to strength, height of hydropower station intakes where water is taken by layers and overall layout for construction of super high arch dam in alpine and gorge region. Jinping – 1 Hydropower Station is situated in the deep alpine and gorge region of Yalong

The wonderful motherland, beautiful mountains and rivers, peaks rising one higher than another. The Yalong River, as originating from the southern foot of the Bayan Har Mountains which are characterized by range upon range of pinnacles, runs along the Hengduan Mountains, experiencing ups and downs all the way and joining Jinsha River from north to south. Jinping – 1 Hydropower Station, located in Liangshan Yi Autonomous Prefecture, Sichuan Province, is the controlled reservoir cascade in the middle and lower reaches of Yalong River developed and planned for hydropower. Jinping – 1 Hydropower Station is huge in scale, and is a super hydropower project in China, with total install capacity of 3600MW and annual power generation capacity of 16. 62 billion kWh. With a height of 305.0m, the dam is the highest arch dam in the world. The reservoir is provided with a full supply level of 1880.00m. The Jinping – 1 Hydropower Station is bestowed with annual regulation performance. The construction of Jinping – 1 Hydropower Station focuses on the concepts of "green Jinping, ecological Jinping and scientific Jinping". Mainly for power generation, Jinping – 1 Hydropower Station stores water in flood season and mitigates the flood control burdens on the middle and lower reaches of the Yangtze River. Also, it can improve the downstream navigation, sediment retaining and ecological environment protection and other comprehensive benefits. The "Jinguan Direct Current Transmission" Project composed of Jinping – 1, Jinping – 2 Hydropower Stations and Guandi Hydropower Station, is the key of West – East Electricity Transmission Project, which can realize the optimal allocation of power resources throughout China. The completion of the station has improved the external and internal traffic conditions of the reservoir area, completed the development of resettlement and supporting works construction, and promoted the development of local energy, mineral and agricultural resources.

Informative Abstract

This book, as a sub – volume of the *Key Technology of High Arch Dam Hub Flood Discharge and Energy Dissipation in Narrow Valley under Great Powers – China Super Hydropower Project（Jinping Volume）*, is a project of the National Press Foundation. According to the topographic and geological conditions of engineering area and the characteristics layout of hub buildings, this book combines theoretical analysis, model test, prototype observation and numerical simulation, analyzes and demonstrates the design, including the layout of flood discharge and energy dissipation facilities of high arch dam hub, the flood discharge and energy dissipation mode through outlets of dam body, the hydraulic characteristics and structural stability of plunge pool, the flood discharge atomization protection of high arch dam body, studies and summarizes key technologies, including the layout and basic hydraulic characteristics of spillway tunnel, the cavitation characteristics and aeration mitigation cavitation and the dovetail – shaped flip bucket as the outlet to converge flow into the river channel, proposes the new technologies of high arch dam flood discharge and energy dissipation by means of outflowing by multiple outlets without collision, spillway tunnels energy dissipation through dovetail – shaped flip buckets, and also explores the application prospects in the future. This book is a systematic summary of the successful experience and innovative achievements in the design of flood discharge and energy dissipation of Jinping – 1 Hydropower Station.

This book is mainly for the reference of technical personnel in the field of water resources & hydropower engineering and the teachers and students in colleges and universities related to such field.

Great Powers - China Super Hydropower Project

Hydropower Project

(JinPing Volume)

Key Technology of High Arch Dam Hub Flood Discharge and Energy Dissipation in Narrow Valley

Zhou Zhong　Xu Weilin　You Xiang　Zhang Gongqing　et al.

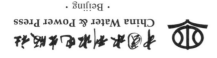

China Water & Power Press

· Beijing ·